实例讲解

西门子 S7-300/400 PLC

编程与应用

主 编 曹小燕

副主编 王玉萍 訾 鸿 赵 岩

参 编 周宝国 经 韬 赵寒涛

电子工業出版社·

Publishing House of Electronics Industry

北京·BEIJING

内 容 简 介

本书从实际工程应用和教学需要出发，以西门子S7-300/400 PLC为例，系统介绍了PLC的硬件资源、指令系统、编程环境及网络通信等基础知识，并通过综合实例详细阐述了采用PLC进行控制系统设计的一般过程和方法。本书内容系统实用，采用图、表、文相结合的方式，使书中的内容通俗易懂又不失专业性。

本书适合电气控制及机电一体化等领域从事PLC工程设计的技术人员阅读使用，也可作为高等院校自动化、电气工程及自动化、测控技术及仪器、机电一体化等相关专业的教学用书。

图书在版编目（CIP）数据

实例讲解：西门子S7-300/400 PLC编程与应用/曹小燕主编. —北京：电子工业出版社，2017.8
ISBN 978-7-121-32174-0

Ⅰ. ①实… Ⅱ. ①曹… Ⅲ. ①PLC技术－程序设计 Ⅳ. ①TM571.6

中国版本图书馆CIP数据核字（2017）第165491号

策划编辑：张　　剑（zhang@ phei. com. cn）
责任编辑：苏颖杰
印　　刷：北京京师印务有限公司
装　　订：北京京师印务有限公司
出版发行：电子工业出版社
　　　　　北京市海淀区万寿路173信箱　邮编　100036
开　　本：787×1 092　1/16　印张：18.75　字数：477千字
版　　次：2017年8月第1版
印　　次：2019年12月第5次印刷
定　　价：49.90元

凡所购买电子工业出版社图书有缺损问题，请向购买书店调换。若书店售缺，请与本社发行部联系，联系及邮购电话：(010)88254888，88258888。

质量投诉请发邮件至zlts@ phei. com. cn，盗版侵权举报请发邮件至dbqq@ phei. com. cn。

本书咨询联系方式：zhang@ phei. com. cn。

前　言

可编程序控制器（PLC）是一种以微处理器技术为核心，综合应用了自动控制技术、计算机技术和通信技术，在传统的继电逻辑控制基础上发展起来的工业控制装置。随着科学技术的发展，PLC 以其可靠性高、灵活性强、使用方便等优势在工业控制领域中得到了越来越广泛的应用，目前已成为工业自动化的三大支柱之一。因此，学习和掌握 PLC 基础知识对于大专院校电类相关专业的学生以及相关领域的广大工程技术人员而言很有必要。为了满足社会对于 PLC 技术人才的需求，我们在参阅、整理大量文献资料和总结多年教学与工程设计经验的基础上，编写了本书。

本书共 9 章，全面介绍了 PLC 的结构及工作原理、硬件配置、指令系统及系统设计等。第 1 章介绍了 PLC 的产生、分类、系统组成及工作原理；第 2 章介绍了 S7 – 300/400 PLC 的硬件配置；第 3 章介绍了 STEP 7 编程及仿真软件的使用；第 4 章和第 5 章分别介绍了 S7 – 300/400 PLC 的基本指令和高级指令；第 6 章介绍了 S7 – 300/400 PLC 的程序结构；第 7 章介绍了 S7 – 300/400 PLC 的通信及网络；第 8 章介绍了程序设计及仿真；第 9 章详细介绍了 PLC 系统设计方法和步骤以及典型应用案例。

本书编写时注重理论联系实际，突出工程应用能力的训练和培养，在内容上安排了大量典型应用实例程序。另外，本书每章最后均安排了数量、难度适中的"思考与练习"，供读者练习。本书可作为电气工程师等有关技术人员的参考资料，也可作为高等学校自动化、电气工程及其自动化、测控技术、机电一体化等本科专业的教材。作为教材使用时，任课教师可根据专业、课时的多少对教学内容进行取舍，有些内容和应用实例可留给学生自学或在实验、课程设计、毕业设计中作为参考。

本书由曹小燕任主编，王玉萍、訾鸿和赵岩任副主编。其中，曹小燕编写了第 2 章、第 5 章和第 7 章；王玉萍编写了第 1 章、第 4 章和第 8 章；訾鸿编写了第 6 章、第 9 章 9.3 节至 9.5 节及附录；赵岩编写了第 3 章；第 9 章的其余章节由周宝国、黑龙江省科学院高技术研究院经韬、黑龙江省科学院自动化研究所赵寒涛、管殿柱、李文秋、宋一兵、王献红、管玥编写。全书由曹小燕统稿、定稿。

本书在编写过程中参考了大量文献，在此对这些参考文献的作者表示由衷的感谢！本书在出版过程中得到了电子工业出版社及有关专家的大力支持和帮助，在此表示衷心的感谢！

由于编者水平有限且编写时间仓促，书中难免有错误和不妥之处，恳请广大读者批评指正并提出宝贵的意见和建议。

编　者

目　　录

第1章 PLC 概述

1.1 PLC 的产生和发展

1. PLC 的定义

可编程序控制器（Programmable Logic Controller，PLC）是一种工业控制装置。它是在电气控制技术和计算机技术的基础上开发出来的，并逐渐发展成为以微处理器为核心，并将计算机技术、自动控制技术和通信技术融为一体的新型工业控制装置，其功能日益强大，性价比越来越高，已经成为工业控制领域的主流设备，并与 CAD/CAM、机器人技术一起，被誉为当代工业自动化的三大支柱，广泛应用在电气控制、网络通信、数据采集等多个领域。

国际电工委员会（IEC）在 1987 年颁布的 PLC 标准草案第三稿中，对 PLC 做了以下定义："可编程序控制器是一种数字运算操作的电子系统，专为在工业环境下应用而设计。它采用可编程序的存储器，用来在其内部存储执行逻辑运算、顺序控制、定时、计数和算术运算等操作的指令，并通过数字式和模拟式的输入和输出，控制各种类型的机械或生产过程。可编程序控制器及其有关外围设备都应按易于与工业系统连成一个整体、易于扩充其功能的原则设计。"

2. PLC 的产生

在 PLC 诞生之前，工业控制领域中的过程控制主要采用具有硬接线特征的继电器控制系统。当生产系统进行升级改造时，需要对整个继电器控制装置进行重新设计和安装，导致费时、费工、费料，甚至阻碍了更新周期的缩短。在 20 世纪 60 年代，美国通用汽车（GM）公司发布了一个旨在替代继电器系统的提议，也就是美国著名的 GM10 条：

（1）编程简单，可在现场修改程序。

（2）维护方便，采用插件式结构。

（3）可靠性高于继电器控制柜。

（4）体积小于继电器控制柜。

（5）成本可与继电器控制柜竞争。

（6）可将数据直接送入计算机。

（7）可直接使用 115V 交流输入电压。

（8）输出采用 115V 交流电压，能直接驱动电磁阀、交流接触器等。

（9）通用性强，扩展方便。

（10）能存储程序，存储器容量可以扩展到 4KB。

　　1969 年，美国数字设备（DEC）公司研制出第一台可编程序控制器，型号为 PDP – 14，并安装在 GM 公司的汽车装配线上，替代了传统的继电器控制盘。它的开创性意义在于引入了编程的思想，为计算机技术在工业控制领域的应用开辟了空间。

3. PLC 的发展

☺ 20 世纪 70 年代初期：仅有逻辑运算、定时、计数等顺序控制功能，只是用来取代传统的继电器控制，通常称为可编程序逻辑控制器（Programmable Logic Controller）。

☺ 20 世纪 70 年代中期：微处理器技术应用到 PLC 中，使 PLC 不仅具有逻辑控制功能，还增加了算术运算、数据传送和数据处理等功能。

☺ 20 世纪 80 年代以后：随着大规模、超大规模集成电路等微电子技术的迅速发展，16 位和 32 位微处理器应用于 PLC 中，使 PLC 得到迅速发展。PLC 不仅控制功能增强，同时可靠性提高，功耗、体积减小，成本降低，编程和故障检测更加灵活方便，而且具有通信和联网、数据处理和图像显示等功能。

　　自从第一台 PLC 出现以后，日本、德国、法国等也相继开始研制 PLC，并得到了迅速的发展。目前，世界上有 200 多家 PLC 厂商和 400 多种 PLC 产品，按地域可分成美国、欧洲和日本等三个流派产品，各具特色，如日本主要发展中小型 PLC，其小型 PLC 性能先进，结构紧凑，价格便宜，在世界市场上占用重要地位。著名的 PLC 生产厂家主要有美国的 A – B（Allen – Bradly）公司、GE（General Electric）公司，日本的三菱电机（Mitsubishi Electric）公司、欧姆龙（OMRON）公司，德国的 AEG 公司、西门子（Siemens）公司，法国的 TE（Telemecanique）公司等。

　　我国的 PLC 研制、生产和应用也发展很快，尤其在应用方面更为突出。在 20 世纪 70 年代末和 80 年代初，我国随国外成套设备、专用设备引进了不少 PLC。此后，在传统设备改造和新设备设计中，PLC 的应用逐年增多，并取得显著的经济效益，PLC 在我国的应用越来越广泛，对提高我国工业自动化水平起到了巨大的作用。目前，我国不少科研单位和工厂在研制和生产 PLC，如辽宁无线电二厂、无锡华光电子公司、上海香岛电机制造公司、厦门 A – B 公司等。

　　从近年的统计数据看，在世界范围内 PLC 产品的产量、销量、用量高居工业控制装置榜首，而且市场需求量一直以每年 15% 的速度上升。PLC 已成为工业自动化控制领域中占主导地位的通用工业控制装置。

1.2　PLC 系统组成和工作原理

1. PLC 系统组成

　　PLC 的系统组成可以分为两大部分：硬件系统和软件系统。

　　PLC 的硬件系统主要由中央处理器、存储器、输入单元、输出单元、编程器、电源等部分组成，此外还包括外部设备接口（打印机、计算机、条码扫描仪等）和扩展接口。其中，CPU 和存储器构成主控模块，是系统的核心；输入单元与输出单元是连接现场 I/O 设备与 CPU 之间的接口电路，并由电源模块集中对其提供电能。其组成框图如图 1-1 所示。

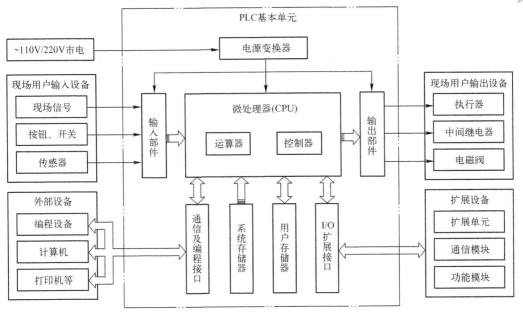

图 1-1 PLC 系统结构图

PLC 的软件系统是指管理、控制、使用 PLC 的软件程序。软件系统程序分成两部分：系统程序和用户程序。系统程序由生产厂家制定，对 PLC 内部资源进行管理和控制，不允许使用者修改；用户程序是使用者根据生产实际控制要求编写的控制程序，可以修改。

硬件系统按结构可分为整体式和模块式。整体式 PLC，就是把所有部件都安装在同一机壳内；模块式 PLC，就是把各部件独立封装成模块，各模块通过总线连接，安装在机架或导轨上。尽管二者结构不一样，但各部分的功能是相同的。下面详细描述硬件系统各部分功能。

1) 微处理器（CPU） CPU 是 PLC 的核心，相当于神经中枢的作用，指挥有关的控制电路。CPU 主要由运算器、控制器、寄存器及实现它们之间联系的数据、控制及状态总线构成，CPU 单元还包括外围芯片、总线接口及有关电路。内存主要用于存储程序及数据，是 PLC 不可缺少的组成单元。

CPU 的控制器控制 CPU 工作，由它读取指令、解释指令及执行指令。但工作节奏由振荡信号控制。运算器用于进行数字或逻辑运算，在控制器指挥下工作。寄存器参与运算，并存储运算的中间结果，它也是在控制器指挥下工作。CPU 速度和内存容量是 PLC 的重要参数，它们决定着 PLC 的工作速度，I/O 数量及软件容量等，因此限制着控制规模。

与一般微型计算机一样，CPU 的主要功能如下所述。

☺ 从存储器中读取指令：CPU 根据地址总线上给出的存储器地址和控制总线上给出的读/写命令，从数据总线上得到读出的数据和指令，并放到 CPU 内的指令寄存器中。

☺ 执行指令：对存放在指令寄存器中的指令操作码进行译码、操作。顺序读取指令。

☺ 处理中断：CPU 在顺序执行程序时，还能接收 I/O 接口发来的中断请求，转入中断服务程序的首地址，进行中断处理；中断处理完毕后，返回原地址，继续顺序执行。

在系统程序支持下，CPU 的主要任务如下。

☺ PROG 方式，接受编程器传送的用户程序和数据，并存入用户存储器和数据存储器。

☺ 用扫描方式接受输入端子的状态和数据，并存放到输入寄存器或数据寄存器中。

☺ 诊断电源及 PLC 内部电路工作状态和编程中的语法错误。

☺ RUN 方式下，从存储器逐条读取用户程序，执行指令动作，得出相应的控制信号驱动相关电路。

2）存储器 存储器是具有记忆功能的半导体器件，用于存放系统程序、用户程序、逻辑变量和其他信息。存储器一般由存储体、地址译码电路、读/写控制电路和数据寄存器组成。

根据存放信息的性质不同，在 PLC 中常使用的存储器的类型如下所述。

（1）只读存储器 ROM。只读存储器的内容由 PLC 制造厂家写入，并永久固化，PLC 掉电后，ROM 中内容不会丢失。用户只能读取，不能改写。因此，ROM 常用于存放系统程序。除了 ROM，还有可擦写、可编程的只读存储器 EPROM、E^2PROM。

（2）随机存储器 RAM。又称可读/写存储器。信息读出时，RAM 中的内容保持不变；写入时，新写入的信息覆盖原来的内容。它用来存放既要读出，又可以写入的内容。因此，RAM 常用于存储用户程序、逻辑变量和其他一些信息。掉电后，RAM 中的内容不再保留，为了防止掉电后，RAM 中的内容丢失，PLC 使用锂电池作为 RAM 的备用电源，在 PLC 掉电后，RAM 由电池供电，保持 RAM 中的信息不消失。

3）输入/输出接口（I/O 模块） 输入/输出接口通常也称 I/O 单元或 I/O 模块，是 PLC 与工业生产现场之间的连接通道。I/O 模块集成了 PLC 的 I/O 电路，其输入暂存器反映输入信号状态，输出点反映输出锁存器状态。输入模块将电信号变换成数字信号进入 PLC 系统，输出模块相反。I/O 模块按照信号的形式分为开关量输入（DI）、开关量输出（DO）、模拟量输入（AI）、模拟量输出（AO），按照供电形式可分为直流型和交流型、电压型和电流型，按功能可分为基本 I/O 模块和特殊 I/O 模块。下面介绍基本 I/O 模块。

（1）开关量输入模块。用户设备需输入 PLC 的各种控制信号，如限位开关、操作按钮、选择开关、行程开关以及其他一些传感器输出的开关量或模拟量（要通过模数变换进入机内）等，通过输入接口电路将这些信号转换成中央处理单元能够接收和处理的信号。输入接口电路如图 1-2 所示。

（2）开关量输出模块：将中央处理单元送出的弱电控制信号转换成现场需要的强电信号输出，以驱动电磁阀、接触器、指示灯、电动机等被控设备的执行元件。

PLC 输出电路类型如下。

☺ 继电器输出型：图 1-3 所示的是继电器输出电路，当某一输出点为"1"状态时，梯形图中的线圈"通电"，通过总线接口和光耦合器，使模块中对应的微型硬件继电器线圈通电，其常开触点闭合，使外部负载工作。

继电器输出电路的额定负载范围较宽，直流范围为 24～120V，交流范围为 48～230V，继电器触点的容量与负载有关，电压越高，触点容量越低。继电器输出电路安全、灵活，但是响应速度慢。

☺ 晶体管输出型：图 1-4 所示的是场效应晶体管输出电路。输出信号经光耦合器送给输出元件，输出元件的饱和导通状态和截止状态相当于触点的接通和关断。

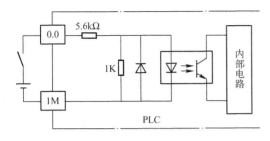

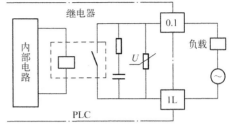

图 1-2 PLC 输入接口电路图　　　　　图 1-3 继电器输出接口电路图

晶体管输出电路只能驱动直流负载。这类输出电路没有反极性保护措施，输出具有短路保护功能，适用于驱动电磁阀和直流接触器。此外，晶体管输出电路响应速度快，延时时间少于 1ms。

☺ 晶闸管输出型：图 1-5 所示的是晶闸管输出接口电路，图中光敏晶闸管和双向晶闸管组成固态继电器（SSR）。SSR 的输入功耗低，输入信号电平与 CPU 内部的电平相同，同时又实现了隔离，并且有一定的带负载能力。

梯形图中的某一输出点为"1"状态时，光耦合器中的发光二极管（LED）点亮，光敏双向晶闸管导通，使另一容量较大的双向晶闸管导通，模块外部负载得电工作。图中的 RC 电路用来抑制晶闸管的关断电压和外部的浪涌电压。

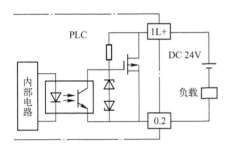

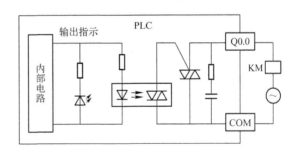

图 1-4 晶体管输出接口电路图　　　　　图 1-5 晶闸管输出接口电路图

晶闸管输出电路只能驱动交流负载，如交流电磁阀、接触器、电动机启动器和指示灯等。因为晶闸管是无触点开关输出，所以其具有开关速度快、工作寿命长等特点。

4）电源　PLC 的电源用于为 PLC 各模块的集成电路提供工作电源。有三种类型：外部电源、内部电源和后备电源。在现场控制中，干扰侵入 PLC 的主要途径之一是通过电源，因此设计合理的电源是 PLC 可靠运行的必要条件。

（1）外部电源。用于驱动 PLC 的负载和传递现场信号，又称用户电源。同一台 PLC 的外部电源可以是一个规格，也可以是多个规格。外部电源的容量与性能，由输出负载和输入电路决定。电源输入类型有交流电源（220V 或 110V）、直流电源（常用的为 24V）。

（2）内部电源。即 PLC 的工作电源，有时也可作为现场输入信号的电源。它的性能好坏直接影响到 PLC 的可靠性，为了保证 PLC 可靠工作，对其提出了较高的要求。

（3）RAM 后备电源。在停机或突然掉电时，为了保证 RAM 中的信息不丢失。一般 PLC 采用锂电池作为 RAM 的后备电源，锂电池的寿命为 3～5 年。若电池电压降低，在 PLC 的工作电源开关打开时，面板上相关的指示灯会点亮或闪烁提示，应根据各 PLC 操作手册的说明，在规定时间内按要求更换相同规格的同型号电池。

2. PLC 工作原理

1）工作原理　控制任务的完成是建立在 PLC 硬件的支持下，通过执行反映控制要求的用户程序来实现。这点和计算机的工作原理相一致。因此，PLC 工作的基本原理是建立在计算机工作原理基础上的。早期的 PLC 是从继电控制系统发展而来的，当时主要完成的任务是开关量的顺序控制。对被控对象控制的实现是有逻辑关系的，并不一定有时间上的先后，因此，若单纯像计算机那样工作，把用户程序由头到尾顺序执行，并不能完全体现控制要求。在计算机程序中有一种叫作查询方式的结构，是专门查看某一变量条件的满足情况的，并据此决定下一步的操作。现在要查看的已不是某个变量的条件，而是多个变量的条件，像查询一个变量的条件那样等待查询已不能满足要求，因此，我们采用对整个程序巡回执行的工作方式，也称巡回扫描。这就是说，用户程序的执行不是从头到尾只执行一遍，而是执行完一次之后，又返回去执行第二次、第三次……直到停机。如果程序的每条指令执行得足够快，整个程序的长度有限，使得执行一次程序所占用的时间足够短，短到足以保证变量条件不变，那么即使在前一次执行程序时对某一变量的状态没有捕捉到，也能保证在第二次执行时该条件依然存在。

2）工作过程　PLC 工作过程分为三个阶段：输入刷新阶段、执行程序阶段和输出刷新阶段。这三个阶段构成一个扫描周期。在 PLC 运行期间，CPU 以一定的扫描速度重复执行上述三个阶段。工作过程示意图如图 1-6 所示。

（1）输入采样阶段。在输入采样阶段，PLC 以扫描方式读入该可编程序控制器所有输入端子的输入状态和数据，并将它们存入输入映像区的相应单元内。在本工作周期的执行和输出过程中，输入映像区内的内容还会随实际信号的变化而变化。

由此可见，一般输入映像区中的内容只有在输入采样阶段才会被刷新，但在有些 PLC（如 F –20M）中，这个区内的内容在程序执行过程中也允许每隔一定的时间（如 2ms）被刷新一次，以取得更为实时的数据。

PLC 在输入采样阶段中一般都以固定的顺序（如从最小号到最大号）进行扫描，但在一些 PLC 中可由用户确定可变的扫描顺序。例如，在一个具有大量输入端口的可编程序控制器系统中，可将输入端口分成若干组，每次扫描仅输入其中一组或几组端口的信号，以减少用户程序的执行时间（即缩短扫描周期），这样做的不良后果是输入信号的实时性较差。

（2）执行程序阶段。在执行用户程序的扫描过程中，PLC 对用户以梯形图方式（或其他方式）编写的程序按从上到下、从左至右的顺序逐一扫描各指令，然后从输入映像区取出相应的原始数据或从输出映像区读取有关数据，然后做由程序确定的逻辑运算或其他数学运算，随后将运算结果存入确定的输出映像区有关单元，但这个结果在整个程序未执行完毕前还会送到输出端口上。

（3）输出刷新阶段。在执行完用户所有程序后，PLC 将输出映像区中的内容同时送入到输出锁存器中（称输出刷新），然后由锁存器经功率放大后去驱动继电器的线圈，最使输出端子上的信号变为本次工作周期运行结果的实际输出。

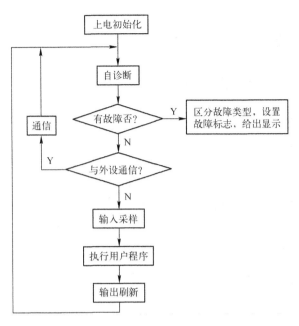

图 1-6　PLC 工作过程

1.3　PLC 的性能指标

☺ 存储容量：存储容量是指用户程序存储器的容量。用户程序存储器的容量大，可以编出复杂的程序。一般来说，小型 PLC 的用户存储器容量为几 KB，而大型机的用户存储器容量为几十至几百 KB。

☺ I/O 点数：I/O 点数是 PLC 可以用来接受输入信号和输出控制信号的路线总和，是衡量 PLC 性能的重要指标。I/O 点数越多，外部接线的输入设备和输出设备就越多，控制规模就越大。

☺ 扫描速度：扫描速度是指 PLC 执行用户程序的速度，是衡量 PLC 性能的重要指标。一般以扫描 1KB 步用户程序所需的时间来衡量扫描速度，通常以 KB 步/ms 为单位。PLC 厂家的用户手册一般会给出执行各条指令所用的时间，可以通过比较各种 PLC 执行相同的操作所用的时间，来衡量扫描速度的快慢。

☺ 指令的功能与数量：指令功能的强弱、数量的多少也是衡量 PLC 性能的重要指标。编程指令的功能越强，数量越多，PLC 的处理和控制能力也越强，用户编程也越简单和方便，越容易完成复杂的控制任务。

☺ 内部元件的种类与数量：在编制 PLC 程序时，需要用到大量的内部元件来存放变量、中间结果、保存数据、定时计数、模块设置和各种标志位等信息。这些元件的种类与数量越多，表示 PLC 的存储和处理各种信息的能力越强。

☺ 特殊功能单元特殊功能单元种类的多少与功能的强弱是衡量 PLC 产品。

☺ 可扩展能力。

1.4　PLC 的分类及功能

PLC 产品种类繁多，其规格和性能也各不相同。可以根据 I/O 点数和功能、结构形式进行分类。

1. PLC 的分类

1）按 I/O 点数和功能分类

（1）小型机。小型 PLC 的 I/O 点数一般在 256 以下，内存容量在 4KB 以下，主要功能为开关量控制。小型机的特点是体积小、价格低，适合单机控制。典型的小型机有西门子公司的 S7－200、欧姆龙公司的 CPM2A 系列、三菱公司的 F－40 系列、迪莫康德 PC－085 系列等整体式 PLC 产品。I/O 点数为 64 点以内的称为超小型机。

（2）中型机。中型 PLC 的 I/O 点数一般在 256～2048 之间，内存容量为 3.6～13KB，具有开关量和模拟量控制功能、强大的数字计算功能以及通信联网功能，适用于复杂的逻辑控制。典型的中型机有西门子公司的 S7－300、欧姆龙公司的 C200H 系列、AB 公司的 SLC500 系列等模块式产品。

（3）大型机。大型 PLC 的 I/O 点数一般在 2048 以上，内存容量为 13KB 以上，具有计算、控制、调节功能以及强大的通信联网功能，适用于设备自动化控制、过程自动化控制。典型的大型机有西门子公司的 S7－400、欧姆龙公司的 CS1 系列、AB 公司的 SLC5/05 系列等产品。

在实际中，一般 PLC 功能的强弱与其 I/O 点数是相互关联的。即 PLC 的功能越强，其可配置的 I/O 点数越多。因此，通常我们所说的小型、中型、大型 PLC，同时也表示其对应的功能为低档、中档、高档。

2）按结构形式分类　根据 PLC 结构形式的不同，PLC 主要可分为整体式和模块式。

（1）整体式结构。整体式结构是将 PLC 的各个基本部件紧凑的安装在一个标准的机壳内，组成 PLC 的一个基本单元或扩展单元。基本单元可以通过扩展接口与扩展单元相连，构成不同配置，完成不同功能。小型机一般采用整体式结构。

整体式结构的特点是结构紧凑、体积小、价格低。

（2）模块式结构：模块式 PLC 是将 PLC 各组成部分分别做成单独的模块单元，将这些模块安装在框架或基板上即可。通常中型或大型 PLC 常采用这种结构。用户可根据需要灵活方便地将 I/O 扩展单元、A/D 和 D/A 单元、各种智能单元、特殊功能单元、链接单元等模块插入机架底板的插槽中，以组合成不同功能的控制系统。

模块式结构的特点是配置灵活、装配方便。

2. PLC 的功能

随着计算机技术、工业控制技术、电子技术和通信技术的发展，PLC 已从逻辑控制功能，发展到包括过程控制、位置控制等控制功能，并且实现从单机到组网，实现工厂自动化综合控制系统。PLC 具有以下功能。

1）开关量逻辑控制　开关量逻辑控制是 PLC 最基本功能。逻辑控制功能就是利用逻辑

指令实现开关控制、逻辑控制和顺序控制。

2）定时/计数控制　定时/计数控制功能是指利用 PLC 提供的定时器、计数器指令实现对某种操作的定时或计数控制，与传统继电控制系统中时间继电器和计数继电器功能相同。利用编程软件实现的定时/计数功能使用方便灵活，便于修改。

3）步进（顺序）控制　步进控制是指工业生产过程按照一步一步的顺序执行，PLC 生产商针对工业控制中的步进过程生成步进指令，从而简化程序，使控制过程简单明确。

4）PID 控制　PLC 中的 PID 控制功能是指通过 PID 子程序或使用智能 PID 模块实现对模拟量的闭环控制过程。

5）数据控制　数据控制功能是指 PLC 能进行数据传送、比较、移位、数制转换、算术、编码译码等操作。大中型 PLC 数据控制功能更加齐全，可完成开方、浮点运算等。

6）通信和联网　PLC 的通信包括 PLC 相互之间、PLC 与上位计算机、PLC 与其他智能设备之间的通信。PLC 系统与计算机可以通过通信处理单元构成网络、实现信息的交换，也可构成"集中管理、分散控制"的分布式控制系统。

PLC 还有许多特殊功能模块，适用于各种特殊控制的要求，如定位控制模块，高速计数模块等。

1.5　PLC 的特点及应用领域

1. PLC 的主要特点

PLC 技术的迅速发展，除了工业控制领域的需要外，相比较其他各种控制方式，具有一系列深受广大用户欢迎的特点是其主要原因。对于工业控制领域的安全、可靠、灵活、经济等要求可以得到解决。

1）编程简单，使用方便　目前，PLC 广泛采用的编程语言是梯形图——一种面向用户的编程语言。梯形图语言源自电气控制线路图，具有形象、直观、易操作，方便使用的特点。这也是 PLC 获得普及和推广的重要因素。

2）控制灵活，程序可变，具有很好的柔性　PLC 的控制系统主要应用软件实现，当控制要求发生改变时，只需要少量更改硬件，主要修改软件部分即可实现控制功能的改变，程序可读可写，控制灵活，具有很好的柔性。

3）功能强，扩充方便，性能价格比高　PLC 内有成百上千个可供用户使用的编程元件，可以实现非常复杂的控制功能。与相同功能的继电器控制系统相比，具有很高的性价比。PLC 有较强的接口能力，可以通信联网，易于扩充。

4）控制系统设计及施工的工作量少，维修方便　PLC 的硬件部分相对于继电器控制系统大大减少，其安装和施工比较容易，便于维护。PLC 的故障率很低，并具有完善的故障诊断能力，可以便于用户了解运行情况和查找故障。

5）可靠性高，抗干扰能力强　PLC 用软件程序代替了传统继电器控制系统中大量的中间继电器和时间继电器，硬件接线少，大大减少了由元器件老化、触点抖动、接触不良等现象引发的故障，可靠性得以提高。PLC 为了在工业环境下可靠地工作，采取了一系列硬件和软件的抗干扰措施。PLC 的 I/O 接口电路均采用光电隔离，实现工业现场外电路与 PLC 内部电路的电气隔离；各模块均采用屏蔽措施，以防止辐射干扰；S7 - 300/400 PLC 具有极强的故障诊断能力。

6）体积小、质量轻、能耗低，是"机电一体化"特有的产品 对于复杂的 PLC 控制系统，由于减少了大量的继电器，开关柜的体积比继电器控制系统小得多，而且质量轻、能耗低，成为机电一体化重要的控制设备。

2. PLC 的应用

目前，PLC 在国内外已经广泛应用于工控领域中，还在钢铁、石油、化工、电力、机械制造、交通运输及文化娱乐等行业迅猛发展。其应用范围不断扩大，从应用类型看主要有以下几个方面。

1）逻辑控制 PLC 最基本的应用是替代继电器，利用 PLC 逻辑运算、定时器、计数器等指令功能完成开关量逻辑控制，广泛应用于单机控制、多机群控和自动生产线控制等方面，如注塑机、印刷机、组合机床、磨床、包装生产线、电镀流水线等。

2）运动控制 大多数 PLC 都有拖动步进电动机或伺服电动机单轴或多轴位置控制模块，将运动控制和顺序控制有机结合，广泛用于各种机械制造领域，如金属切削机床、装配机械、机器人、电梯等场合。

3）过程控制 过程控制是指对温度、压力、流量等连续变化的模拟量的闭环控制。其中 PID 调节是闭环控制中用得较多的调节方法。大中型 PLC 都具有多路模拟模块和 PID 控制功能。过程控制在冶金、化工、电力、热处理、锅炉控制、建材等行业有着广泛应用。

4）数据处理 现代 PLC 都具有数学运算、数据传送、转换、查表等功能，完成数据的采集、分析和处理，同时可通过通信接口将这些数据传送给其他智能装置进行处理。数据处理一般应用于大型控制系统，如无人控制的柔性制造系统。

5）构建网络控制 PLC 的通信包括 PLC 与 PLC、PLC 与上位机、PLC 与其他智能设备间的通信。近几年生产的 PLC 都具有通信接口，可实现"集中管理、分散控制"的多级分布控制系统，满足工业自动化发展的需要。

思考与练习

1-1 什么是可编程序控制器？

1-2 PLC 的基本构成是什么？

1-3 PLC 有哪些功能？

1-4 PLC 有哪些主要特点？

第2章　S7－300/400 PLC 的系统组成

本章主要介绍 S7－300/400 PLC 的硬件配置、CPU 模块分类、信号模块及模块地址的确定、电源模块、接口模块、通信模块和功能模块、PLC 的存储区等内容。通过本章学习，读者可掌握 PLC 硬件基础知识，为以后的深入学习打下基础。

2.1　S7－300/400 PLC 概述

根据美国 ARC（Automation Research Corp）的调查，在全球 PLC 制造商中，排在前五位的生产厂家分别为西门子公司、Allen－Bradley（A－B）公司、Schneider 公司、三菱公司以及欧姆龙公司，它们的销售总额约占全球销售总额的 2/3。

西门子公司最早生产的 PLC 产品是 1975 年投放市场的 SIMATIC S3，它实际上是带有简单操作接口的二进制控制器。在 1979 年，S3 系列被 SIMATIC S5 取代，该系统广泛使用微处理器。1994 年 S7 系列诞生，它具有更国际化、更高性能、安装空间更小、Windows 用户界面等优势，它包括小型 PLC S7－200、中型 PLC S7－300 和大型 PLC S7－400。S7－200 系列 PLC 最小配置为 8DI/6DO，可扩展 2～7 个模块，最大 I/O 点数为 64DI/DO、12AI/4AO；S7－300 系列 PLC 最多可以扩展 32 个模块；S7－400 系列 PLC 最多可以扩展 300 多个模块。S7 系列 PLC 采用模块化、无排风扇结构，用户可根据需要选择合适的模块，信号模块和通信处理模块可不受限制地插到导轨上的任何一个槽内，系统自行分配各个模块的地址，具有易于用户掌握等特点，已成为各种从小规模到中等性能要求以及大规模应用的首选产品。

1. S7－300 PLC

S7－300 PLC 是模块化的中小型 PLC 系统，广泛应用于专用机床、纺织机械、包装机械、通用机械、楼宇自动化等领域。其外观如图 2-1 所示。

S7－300 PLC 具有如下显著特点。

☺ 循环周期短、指令处理速度快。

☺ 产品设计紧凑，可用于空间有限的场合；模块化的结构，适合于密集安装。

图 2-1　S7－300 PLC 的外观

☺ CPU 的智能化诊断系统可连续监控系统的功能是否正常，记录错误和特殊的系统事件。

☺ 多级口令保护可以高度、有效地保护技术机密，防止未经允许的复制和修改。模式选择开关拔出时，不能改变操作方式，以防止非法删除或改写用户程序。

S7－300 PLC 的主要组成部分包括导轨、电源模块（PS）、中央处理模块（CPU）、接口模块（IM）、信号模块（SM）、功能模块（FM）、通信模块（CP）以及其他模块等，通过MPI 接口可以直接与编程器、按键式面板和其他 S7 系列 PLC 相连。其系统构成如图 2-2所示。

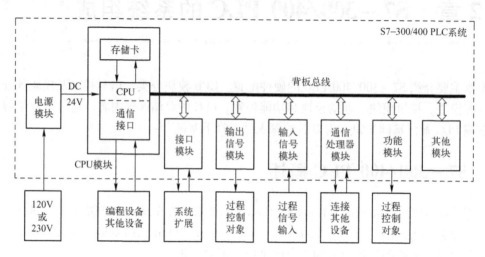

图 2-2　S7－300 PLC 的系统构成

导轨是安装 S7－300 PLC 各类模块的支架，是特制异型板，其长度有 160mm、480mm、530mm、830mm、2000mm 五种，可根据实际情况选择。PLC 采用背板总线方式将各模块从物理上和电气上连接起来。除 CPU 模块外，每块信号模块都带有总线连接器，安装时先将总线连接器装在 CPU 模块并固定在导轨上，然后依次将各模块装入。

电源模块与 CPU 模块和其他模块之间通过电缆连接，而不是通过背板总线连接。

CPU 模块除完成执行用户程序的主要任务外，还为 S7－300 PLC 背板总线提供 DC 5 V电源，并通过 MPI 接口与其他中央处理器或编程装置通信。

接口模块主要用于机架扩展。

输入输出信号模块的作用是使不同的过程信号电平和 S7－300 PLC 的内部信号电平相匹配，主要有数字量输入/输出模块 SM321、SM322、SM323 等，模拟量输入/输出模块SM331、SM332、SM334 和 SM335 等。每个信号模块都配有自编码的螺紧型前连接器，外部过程信号可方便地连在信号模块的前连接器上。其模拟量输入模块可以接入热电偶、热电阻、电流、电压等多种不同的信号，输入量程范围很宽。

功能模块主要用于实时性强、存储计算量较大的过程信号处理任务，如快进和慢进驱动定位模块 FM351、电子凸轮控制模块 FM352、步进电动机定位模块 FM353 等。

通信模块是一种智能模块，它用于 PLC 间或 PLC 与其他装置间联网以实现数据共享，如具有 RS－232C 接口的 CP340、与 PROFIBUS 现场总线联网的 CP342－5DP 等。

2. S7－400 PLC

S7－400 PLC 是具有中高档性能的大型 PLC，采用模块化无风扇设计，易于扩展，通信能力强大，适用于对可靠性要求极高的大型复杂的控制系统，其外观如图 2-3 所示。S7－400 PLC 可以与 SIMATIC 组态工具配套使用，从而可以进行高效率的配置和编程，尤其是应用于工程量较大的自动化解决方案中。S7 – 400 PLC 能够保存整个项目数据，包括 CPU 的符号和说明等，因此，有助于便捷地进行检修和维护。此外，功能强大的集成系统的诊断功能可以增强控制器的实用性并提高其工作效率。为此，增加了可以设置的过程诊断功能，可以据此分析过程问题，从而减少停机时间并进一步促进生产效率。

与 S7 – 300 PLC 相比，S7 – 400 PLC 的每个 SM 模块的点数更多，模块的体积更大，尤其表现在高度上。S7 – 400 PLC 具有很高的电磁兼容性和抗冲击、耐振动性能，能最大程度地满足各种工业标准，模块能带电插拔，机架及模块安装非常方便，允许环境温度为 0 ~ 60℃。S7 – 400 PLC 主要由机架、电源模块、中央处理单元、信号模块、功能模块、通信模块和接口模块组成，系统各部分作用如下。

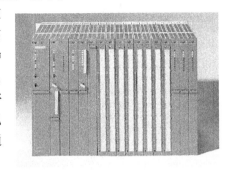

图 2-3　S7 – 400 PLC 外观

☺ 电源模块（PS）：将 SIMATIC S7 – 400 连接到 AC 120V/230V 或 DC 24V 电源上。

☺ 中央处理单元（CPU）：有多种 CPU 供用户选择，有些带有内置的 PROFIBUS – DP 接口，用于各种性能范围。为加强性能，一个中央控制器可包括多个 CPU。

☺ 各种信号模块（SM）：用于数字量输入/输出（DI/DO）以及模拟量的输入/输出（AI/AO）。

☺ 功能模块（FM）：专门用于计数、定位、凸轮控制等任务。

☺ 通信模块（CP）：用于总线连接和点到点的连接。

☺ 接口模块（IM）：用于连接中央控制单元和扩展单元。SIMATIC S7 – 400 中央控制器最多能连接 21 个扩展单元。

2.2　S7 – 300 PLC 的硬件配置

2.2.1　S7 – 300 PLC 的模块安装

S7 – 300 PLC 的各个模块能以搭积木的方式组合在一起形成系统。根据应用对象的不同，S7 – 300 PLC 可选用不同型号和不同数量的模块，并将这些模块安装在同一个 DIN 标准机架或者多个机架上。其允许的安装位置包括水平安装和垂直安装两种，水平安装时，电源模块在最左侧，向右依次为 CPU、接口模块和其他模块；垂直安装时，电源模块在最下端，向上依次为 CPU、接口模块和其他模块。建议采用水平安装。

水平安装如图 2-4 所示，电源模块 PS 安装在机架的最左边，CPU 模块紧靠电源模块；如果有接口模块（IM），则放在 CPU 模块的右侧；除了 CPU 模块、电源模块和接口模块外，一个机架上最多只能再安装 8 个信号模块、通信模块或者功能模块。从 CPU 开始，每个模块都带有一个总线连接器，安装前把总线连接器插入模块上，按顺序把模块挂到导轨上，最后一个模块不需要总线连接器。导轨是 S7 – 300 PLC 的机械安装机架，通过螺钉将导轨固定在机柜中，安装导轨时，其周围应留有足够的空间，用于散热和安装其他元器件。

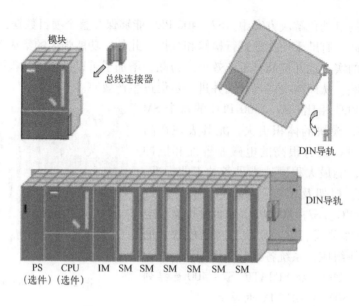

模块

总线连接器

DIN导轨

DIN导轨

PS　CPU　IM　SM　SM　SM　SM　SM　SM
（选件）（选件）

图 2-4　S7 – 300 系列 PLC 的水平安装

如果系统需要的信号模块、功能模块和通信模块超过 8 块，则应对机架进行扩展，如图 2-5 所示。CPU314/315/315 – 2DP 最多可扩展 4 个机架，包括带 CPU 的中央机型（CR）

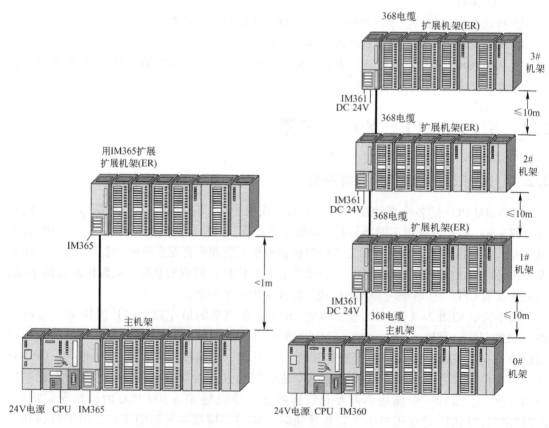

用IM365扩展
扩展机架(ER)

IM365

＜1m

主机架

24V电源　CPU　IM365

368电缆
扩展机架(ER)

3#机架

IM361
DC 24V

≤10m

368电缆
扩展机架(ER)

2#机架

IM361
DC 24V

≤10m

368电缆
扩展机架(ER)

1#机架

IM361
DC 24V

≤10m

368电缆
主机架

0#机架

24V电源　CPU　IM360

图 2-5　S7 – 300 系列 PLC 的机架扩展（CPU 314 以上）

和 3 个扩展机架（ER），每个机架可插 8 个模块（不包括电源模块、CPU 模块和接口模块），4 个机架最多可安装 32 个模块。进行机架扩展时，需要使用接口模块 IM，其作用是将 S7 – 300 PLC 背板总线从一个机架扩展到下一个机架。安装有 CPU 的机架称为主机架或 0 号机架。

2.2.2　S7 – 300 CPU 模块

S7 – 300 系列 CPU 将机器时钟时间命令执行时间缩短到原来的 1/3 或 1/4，为提高生产率奠定了基础。S7 – 300 系列的 CPU 采用微型存储器卡（MMC），没有后备电池，减少了成本和维护费用。另外，其宽度由原来的 80mm 减小到 40mm，使控制器以及开关柜更为紧凑。采用更大容量的构架（如大容量 RAM），为面向任务的 STEP7 工程工具的应用构建了一个平台，如 SCL 高级语言和 Easy Motion Control（轻松的运动控制）。提供更强的联网能力，允许更多的 CPU 以及操作员控制和监视设备连接在一起。作为开放系统，使用由 DP V1 功能支持的 PROFIBUS，S7 – 300 系列 CPU 可对所连接的第三方系统进行更全面的参数化和诊断。

1. S7 – 300 CPU 模块的分类

S7 – 300 系列 PLC 有各种型号的 CPU 适用于不同等级的控制要求，大致分为以下几类。

（1）紧凑型：CPU 312C、CPU 313C、CPU 313C – 2PtP、CPU 313C – 2DP、CPU 314C – 2PtP、CPU 314C – 2DP（带集成的技术功能和 I/O，CPU 运行时需要微存储器卡）。

（2）新标准型：CPU 312、CPU 314、CPU 315 – 2DP（适用于对处理速度中等要求的小规模应用，CPU 运行时需要微存储器）。

（3）户外型：CPU 312IFM、CPU 314IFM、CPU 315 – 2DP（可在恶劣环境下使用）。

（4）故障安全型：CPU 315F – 2DP。

（5）高端型：CPU 317 – 2DP、CPU 318 – 2DP。

（6）其他类型：CPU 313、CPU 314、CPU 315、CPU 315 – 2DP、CPU 316 – 2DP。

表 2-1 列出了 S7 – 300 PLC CPU 模块的主要特性。

表 2-1　常用 S7 – 300 CPU 模块的主要特性

CPU 参数	CPU 312	CPU 312C	CPU 313C	CPU313 C – 2PtP	CPU314	CPU314 C – 2DP	CPU315 F – 2DP	CPU317 – 2DP
用户内存/KB	16	16	32	32	48	48	128	512
最大 MMC/MB	4	4	8	8	8	8	8	8
DI/DO	256	256/256	992/992	992/992	1024	992/992	1024	1024
AI/AO	64	64/32	246/124	246/124	256	248/124	256	256
处理时间/1KB 指令/ms	0.2	0.1	0.1	0.1	0.1	0.1	0.1	0.1
位存储器	1024	1024	2028	2048	2048	2048	16384	32768
计数器	128	128	256	256	256	256	256	512
定时器	128	128	256	256	256	256	256	512
通信连接 MPI/DP/PtP	Y/N/N	Y/N/N	Y/N/N	Y/N/Y	Y/N/N	Y/Y/N	Y/Y/N	Y/Y/N
集成 DI/DO	0/0	10/6	24/16	16/16	0/0	24/16	0/0	0/0
集成 AI/AO	0/0	0/0	4 + 1/2	0/0	0/0	4 + 1/2	0/0	0/0

2. S7－300 CPU 模块的操作

S7－300 PLC 的 CPU 内的元件封装在一个牢固而紧凑的塑料机壳内，面板上设有状态和故障指示灯、模式选择开关和通信接口等，不同类型的 CPU 其面板有一定差异，图 2-6 所示为 CPU315－2DP 的面板。

1）状态和故障指示灯 CPU 模块面板上的发光二极管（LED）的含义见表 2-2。

表 2-2 CPU 模块面板上的 LED 的含义

LED	颜 色	含 义
SF	红色	CPU 硬件故障或软件错误时亮
BATF	红色	电池电压低或没有电池时亮
DC 5V	绿色	CPU 和 S7－300 总线的 5V 电源正常时亮
FRCE	黄色	至少有一个 I/O 被强制时亮
RUN	绿色	CPU 处于 RUN 状态时亮；重新启动时以 2Hz 的频率闪烁；HOLD 状态时以 0.5Hz 的频率闪烁
STOP	黄色	CPU 处于 STOP、HOLD 状态或重新启动时常亮；执行存储器复位时闪烁
SF DP	红色	DP 接口错误
BUSF	红色	PROFIBUS－DP 接口硬件或软件故障时亮

2）模式选择开关 CPU 的模式选择开关用来选择 CPU 的工作模式，S7－300 PLC 有 4 种工作模式，具体见表 2-3。

表 2-3 S7－300 PLC 的工作模式

模 式	说 明
STOP（停止）	CPU 模块通电后自动进行 STOP 模式，该模式不执行用户程序，可以接收全局数据和检查系统
STARTUP（启动）	如果模式选择开关在 RUN 或 RUN－P 位置，通电时自动进入启动模式
RUN（运行）	执行用户程序，刷新输入和输出，处理中断和故障信息服务
HOLD（保持）	在启动和运行模式执行程序时遇到调试用的断点，用户程序的执行被挂起（暂停），定时器被冻结

CPU 的模式选择开关是一种钥匙开关，使用时需要插入钥匙，用以设置 CPU 当前的运行方式。钥匙拔出后，就不能改变操作方式，可防止未经授权的人员非法删除或改写程序。钥匙开关各个位置的含义如下。

（1）RUN－P（编程状态下的运行）位置。CPU 不仅执行用户程序，在运行时还可通过编程软件读出和修改用户程序以及改变运行方式，在这个位置不能拔出钥匙开关。

（2）RUN（运行）位置。CPU 执行用户程序，可通过编程软件读出用户程序，但不能修改用户程序，在这个位置可取出钥匙开关。

（3）MRES（复位存储器）位置。该位置不能保持，将钥匙开关从 STOP 状态转到 MRES 位置，可复位存储器，使

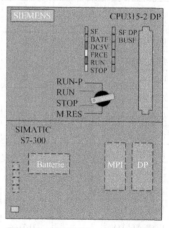

图 2-6 CPU315－2DP 的面板

CPU 回到初始状态。工作存储器、RAM 装载存储器中的用户程序和地址区被清除，全部存储位、定时器、计数器和数据块均被删除，即复位为零，包括有保持功能的数据。CPU 检测硬件、初始化硬件和系统程序的参数，系统参数、CPU 和模块的参数被恢复为默认设置，MPI 参数被保留。如果有 MMC 卡，CPU 在复位后将它里面的用户程序和系统参数复制到工作存储区。

MRES 的操作步骤：将模式选择开关拨到 MRES 并保持，直到 STOP 指示灯第二次亮起并持续点亮，再释放模式选择开关；在 3s 内，将模式选择开关拨回 MRES，STOP 指示灯开始快速闪烁，CPU 存储器被复位，这时可松开模式选择开关。当 STOP 指示灯再次恢复常亮时，CPU 存储器复位完成。

存储器被取出或插入时，CPU 发出系统复位请求，STOP 指示灯以 0.5Hz 的频率闪亮。此时应将模式选择开关扳到 MRES 位置，执行复位操作。

（4）STOP（停止）位置。CPU 不执行用户程序，通过编程软件可读出和修改用户程序，在这个位置可取出钥匙开关。

3）通信接口　所有的 CPU 模块都有一个多点接口 MPI，有的 CPU 模块有一个 MPI 和一个 PROFIBUS - DP 接口，有的 CPU 模块有一个 MPI/DP 接口和一个 DP 接口。

MPI 用于 PLC 与其他西门子 PLC、PG/PC（编程器或个人计算机）、OP（操作员接口）的通信；PROFIBUS - DP 用于与另外的西门子带 DP 接口的 PLC、PG/PC、OP 以及其他主站和从站的通信。

CPU 通过 MPI 接口或 PROFIBUS - DP 接口在网络上自动地广播它设置的总线参数（即波特率）。PLC 可自动地"挂到"MPI 网络上。

4）微存储器卡　S7 - 300 CPU 上的微存储器卡（MMC）用于在断电时保存用户程序和某些数据，可用来扩展 CPU 的存储器容量；另外，有些 CPU 的操作系统保存在 MMC 中，便于操作系统的升级。目前，新型的 S7 - 300 CPU 都必须使用 MMC 卡作为装载存储器保存用户数据。MMC 的读/写可直接在 CPU 内进行，不需要专用的编程器。存储卡只有在断电状态或 CPU 出于"STOP"状态时才能取下，如果在写访问过程中拆下 MMC，则卡中的数据会被破坏。对于新型免维护 S7 - 300 PLC，使用模式选择开关 MRES 无法删除 MMC 卡中的数据，只能删除工作存储器中的内容，并复位所有的 M、T、C 及 DB 块中的实际值。

5）电源接线端子　电源模块的 L1、N 端子接 AC 220V 电源；电源模块上的 L + 和 M 端子分别是 DC 24V 输出电压的正极和负极，可用专用的电源连接器或导线连接电源模块和 CPU 模块的 L + 、M 端子。

电源模块的接地端子和 M 端子一般用短路片短接后接地，机架的导轨也应接地。

6）电池盒　电池盒用于安装锂电池，在 PLC 断电时，锂电池用来保证实时钟的正常运行，并可在 RAM 保存用户程序和更多的数据，保存的时间为 1 年。新型的 CPU 是免维护的，用户程序保存在 MMC 卡中，不需要电池。

2.2.3　S7 - 300 PLC 的信号模块

在 PLC 控制系统中，为了实现对生产机械的控制，需将对象的各种测量参数按要求的方式送入 PLC。PLC 经过运算、处理后再将结果以数字量的形式输出，并把该输出转换为适合生产机械控制的量。因此必须设置信息传递和转换装置，即输入模块与输出模块，统称为信号模块，它包括数字量输入模块、数字量输出模块、模拟量输入模块和模拟量输出模块，它们使不同的过程信号电压或电流与 PLC 内部的信号电平匹配。

S7 – 300 PLC 的 I/O 模块见表 2-4。信号模块的外部接线连接在插入式的前连接器的端子上，前连接器插在前盖后的槽内。第一次插入连接器时，有一个编码元件与之啮合，这样该连接器就只能插入同样类型的模块中。信号模块上的 LED 用来显示各 I/O 点的状态。模块安装在 DIN 标准导轨上，通过背板总线与相邻的模块连接。

表 2-4 S7 – 300 PLC 的 I/O 模块

分　类	I/O 模块介绍
数字量 DI/DO	数字量输入模块 SM321
	数字量输出模块 SM322
	数字量输入/输出模块 SM323
	故障安全数字量输入/输出模块 SM326
	可编程数字量输入/输出模块 SM327
模拟量 AI/AO	模拟量输入模块 SM331
	模拟量输入模块 SM332
	模拟量输入/输出模块 SM334
	故障安全/冗余模拟量输入/输出模块 SM336

1. 数字量输入模块 SM321

数字量输入模块用于连接外部机械触点和数字式传感器，如各种主令开关、行程开关、限位开关等，现场送来的信号经光电隔离后转换成 PLC 内部信号电平，并送到输入缓冲区，通过背板总线把现场通/断信号以 "1" 或 "0" 方式写入相应输入存储区。数字量输入模块 SM321 的外观如图 2-7 所示。

按外部电源类型，数字量输入模块分为直流输入和交流输入两种，直流输入电路的延迟时间短，可以直接与接近开关、光电开关等电子输入装置连接。如果信号线不是很长，PLC 所处的物理环境较好，电磁干扰较轻，则应优先考虑选用 DC 24V 的输入模块。交流输入方式适合于在有油雾、粉尘的恶劣环境下使用。

图 2-7 模块 SM321 的外观

数字量输入模块 SM321 的主要技术参数见表 2-5。

表 2-5 数字量输入模块 SM321 的主要技术参数

技术特性	直流 16 点输入模块	直流 32 点输入模块	交流 8 点输入模块	交流 16 点输入模块
输入点数	16	32	8	16
额定负载电压/V	DC 24	DC 24		
负载电压范围/V	20.4 ~ 28.8	20.4 ~ 28.8		
额定输入电压/V	DC 24	DC 24	AC 120/230	AC 120
输入电压 "1" 范围/V	13 ~ 30	13 ~ 30	79 ~ 132	79 ~ 132

续表

技术特性	直流 16 点 输入模块	直流 32 点 输入模块	交流 8 点 输入模块	交流 16 点 输入模块
输入电压 "0" 范围/V	−3 ~ +5	−3 ~ +5	0 ~ 40	0 ~ 20
输入电压频率/Hz			47 ~ 63	47 ~ 63
隔离（与背板总线）方式	光耦合器	光耦合器	光耦合器	光耦合器
输入电流 "1" 信号/mA	7	7.5	6.5/11	6
最大允许静态电流/mA	1.5	1.5	2	1
典型输入延迟/ms	1.2 ~ 4.8	1.2 ~ 4.8	25	25
背板总线最大消耗电流/mA	25	25	29	16
功率损耗/W	3.5	4	4.9	4

2. 数字量输出模块 SM322

数字量输出模块将 PLC 产生的内部控制信号转换成负载需要的电平信号，同时有隔离和功率放大的作用，可直接用于驱动电磁阀、接触器、小型电动机、指示灯等，输出电流的典型值为 0.5 ~ 8A（与模块型号有关），负载电源由外部现场提供。

数字量输出模块 SM322 根据输出开关器件的种类分为继电器输出、晶体管输出和晶闸管输出三种输出方式，输出点数有 8 点、16 点和 32 点等几种，其主要技术特性见表 2-6。

表 2-6 SM322 数字量输出模块技术特性

技术特性	8 点 晶体管	16 点 晶体管	32 点 晶体管	16 点 晶闸管	32 点 晶闸管	8 点 继电器	16 点 继电器
输出点数	8	16	32	16	32	8	16
额定电压/V	DC 24	DC 24	DC 24	AC 120/230	AC 120/230	DC 120 AC 230	AC 230 DC 120
与总线隔离方式	光耦合器						
输出组数	4	8	8	8	8	2	8
最大输出电流/A	0.5	0.5	0.5	0.5	1	2	2
短路保护	电子保护			熔断保护			
最大消耗/mA	60	120	200	184	275	40	100
功率损耗/W	6.8	4.9	5	9	25	2.2	4.5

继电器输出模块的内部电路如图 2-8 所示，当某输出点状态为 "1" 时，通过背板总线接口和光耦合器使对应的微型继电器线圈通电，其常开触点闭合，外部线路导通工作；当输出点状态为 "0" 时，通过背板总线接口和光耦合器使对应的继电器线圈断电，其常开触点断开，外部线路断开。为保证工作的可靠性，提高抗干扰能力，在输出接口采用相应的隔离措施，如光电隔离和电磁隔离。

继电器输出模块既可驱动直流负载也可驱动交流负载，具有负载电压范围宽、导通压降小、承受瞬时过电压和过电流的能力强等优点；缺点是动作时间长，不适合要求频繁动作的应用场合。

图 2-9 所示为晶闸管输出模块的内部电路，小框内的光敏双向晶闸管和小框外的双向晶闸管组成固态继电器（Solid－State Relay，SSR），SSR 的输入功耗低，输入信号电平与 CPU 内部电平相同，同时又实现了隔离。PLC 程序中某输出点为"1"状态时，其线圈"通电"，光敏晶闸管中的发光二极管点亮，晶闸管导通，使另一个容量较大的双向晶闸管导通，模块外部负载得电工作。

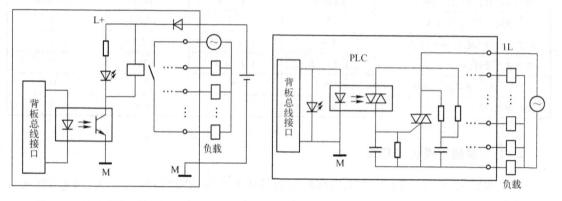

图 2-8　继电器输出模块的内部电路图　　　　图 2-9　晶闸管输出模块的内部电路图

晶闸管输出只能驱动交流负载，双向晶闸管的导通和截止起到开关的通断作用，由于是无触点开关输出，其开关速度快，工作寿命长。

图 2-10 所示为晶体管输出模块的内部电路，输出信号经光耦合器送给输出元件，图中用一个带三角形符号的小方框表示输出元件。输出元件的饱和导通状态和截止状态相当于触点的接通和断开。这种类型的输出模块只能用于直流负载，它们可靠性高，响应速度快，寿命长，但过载能力稍差。

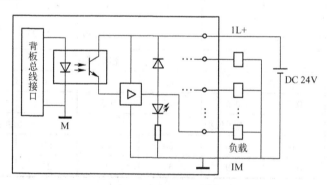

图 2-10　晶体管输出模块的内部电路图

在选择数字量输出模块时，应注意负载电压的种类、大小和工作频率，还应注意负载的类型，如电阻性负载、电感性负载、机械负载或者白炽灯等，除了考虑每个点的输出电流外，还要注意每组的最大输出电流。

3. 数字量输入/输出模块 SM323

SM323 数字量输入/输出模块是在一块模块上同时具备输入点和输出点的信号模块。S7－300 有两种类型，一种是 8 点输入和 8 点输出的模块，输入点和输出点均只有一个公共端；另一种有 16 点输入（8 点 1 组）和 16 点输出（8 点 1 组）。输入和输出电路均设有光电隔离电路，采用晶体管输出，并设有电子式短路保护装置，在额定输入电压下输入延时为 1.2 ~ 4.8ms。其技术参数见表 2-7。

表 2-7　数字量输入/输出模块 SM323 的主要技术参数

技 术 特 性	DI 8/DI O	DI 16/DO 16
输入点数	8	16
输出点数	8	16
额定负载电压/V	DC 24	DC 24
额定输入电压/V	DC 24	DC 24
输入电压 "1" 范围/V	13 ~ 30	13 ~ 30
输入电压 "0" 范围/V	−30 ~ +5	−30 ~ +5
隔离（与背板总线）方式	光耦合器	光耦合器
输入电流 "1" 信号/mA	7	7
输出电流/mA	0.5	0.5
输出器件	晶体管	晶体管
功率损耗/W	6.5	3.5

4. 数字量 I/O 模块地址分配

PLC 进行程序设计时必须确定系统组成的 I/O 点地址，S7 - 300 系列 PLC 信号模块的字节地址与模块所在的机架号和槽位号有关，而位地址则与信号线接在模块上的端子位置有关。电源 PS、CPU 和接口 IM 在导轨上的位置是固定的，依次占 1、2、3 槽，其他模块占 4 ~ 11 槽，4 ~ 11 槽之间可自由安排槽位。对于数字 I/O 模块，从 0 号机架的 4 号槽位开始，每个槽位占用 4 个字节（等于 32 个 I/O 点）的地址，S7 - 300 系列 PLC 最多可能有 32 个数字量模块，共占用 32 ×4B = 128B，字节具体地址分配如图 2-11 所示。

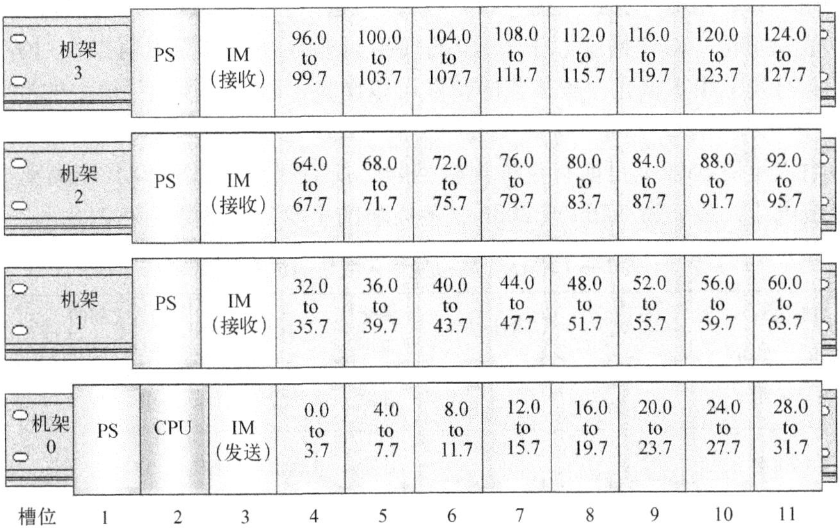

图 2-11　数字量信号的字节地址

每个数字量 I/O 点占用其中的 1 位，数字量 I/O 模块内最小的位地址（如 I0.0）对应的端子位置最高，最大的位地址（如 16 点输入模块的 I1.7）对应的端子位置最低，位地址分配如图 2-12 所示。

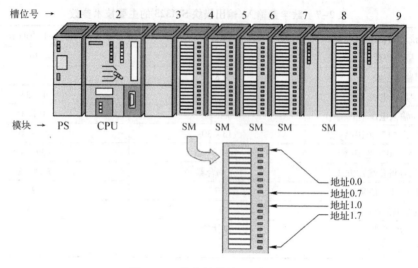

图 2-12　数字量模块的位地址

5. 模拟量输入模块 SM331

生产过程中有大量的连续变化的模拟量需要 PLC 来测量或控制，有的是非电量，如温度、压力、流量、液位、物体的成分（如气体中的含氧量）和频率等；有的是强电电量，如发电机组的电流、电压、有功功率和无功功率、功率因数等。模拟量输入模块用于将模拟量信号转换为 CPU 内部处理用的数字信号，模拟量输入模块的输入信号一般是模拟量变送器输出的标准量程的直流电压、电流信号。

S7－300 的 CPU 用 16 位的二进制数码表示模拟量值，其中最高位为符号位，"0"表示正值，"1"表示负值。对于精度小于 16 位的模拟量输入模块，模拟值以左对齐方式存储，来使用的最低有效位用零填充。被测值的精度可以调整，取决于模拟量模块的性能和它的设定参数。

模拟量输入模块 SM331 目前有 8 种规格型号，所有模块内部均设有光隔离电路，输入一般采用屏蔽电缆，最长为 100m 或 200m，各模块的主要技术参数见表 2-8。

表 2-8　SM331 模拟量输入模块的技术参数

模块 型号	通道数 及分组	精度	测量方法	测量 范围	极限值监控	输入之间的 允许电位差	备注
7NF00	8 AI/4 组	可调整 15bit + 符号	电流、 电压	任意	2 通道可调整	DC 50V	
7NF10	8 AI/4 组	可调整 15bit + 符号	电流、 电压	任意	8 通道可调整	DC 60V	
7HF00	8 AI/4 组	可调整 13bit + 符号	电流、 电压	任意	2 通道可调整	DC 11V	高速 时钟

续表

模块型号	通道数及分组	精度	测量方法	测量范围	极限值监控	输入之间的允许电位差	备注
1KF00	8AI/4 组	可调整 12bit + 符号	电流、电压、电阻、温度	任意	×	DC 2.0 V	
7KF02	8AI/4 组	可调整 9/12/14bit + 符号	电流、电压、电阻、温度	任意	2 通道可调整	DC 2.5 V	
7PF00	8AI/4 组	可调整 15bit + 符号	电阻、温度	任意	8 通道可调整	DC 75 V AC 60 V	
7PF10	8AI/4 组	可调整 15bit + 符号	温度	任意	8 通道可调整	DC 75 V AC 60 V	
5HB01	2AI/1 组	可调整 9/12/14bit + 符号	电流、电压、电阻、温度	任意	1 通道可调整	DC 2.5 V	

SM 331 模块主要由 A/D 转换部件、模拟切换开关、补偿电路、恒流源、光电隔离部件和逻辑电路等组成。A/D 转换部件是模块的核心，其转换原理采用积分方法，积分时间直接影响到 A/D 转换时间和 A/D 转换的精度。被测模拟量的精度是所设定的积分时间的正函数，即积分时间越长，被测值的精度越高。SM331 可选 4 挡积分时间：2.5ms、16.7ms、20ms、100ms，相对应地以位表示的精度为 9、12、12、14 位。每种积分时间有一个最佳的噪声抑制频率 f_0，以上 4 种积分时间分别对应 400Hz、60Hz、50Hz、10Hz。例如，A/D 的积分时间设为 20ms，则它的转换精度为 12 位，此时对频率为 50Hz 的噪声干扰有很强的抑制作用。在我国，为了抑制工频及其谐波的干扰，一般选用 20ms 的积分时间。SM331 的转换时间包括由积分时间决定的基本转换时间和用于电阻测量、断线监视的附加转换时间。对应上述 4 种积分时间的基本转换时间分别为 3ms、17ms、22ms、102ms，电阻测量的附加转换时间为 1ms，断线监视的附加转换时间为 10ms，电阻测量和断线监视都有的附加转换时间为 16ms。

SM331 的 8 个模拟量输入通道公用一个积分式 A/D 转换部件，即通过模拟切换开关，各输入通道按顺序一个接一个地转换。某一通道从开始转换模拟量输入值起，一直持续直到再次开始转换的时间称输入模块的循环时间，它是模块中所有活动的模拟量输入通道的转换时间的总和。实际上，循环时间是对外部模拟量信号的采样间隔。为了缩短循环时间，应该使用 STEP 7 组态工具屏蔽掉不用的模拟量通道，使其不占用循环时间。对于一个积分时间设定为 20ms，8 个输入通道都接有外部信号且都需断线监视的 SM331 模块，其循环时间为 (22 + 10) ms × 8 = 256ms。因此，对于采样时间要求更快一些的场合，优先选用二输入通道的 SM331 模块。

SM331 的每两个输入通道构成一个输入通道组，可以按通道组任意选择测量方法和测量范围。模块上需接 DC 24V 的负载电压 L +，有反极性保护功能；对于变送器或热电偶的输入具有短路保护功能。模块与 S7 - 300 CPU 及负载电压之间是光电隔离的。

6. 模拟量输出模块 SM332

SM332 用于将 S7 - 300 PLC 的数字信号转换成系统所需要的模拟量信号，控制模拟量调节器或执行机构。目前有 4 种规格的模块，所有模块内部均设有光隔离电路，各模块的主要技术参数见表 2-9。SM332 可以输出电压，也可以输出电流。在输出电压时，可以采用 2 线回路和 4 线回路两种方式与负载相连，采用 4 线回路能获得比较高的输出精度。

表 2–9　SM331 模拟量输入模块的技术参数

模块型号	通道数及分组	精度/bit	电流消耗/mA	功率损耗/W	电压输出范围/V	电流输出范围/mA	输出方式	备注
5HF00	8 AO/8 组	12	340	6	±10 0～10 1～5	±20 0～20 4～20	按通道输出电压/电流	
7ND01	4 AO/4 组	16	240	3	±10 0～10 1～5	±20 0～20 4～20	按通道输出电压/电流	时钟功能
5HD01	4 AO/4 组	12	240	3	±10 0～10 1～5	±20 0～20 4～20	按通道输出电压/电流	
5HB01	2 AO/2 组	12	135	3	±10 0～10 1～5	±20 0～20 4～20	按通道输出电压/电流	

影响模拟量输出模块性能的有两个参数，即稳定时间和响应时间，稳定时间是转换值达到模拟量输出指定级别所经历的时间，稳定时间由负载决定。响应时间是从将数字量输出值输入内部存储器到模拟量输出的信号稳定所经历的时间，此时间等于周期时间与稳定时间的总和。

7. 模拟量输入/输出模块 SM334

模拟量 I/O 模块 SM334 有两种规格，一种是有 4 输入/2 输出的模拟量模块，其输入、输出精度为 8 位；另一种也是有 4 输入/2 输出的模拟量模块，其输入、输出精度为 12 位。SM334 模块输入测量范围为 0～10V 或 0～20mA，输出范围为 0～10V 或 0～20mA。它的 I/O 测量范围的选择是通过恰当的接线而不是通过组态软件编程设定的，与其他模拟量模块不同，SM334 没有负的测量范围，且精度比较低。SM334 模块的主要技术参数见表 2–10。

表 2–10　SM331 模拟量输入模块的技术参数

模块型号	输入通道及分组	输出通道及分组	精度/bit	测量范围	输出范围	电流消耗/mA	功率损耗/W
0CE01	4 输入/1 组	2 输出/1 组	8	0～10V 0～20mA	0～10V 0～20mA	110	3
0KE00	4 输入/2 组	2 输出/1 组	12	0～10V 10KΩ Pt100	0～10V	80	2

8. 模拟量 I/O 模块地址分配

模拟量模块以通道为单位，一个通道占一个字地址（两个字节地址）。例如，模拟量输入通道 PIW272 由字节 PIB272 和 PIB273 组成。一个模拟量模块最多有 8 个通道，从 0 号机架的 4 号槽开始，每个槽位分配 16B（即 8 个字）的地址。S7 – 300 为模拟量模块保留了专用的地址区域，字节地址范围为 IB256 ~ 767，用于装载指令和传送指令访问模拟量模块。模拟量模块的字节地址分配如图 2–13 所示。

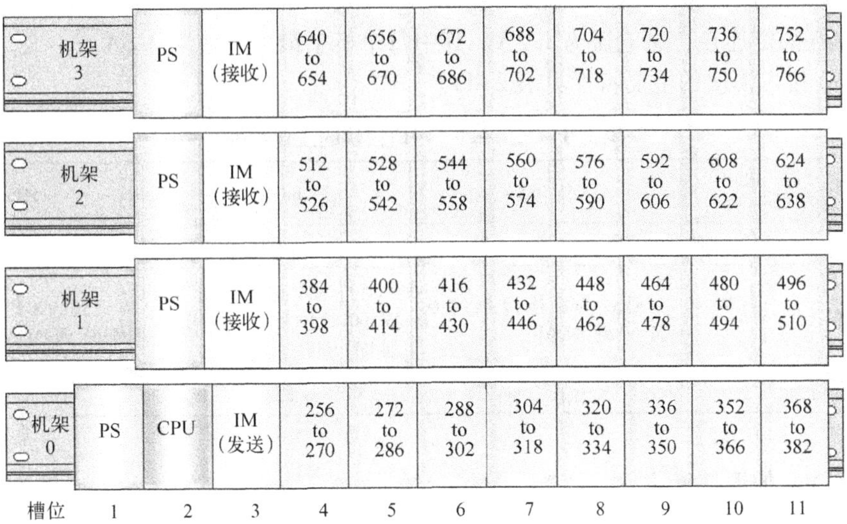

机架 3	PS	IM（接收）	640 to 654	656 to 670	672 to 686	688 to 702	704 to 718	720 to 734	736 to 750	752 to 766
机架 2	PS	IM（接收）	512 to 526	528 to 542	544 to 558	560 to 574	576 to 590	592 to 606	608 to 622	624 to 638
机架 1	PS	IM（接收）	384 to 398	400 to 414	416 to 430	432 to 446	448 to 462	464 to 478	480 to 494	496 to 510
机架 0	PS	CPU	IM（发送）	256 to 270	272 to 286	288 to 302	304 to 318	320 to 334	336 to 350	352 to 366	368 to 382
槽位	1	2	3	4	5	6	7	8	9	10	11

图 2–13　模拟量模块的字节地址

2.2.4　S7 – 300 PLC 的其他模块

1. S7 – 300 电源模块

PS307 电源模块将 AC 120V/230V 电压转换为 DC 24V 电压，为 S7 – 300、传感器和执行器供电，输出电流有 3 种，分别为 2A、5A、10A。电源模块安装在 DI N 导轨上的插槽 1，紧靠在 CPU 或扩展机架 IM 361 的左侧，用电源连接器连接到 CPU 或 IM361 上。

PS307 10A 模块的输入接单相交流系统，输入电压 120V/230V，50Hz/60Hz，在输入和输出之间有可靠的隔离。如果正常输出额定电压 24V，则绿色 LED 点亮；如果输出电路过载，则 LED 闪烁。输出电流长期在 10 ~ 13A 之间时，输出电压下降，电源寿命缩短，电流超过 13A 时，电压跌落，跌落后可自动恢复；如果输出短路，输出电压为 0V，LED 变暗，在短路消失后电压自动恢复。输出电压允许范围 24V ± 5%，最大上升时间 2.5s，最大残留纹波 150mV，电源效率 89%，功率输入 270W，功率损耗 30W。

电源模块除了 CPU 模块提供电源外，还要给予输入/输出模块提供 DC 24V 电源。CPU 模块上的 M 端子（系统的参考点）一般是接地的，接地端子与 M 端子用短接片连接。某些大型工厂（如化工厂和发电厂）为了监视对地的短路电流，可能采用浮动参考电位，这时应将 M 点与接地点之间的短接片去掉，可能存在的干扰电流通过集成在 CPU 中 M 点与接地点之间的 RC 电路对接地母线放电。

2. S7 – 300 的接口模块

S7 – 300 PLC 的接口模块主要有 IM360、IM361 及 IM365。

IM360、IM361 是用于多机架的接口模块，IM360 用于发送数据，IM 361 用于接收数据。IM360 和 IM361 上有指示系统状态和故障的发光二极管，如果 CPU 不确认此机架，则 LED 闪烁，可能是连接电缆没接好或者是串行连接的 IM361 关掉了。

如果只扩展两个机架，可选用比较经济的 IM365 接口模块对，这对接口模块由 1m 长的连接电缆相互固定连接，总电流为 1.2A，其中每个机架最大能使用 0.8A。

S7 –300 接口模块的主要特性见表 2–11。

表 2–11 S7 –300 接口模块的主要特性

特 性 ＼ 模 块	IM360	IM361	IM365
适合于插入 S7 –300 模块机架	0	1 ~ 3	0 和 1
数据传输	通过 368 连接电缆从 IM360 到 IM361	通过 368 连接电缆，从 IM360 到 IM361 或从 IM361 到 IM361	通过 368 连接电缆，从 IM365 到 IM365
传输距离	最长 10m	最长 10m	1m 永久连接

3. S7 –300 的通信模块

S7 –300 系统拥有多种通信模块，可以实现点对点（Point to Point）、AS –I、Profibus – DP、Profibus – FMS、工业以太网、TCP/IP 等通信连接。这些模块均带有处理器，因此称为通信处理器模块（Communications Processor，CP）。

（1）CP340 通信模块。CP340 是一种经济型低速串行通信处理器模块，用于建立点对点（Point to Point）连接，最大传输速率为 19.2kbit/s。有 3 种通信接口：RS –232C（V.24）、20mA（TTY）、RS –422/485。可实现与 S5 系列 PLC、S7 系列 PLC 及其他厂商的控制系统、机器人控制器、条形码阅读器、扫描仪等设备的通信连接。

（2）CP341 通信模块。可用于 S7 –300 PLC 和 ET200M（S7 作为主站），可通过点对点连接用于高速数据交换，最大传输速率为 76.8kbit/s。可通过 ASCII、3964（R）、RK512 及可装载驱动等通信协议，实现与 S5 系列 PLC、S7 系列 PLC 及其他控制设备、打印机或扫描仪之间的通信连接。

（3）CP343 –1 通信模块。用于实现 S7 –300 PLC 到工业以太网总线的连接，是全双工串行通信模块，通信速率为 10Mbit/s，拥有自己的处理器，能在工业以太网上独立处理数据通信，可完成与编程器、计算机、人机界面、S5 系列 PLC 和 S7 系列 PLC 的数据通信。

（4）CP343 –2 通信模块。CP343 –2 为 AS –i 主站模块，可用于 S7 –300 系列 PLC 及 ET200M，用来实现执行器传感器接口（Actuator Sensor Interface，AS –i），最多可连接 31 个模拟量或 62 个数字量 AS –i 从站。

（5）CP343 –5 通信模块。CP434 –5 是采用 PROFIBUS – FMS 协议的现场总线通信模块，可用于更加复杂的现场通信任务，可通过 PROFIBUS – FMS 对系统进行远程组态和远程编程。

（6）CP342 –5 通信模块。CP342 –5 用于实现 S7 –300 到 PROFIBUS – DP 总线的连接，它分担 CPU 的通信任务并允许进一步的其他连接，为用户提供各种 PROFIBUS 总线系统服务，可通过 PROFIBUS – DP 对系统进行远程组态和远程编程。CP342 –5 作为主站时，可完全自动处理数据传输，允许 CP 从站或 ET200 - DP 从站连接到 S7 - 300。CP342 - 5 作为从站时，允许 S7 - 300 与其他 PROFIBUS 主站交换数据。

4. S7 - 300 的功能模块

功能模块主要用于对实时性和存储容量要求高的控制任务，S7 - 300 系统主要有如下功能模块。

（1）计数器模块。计数器模块的计数器均为 0 ~ 32 位或 ±31 位加减计数器，可以判断脉冲的方向，模块给编码器供电。有比较功能，达到比较值时，通过集成的数字量输出响应信号，或通过背板总线向 CPU 发出中断。可以 2 倍频和 4 倍频计数，4 倍频是指在两个互差 90°的 A、B 相信号的上升沿、下降沿都计数。通过集成的数字应输入直接接收启功、停止计数等数字量信号。

以 FM350 - 1 为例，它是单通道计数器模块，可以检测最高达 500kHz 的脉冲，有连续计数、单向计数、循环计数 3 种工作模式。有 3 种特殊功能：设定计数器、门计数器和用门功能控制计数器的启/停。达到基准值、过零点和超限时可以产生中断。有 3 个数字量输入和 2 个数字量输出。

（2）位置控制与检测模块。FM351 双通道定位模块用于控制变级调速电动机或变频器。

FM352 高速电子凸轮控制器用于顺序控制，它有 32 个凸轮轨迹，13 个集成的数字输出端用于动作的直接输出，采用增量式编码器或绝对式编码器。FM352 高速布尔处理器高速地进行布尔控制（即数字量控制）。

FM353 是步进电动机定位模块，主要应用于高速机械设备中所用的步进电动机，可实现简单的点到点定位，也可用于复杂的运动模式，可定位进给轴、调整轴、设定轴和传送带式轴（直线和旋转轴）等。

FM354 伺服电动机定位模块用于要求动态性能快、高精度的定位系统。

FM357 用于最多 4 个插补轴的协同定位，既能用于伺服电动机也能用于步进电动机。

SM338 用超声波传感器检测位置，具有无磨损、保护等级高、精度稳定不变、与传感器的长度无关等优点。SM338 可以提供最多 3 个绝对值编码器（SSI）和 CPU 之间的接口，将 SSI 信号转换为 S7 - 300 的数字值，可以为编码器提供 DC 24V 电源。

（3）闭环控制模块。FM355 闭环控制模块有 4 个闭环控制通道，用于压力、流量、液位等控制，有自优化温度控制算法和 PID 算法。FM 355C 是具有 4 个模拟量输出端的连续控制器。FM355S 是具有 8 个数字输出点的步进或脉冲控制器。

FM355 - 2 是适用于温度闭环控制的 4 通道闭环控制模块，方便地实现了在线自优化温度控制。FM 355 - 2C 是具有 4 个模拟量输出端的连续控制器。FM 355 - 2S 是具有 8 个数字输出端的步进或脉冲控制器。

（4）占位模块。占位模块 DM370 为模块保留一个插槽，如果用一个其他模块代替占位模块，则整个配置和地址都保持不变。只有当为可编程信号模块进行模块化处理时，才能在 STEP7 中组态 DM 370 占位模块。如果该模块为某个接口模块预留了插槽，则可在 STEP7 中删除模块组态。

2.3 S7 - 400 PLC 的硬件配置

2.3.1 S7 - 400 PLC 的模块安装

S7 - 400 是具有中高档性能的 PLC,采用模块化无风扇设计,适用于对可靠性要求极高的大型复控制系统。模块能带电插拔且具有很强的电磁兼容性和抗冲击性、耐振动性,因而能最大程度地满足各种工业标准。

S7 - 400 PLC 的模块安装采用无槽位规则,机架用来固定模块、提供模块工作电压和实现局部接地,并通过信号总线将不同模块连接在一起。模块插座焊在机架中的总线连接板上,模块插在模块插座上,有不同槽数的机架供用户选用。

安装 S7 - 400 PLC 必须保证如下的最小间距:机架左右间距为 20mm,机架上方间距为 40mm,机架下方间距为 22mm,机架之间间距为 110mm。

S7 - 400 PLC 的模块安装应遵循以下原则。

(1)中央机架(或者称为中央处理器,CC)必须配置 CPU 模块和一个电源模块,可安装除用于接收的接口模块(IM)外的所有 S7 - 400 模块。

(2)除电源和扩展机架的接口模块外,所有模块可插入任何槽位。其中电源模块只能放在机架最左边的 1 号槽;接口模块必须放置在机架最右边的槽中。注意,由于 S7 - 400 PLC 的机架中带有背板总线,故机架中相邻两个模块之间可以有空槽位。

(3)一个机架插入模块的数量与机架的槽位,通信资源和消耗背板总线电流有关,有些模块可能占用多个槽位,将模块放置到机架后,就可以看到它占的槽位数。

(4)如果一个机架容纳不下所有模块,可增设一个或者多个扩展机架(或称扩展单元,EU),S7 - 400 最多有 21 个扩展单元,这 21 个扩展单元都可以连接到中央控制器(CC),各机架之间用接口模块和通信电缆交换信息。中央控制器 CC 和扩展单元 EU 通过发送 IM 和接收 IM 连接。中央控制器可插入最多 6 个发送 IM,每个 EU 可容纳 1 个接收 IM。每个发送 IM 有 2 个接口,每个接口最多可支持 4 个 EU。

(5)发送模块 IM460 - X 与接收模块 IM461 - X 的最后一个数字 X 应相同,通信模块 CP 只能安装在编号不大于 6 的扩展机架中。

2.3.2 S7 - 400 的 CPU 模块

1. S7 - 400 CPU 模块的分类

S7 - 400 PLC 有三大类型:标准 S7 - 400、S7 - 400H 硬件冗余系统和 S7 - 400F/FH 系统。

标准 S7 - 400 PLC 广泛适用于过程工业和制造业,具有大数据量的处理能力,能协调整个生产系统,支持等时模式,可灵活、自由地系统扩展,支持带电热插拔,具有不停机添加/修改分布式 I/O 等特点。

S7 - 400H 硬件冗余系统非常适用于过程工业,可降低故障停机成本,具有双机热备份,避免停机;可无人值守运行;且双 CPU 切换时间低于 100ms,同时还有先进的事件同步冗余机制。

S7 – 400F/FH 系统是基于 S7 – 400H 冗余系统的，实现了对人身、机器和环境的最高安全性，符合 IEC61508 SIL3 安全规范，标准程序与故障安全程序在一块 CPU 中同时运行。

S7 – 400 系列 PLC 有 7 种 CPU，分别是 CPU412 – 1、CPU412 – 2、CPU414 – 2、CPU414 – 3、CPU416 – 2、CPU416 – 3、CPU417 – 4。此外 S7 – 400 H 还有两种 CPU，分别是 CPU414 – 4H、CPU417 – 4H 共 9 种性能档次不同的 CPU 供用户使用。

CPU412 – 1 是廉价的，低档项目使用的 CPU，适用于中等性能范围，用于 I/O 数量有限的较小系统的安装。

CPU412 – 2 适用于中等性能范围的应用，它带有两个 PROFIBUS – DP 总线，可以随时使用。

CPU414 – 2 和 CPU414 – 3 适用于中等性能应用范围中有较高要求的场合。它们满足对程序规模和指令处理速度的更高要求。集成 PROFIBUS – DP 接口使它能够作为主站直接连接到 PROFIBUS – DP 现场总线。CPU414 – 3 有一条额外的 DP 线，可用 IF964 – DP 接口子模块进行连接。

CPU416 – 2 和 CPU416 – 3 功能强大，集成的 PROFIBUS – DP 接口，使它能作为主站直接连接到 PROFIBUS – DP 现场总线。CPU416 – 3 有一条额外的 DP 线，可用 IF964 – DP 接口子模块进行连接。

CPU417 – 4 是 S7 – 400 中央处理单元中功能最强大的。集成的 PROFIBUS – DP 接口，使它能作为主站直接连接到 PROFIBUS – DP 现场总线，通过 IF964 – DP 接口子模块进一步连接两条 DP 线。

CPU414 – 4H 和 CPU417 – 4H 用于 S7 – 400H 和 S7 – 400 F/ FH，可配置为容错式 S7 – 400H 系统。连接上运行许可证后，可以作为 S7 – 400F/FH 自动化系统使用，集成的 PROFIBUS – DP 接口能作为主站直接连接到 PROFIBUS – DP 现场总线。

2. S7 – 400 CPU 模块操作

S7 – 400 CPU 模块内的元件封装在一个牢固而紧凑的塑料机壳内，面板上有状态和故障指示灯、用于模式选择的钥匙开关和通信接口。大多数 CPU 还有后备电池盒，存储器插槽可插入多达几 MB 的存储器卡。

1) S7 – 400 CPU 的指示灯与模式选择开关　S7 – 400 CPU 模块面板上的 LED 指示灯的功能见表 2–12。S7 – 400 PLC 不同型号的 CPU 面板上元件不完全相同，有的 CPU 只有部分指示灯，在使用时应注意。

表 2–12　S7 – 400 CPU 的指示灯

指示灯	颜色	说　明	指示灯	颜色	说　明
INTF	红色	内部故障	IFM1F	红色	接口子模块 1 故障
EXTF	红色	外部故障	IFM2F	红色	接口子模块 2 故障
FRCE	黄色	有输入/输出处于被强制的状态	MAINT	—	当前不起作用
RUN	绿色	运行模式	MSTR	黄色	CPU 处理 I/O，仅用于 CPU41X – 4H
STOP	黄色	停止模式	REDF	红色	冗余错误，仅用于 CPU41X – 4H
BUS1F	红色	MPI/PROFIBUS – DP 接口 1 的总线故障	RACK0	黄色	CPU 在机架 0 中，仅用于 CPU41X – 4H
BUS2F	红色	PROFIBUS – DP 接口 2 的总线故障	RACK1	黄色	CPU 在机架 1 中，仅用于 CPU41X – 4H

S7-400 CPU 模块面板上的模式选择开关是一种钥匙开关，有 4 个位置，可以将 CPU 处于 RUN、RUN-P、STOP 或存储器复位状态。当发生故障时，不管模式选择开关位于何处，CPU 将进入或保持 STOP 模式。模式选择开关的使用方法与 S7-300 的完全相同。

2）**存储卡**　在 CPU 模块的存储器卡插槽内插入 FEPROM 或 RAM 存储卡，可增加装载存储器的程序容量。RAM 卡没有内置的备用电池，从 CPU 卸下 RAM 卡后，卡上所有的数据将会丢失。FEPROM 卡不需要备用电压，即使从 CPU 取下它，也能保持存储在其中的信息。

执行存储器复位操作后，在 SIMATIC 管理器执行菜单命令"PLC"→"将用户程序下载到存储卡"，可将用户程序下载到存储卡。

3）**CPU 的通信接口**　S7-400 的 CPU 模块上有集成的 MPI 和 PROFIBUS DP 接口。MPI 接口连接计算机、操作员面板和其他 S7-400 或 S7-300。PROFIBUS DP 接口可连接分布式 I/O、PG（编程器）/OP（操作员面板）和其他 DP 主站，也可将 MPI 接口组态为 PROFIBUS DP 主站接口，该接口最多可连接 32 个 DP 从站；可将接口模块插入 CPU41X-3 及 CPU41X-4 的接口模块插槽中，也可将 H-SYNC 模块插入 CPU414-4H 和 CPU417-4H 的接口模块插槽中。

4）**后备电源**　根据模块类型的不同，在 S7-400 的电源模块中可使用一块或两块后备电池，为存储在内置的装载存储器和外部装载存储器、工作存储器的 RAM 中的用户程序和内部时钟提供后备电源，保持存储器中的变量。

通过 CPU 面板上的"EXT.-BATT."插孔，提供 DC 5~15V 的电压，可以实现同样的备份功能。在更换电源模块时，如果想保存存储在 RAM 中的用户程序和数据，需要将外部电源连接到"EXT.-BATT."插孔。

2.3.3　S7-400 PLC 的信号模块

1. 数字量输入模块 SM421

SM421 数字量输入模块将从外部传来的数字信号电平转换成 S7-400 PLC 的内部信号电平，模块适合于连接开关或 2 线 BERO 接近开关。模块的绿色 LED 指示灯用于指示信号的状态；红色 LED 指示灯用于指示当模块处于诊断和过程中断时的内部队外部错误。

SM421 数字量输入模块有多种规格型号可供选择，具体参数见表 2-13，表中的"最大静态电流"是接收接近开关输出的"0"信号时允许的最大电流，各型号的外部连接方式有所不同，其主要区别在于电源和公共端。

表 2-13　SM421 数字量输入模块的技术参数

型　号	输入点数	输入电压额定值/V	"1"输入电压范围/V	"0"输入电压范围/V	分组数	允许最大静态电流/mA
7BH00	16	DC 24	11~30	-30~5	8	3
1BL00	32	DC 24	11~30	-30~5	32	1.5
1EL00	32	AC/DC 120	AC 79~132 DC 80~132	AC 0~20 DC 0~20	8	1
1FH20	16	AC/DC 120/230	AC 74~264 DC 80~264	AC 0~40 DC -40~40	4	5

型　号	输入点数	输入电压额定值/V	"1" 输入电压范围/V	"0" 输入电压范围/V	分组数	允许最大静态电流/mA
7DH00	16	AC/DC 24 ~ 60	AC15 ~ 60 DC 15 ~ 72	AC 0 ~ 5 DC - 6 ~ 6	1	2
5EH00	16	AC 120	AC 72 ~ 132	AC 0 ~ 20	1	4

2. 数字量输出模块 SM422

SM422 数字量输出模块可将 S7 - 400 PLC 的内部信号电平转换成过程所需的外部信号电平，适用于连接接触器、电磁阀、小型电动机、灯和电动机启动器等装置。其输出可以是 DC 24V 晶体管驱动、AC 120V/230V 双向晶闸管驱动、继电器触点输出等，单个模块最大输出点数为 32 点。

数字量输出模块 SM422 有多种规格型号，其具体参数见表 2-14。

表 2-14　SM422 数字量输出模块的技术参数

型　号	输出点数	额定负载电压/V	最大输出电流/A	输出方式	分组数	短路保护
1FH00	16 点	AC 120/230	2	双向晶闸管驱动	4	熔断器
1HH00	16 点	DC 60/AC 230	5	继电器触点输出	2	—
1BH11	16 点	DC 24	2	晶体管驱动	8	电子式
1BL00	32 点	DC 24	0.5	晶体管驱动	32	电子式
5EH00	16 点	AC 20 ~ 120	2	双向晶闸管驱动	1	—
5EH10	16 点	DC 20 ~ 125	1.5	晶体管驱动	8	电子式
7BL00	32 点	DC 24	0.5	晶体管驱动	8	电子式

3. 模拟量输入模块 SM431

模拟量输入模块 SM431 将过程模拟量信号转换成用于 S7 - 400 PLC 内部的数字量信号，其分辨率可设置为 13 ~ 16 位，测量范围为电压、电流或电阻，用接线或量程卡机械设定，微调由编程软件 STEP 7 的硬件组态功能进行设定。SM431 有多种规格型号，具体参数见表 2-15。

表 2-15　SM431 模拟量输入模块的技术参数

	0HH00	1KF00	1KF10	7QH00	7KF00
电压电流测量输入点数	16	8	8	16	8
电阻测量输入点数	—	4	4	8	8
测量原理	积分式	积分式	积分式	积分式	积分式
精度/bit	13	13	14	16	16
转换时间/ms	55	23	20	6	10

续表

	0HH00	1KF00	1KF10	7QH00	7KF00
输入量程/ 输入阻抗	±1V/10MΩ ±10V/10MΩ 1～5V/100MΩ ±20mA/50Ω 4～20mA/50Ω	±1V/200kΩ ±10V/100kΩ 1～5V/200kΩ ±20mA/80Ω 4～20mA/80Ω 0～600Ω	±80mV/1MΩ ±250mV/1MΩ ±500mV/1MΩ ±1V/1MΩ ±2.5V/1MΩ ±5V/1MΩ 1～5V/1MΩ ±10V/1MΩ 0～20mA/50Ω 4～20mA/50Ω 0～48Ω 0～150Ω 0～300Ω 0～600Ω 0～6000Ω 热电偶B、R、S、 T、E、J、K、N、 U、L、Pt100、 Pt200、Pt500、 Pt1000、Ni100、 Ni1000	±25mV/1MΩ ±50mV/1MΩ ±80mV/1MΩ ±250mV/1MΩ ±500mV/1MΩ ±1V/1MΩ ±2.5V/1MΩ ±5V/1MΩ 1～5V/1MΩ ±10V/1MΩ 0～20mA/50Ω ±5mA/50Ω ±10mA/50Ω ±20mA/50Ω 4～20mA/50Ω 0～48Ω 0～150Ω 0～300Ω 0～600Ω 0～6000Ω 热电偶B、R、S、 T、E、J、K、N、 U、L、Pt100、 Pt200、Pt500、 Pt1000、Ni100 Ni1000	±25mV/1MΩ ±50mV/2MΩ ±80mV/2MΩ ±100mV/2MΩ ±250mV/2MΩ ±500mV/2MΩ ±1V/2MΩ ±2.5V/2MΩ ±5V/2MΩ ±10V/2MΩ 1～5V/2MΩ ±5mA/50Ω ±10mA/50Ω ±20mA/50Ω ±3.2mA/50Ω 0～20mA/50Ω 4～20mA/50Ω 热电偶B、R、S、 T、E、J、K、 N、U、L
功耗/W	2	1.8	3.5	4.5	4.6

4. 模拟量输出模块 SM432

模拟量输出模块 SM432 将从 S7－400 PLC 来的数字量信号转换为过程所需的模拟量信号，用于驱动模拟量执行器。SM432 模块只有一个型号，其具体参数见表 2－16。

表 2－16 SM432 模拟量输出模块的技术参数

	1HF00
输出点数	8
额定负载电压/V	DC 24
输出电压范围/V	±10, 0～10, 1～5
输出电流范围/mA	±20, 0～20, 4～20
分辨率/bit	13
电流输出的最大阻抗/Ω	500
最大开路电压/V	18
基本误差（25℃，对应输出范围）	±0.2%（电压），±0.3%（电流）
最大允许共模电压	通道与通道间对 MANA 为 DC 3V

5. S7 - 400 信号模块的地址分配

S7 - 400 信号模块的默认编址与 S7 - 300 不同，它的输入/输出地址根据同类模块所在的机架号和机架中的插槽号，按从小到大的顺序自动连续分配地址的，用户可修改模块的起始地址。数字 I/O 模块的输入/输出默认首地址为 0，模拟 I/O 模块的输入/输出默认首地址为 512。模拟 I/O 模块的输入/输出地址可能占用 32B，也可能占用 16B，它是由模拟量 I/O 模块的通道数来决定的。表 2-17 所示是 S7 - 400 PLC 的 I/O 模块地址示例，如果 32 点数字量输入模块各输入点的地址为 I0.0 ~ I3.7，模块内各点的地址按照从上到下的顺序排列。其中，I0.0 对应的接线端子在最上面，I0.7 对应的接线端子在最下面。

表 2-17　S7 - 400 信号模块的地址分配示例

| 机架 1 | 电源模块 PS407 | | I4.0 ~ I7.7 DI32 | Q4.0 ~ Q7.7 DO32 | 544 ~ 574 AI16 | 544 ~ 558 AO8 | I8.0 ~ I9.7 DI16 | … | 接口模块 IM461 |
| 机架 0 | 电源模块 | CPU 模块 | I0.0 ~ I3.7 DI32 | Q0.0 ~ Q3.7 DO32 | 512 ~ 542 AI16 | 512 ~ 526 AO8 | 528 ~ 542 AO8 | … | 接口模块 M460 |

2.3.4　S7 - 400 PLC 的其他模块

1. S7 - 400 电源模块

S7 - 400 的电源模块通过背板总线，向机架上的其他模块提供工作电压，但它们不为信号模块提供负载电压。所有电源模块的共性是：

☺ 用于 S7 - 400 系统安装基板的封装设计。

☺ 通过自然对流冷却。

☺ 带 AC - DC 编码的电源电压的插入式连接。

☺ 符合 IEC 60536；VDE0106 第一部分的保护等级 1。

☺ 按 NAMUR 推荐技术标准第一部分（1998 年 8 月）的接通电流限制。

☺ 短路保护。

☺ 两个输出电压的监视。如果其中一个电压故障，则向 CPU 发送故障信号。

☺ 两个输出电压（DC 5V 和 DC 24V）共地。

☺ 电池后备作为选件。通过背板总线对 CPU 和可编程模块的参数设置和存储器内容（RAM）进行后备。此外，后备电池可以对 CPU 热启动。电压模块和后备模块都能监视电池电压。

☺ 前面板上有运行和故障/出错指示 LED。

当安装交流电源模块时，必须提供一个电源断开设备。如果电源模块插错插槽，则它将不能工作，该模块将损坏，应确保电源模块插在允许的插槽内。在这种情况下，应按以下步骤正确地启动电源模块。

（1）断开电源模块的电源。

（2）取出电源模块。

（3）将电源模块安装到 1 号槽。

（4）至少等待 1min，然后再接通电源。

S7 – 400 的电源模块主要分为直流输入型 PS405 和交流输入型 PS407 两类，用于将 AC 85 ~ 264V 或 DC 88 ~ 300V 网络电压转换为所需的 DC 5V 和 DC 24V 工作电压，输出电流为 4A、10A 和 20A。除此之外，还有用于冗余电源配置的电源，有两种型号：PS405（10AR）和 PS407（10AR），可将 DC 19.2 ~ 72V 网络电压转换为所需的 DC 5V 和 DC 24V 工作电压，输出电流为分别 10A 和 1A。

其中交流输入型 PS 407 电源模块的主要技术参数见表 2–18。

表 2–18 交流输入型 PS 407 电源模块主要技术参数

技术参数	电源规格			
	4A	10A	10AR	20A
DC 5V 额定输出电压/V	4	10	10	20
DC 24V 额定输出电流/A	0.5	1	1	1
额定 AC 输入电压/V	AC 120/230	AC 120/230	AC 120/230	AC 120/230
AC 输入电压范围/V	AC 85 ~ 132/AC 170 ~ 264	AC 85 ~ 264	AC 85 ~ 264	AC 85 ~ 264
额定 AC 输入电流/A	0.55、0.31	1.2/0.6	1.2/0.6	1.5/0.8
额定输入频率/Hz	60/50	60/50	60/50	60/50
输入频率范围/Hz	47 ~ 63	47 ~ 63	47 ~ 63	47 ~ 63
额定 DC 输入电压/V		DC 110/230	DC 110/230	DC 110/230
DC 输入电压范围/V		DC 88/300	DC 88/300	DC 88/300
额定 DC 输入电流/A		1.2/0.6	1.2/0.6	1.2/0.6
额定输入功率/W	46.5	105	97.5	168
模块功耗/W	13.9	29.7	22.4	44
占用槽位	1	2	2	3

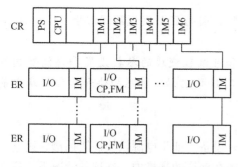

图 2–14 S7 – 400 机架扩展示意图

2. S7 – 400 的接口模块

S7 – 400 PLC 具有很强的扩展能力，有集中扩展、分布式扩展和远程扩展 3 种方式。S7 – 400 PLC 的扩展能力主要由接口模块实现。S7 – 400 的中央机架（CR）能插入 6 块发送型接口模块（IM），每个模块有 2 个接口，每个接口可连接 4 个扩展机架（ER），最多连接 21 个扩展机架。扩展机架中的接口模块只能安装在最右边的槽，其示意图如图 2–14 所示。

S7 – 400 PLC 用于机架扩展的接口模块非常丰富，IM460 – X 是用于中央机架的发送接口模块，IM461 – X 是用于扩展机架的接收接口模块，接口模块必须一起使用。S7 – 400 接口模块的应用领域见表 2–19。S7 – 400 接口模块的连接属性见表 2–20。

表 2–19　S7 – 400 接口模块的应用领域

接口模块	应用领域
IM460 – 0 IM461 – 0	发送 IM，用于不带 PS 发送器的局域连接，带通信总线 接收 IM，用于不带 PS 发送器的局域连接，带通信总线
IM460 – 1 IM461 – 1	发送 IM，用于带 PS 发送器的局域连接，不带通信总线 接收 IM，用于带 PS 发送器的局域连接，不带通信总线
IM460 – 2 IM461 – 2	发送 IM，用于最长 102m 的远程连接，带通信总线 接收 IM，用于最长 102m 的远程连接，带通信总线
IM460 – 3 IM461 – 3	发送 IM，用于最长 605m 的远程连接，不带通信总线 接收 IM，用于最长 605m 的远程连接，不带通信总线

表 2–20　S7 –400 接口模块的连接属性

连接属性	局部连接		远程连接	
发送 IM	460 – 0	460 – 1	460 – 3	460 – 4
接收 IM	461 – 0	461 – 1	461 – 3	461 – 4
每条链路最多可连接的 EM 的数量	4	1	4	4
最远距离/m	3	1.5	102	605
5V 传送	无	有	无	无
每个接口传送的最大电流		5A		
通信总线传送	可	不可	可	可

当中央基板与扩展基板连接时，必须遵守下列原则。

☺ 一个 CR 最多连接 21 个 S7 –400 的 ER。

☺ ER 分配有识别号。必须在接收 IM 上的编码开关设置基板号。基板号可以设置为 1 ~ 21，并且不能复制。

☺ 一个 CR 上最多可插入 6 个发送 IM。但在一个 CR 上最多只能有两个带 5V 发送器的发送 IM。

☺ 连接到发送 IM 接口的每条链路最多只能包括 4 个 ER（不带 5V 发送器）或 1 个 ER（带 5V 发送器）。

☺ 最多只有 7 个基板可以通过通信总线传送数据，就是指 CR 和 ER 的数字为 1 ~6。

☺ 电缆不能超过所规定的长度。

S7 –400 接口模块的连接最大电缆长度见表 2–21。

表 2–21　S7 –400 接口模块连接的最大电缆长度

连接类型	最大电缆长度/m
通过 IM460 – 0 和 IM461 – 0 进行不带 5V 电源发送的局部连接	3
通过 IM460 – 1 和 IM461 – 1 进行带 5V 电源发送的局部连接	1.5
通过 IM460 – 3 和 IM461 – 3 进行远程连接	102.25
通过 IM460 – 4 和 IM461 – 4 进行远程连接	605

3. S7 –400 的通信模块

S7 –400 PLC 的通信模块有 CP440、CP441/CP442、CP443 – 5（基本型）、CP443 – 5

（扩展型）、CP443 – 1、CP443 – 1 IT、CP444 等多种。

1）CP440　CP440 用点对点连接来实现高性能的报文传输（高报文速率），物理接口为 RS – 422/RS – 485（X. 27）（其中，RS – 485 接口最多可连接 32 个节点），协议可实现 ASCII、3964，可利用集成在 STEP 7 中的参数化工具进行简单的参数设置，在以下场合可实现点对点的连接：

☺ SIMATIC S7、SIMATIC S5 PLC 和第三方控制器；
☺ 编程设备、PC；
☺ 机器人控制器；
☺ 扫描仪、条形码阅读器；
☺ 称重设备；
☺ 测量设备。

RS – 485 接口最多可连接 32 个节点。

2）CP441 – 1/CP441 – 2　CP441 – 1/CP441 – 2 可通过点对点的连接进行高速大容量串行数据交换。CP441 – 1 有一个可变接口，可用于简单的点对点连接；CP441 – 2 有两个可变接口，可用于高性能的点对点连接。作为应用通信处理器时，可减轻 CPU 的通信任务，其点对点连接可用于如下设备：

☺ SIMATIC S7、SIMATIC S5 可编程序控制器与其他制造商的系统；
☺ 编程器和个人计算机；
☺ 打印机；
☺ 扫描器、条形码阅读器等；
☺ 机器人控制器。

3）CP443 – 5（基本型）　CP443 – 5 基本型是用于 PROFIBUS 系统的 SIMATIC S7 – 400 通信处理器，可显著减轻 CPU 的通信任务。有如下功能：

☺ 通过 PROFIBUS 与 PROFIBUS 站进行 FMS 通信；
☺ 与编程设备和 HMI 设备进行通信；
☺ 与 SIMATIC S5 PLC 进行通信；
☺ 与其他 SIMATIC S7 系统进行通信；
☺ 可操作的 CP 数量取决于 CPU 的性能范围和使用的通信服务。

4）CP443 – 5（扩展型）　CP443 – 5 扩展型通信处理器是 PROFIBUS 总线系统中 SIMATIC S7 – 400 所需的模块，不但可减轻 CPU 的通信任务，还可进一步扩展连接性能。使用该通信模块的 S7 – 400 的通信可能性有：

☺ 作为 PROFIBUS – DP 的主站，符合 IEC61158/EN50170 标准；
☺ 与编程设备、人机接口设备通信；
☺ 与 SIMATIC S5 可编程序控制器通信；
☺ 与其他 SIMATIC S7 系统进行通信；
☺ 可操作 CP 数量受 CPU 的性能范围和使用的通信服务的影响。

5）CP443 – 1　CP443 – 1 是 SIMATIC S7 – 400 PLC 自带的一种用于工业以太网总线系统的通信处理器。利用该微处理器，可显著减轻 CPU 的通信任务并进一步扩展连接。通过 CP443 – 1 S7 – 400 可实现与以下设备的通信：

☺ 编程设备、计算机、HMI 设备；

☺ SIMATIC S5 可编程序控制器；

☺ 其他 SIMATIC S7 系统。

6）CP443 – 1 IT　类似于 CP443 – 1，CP443 – 1 IT 也是 SIMATIC S7 – 400 PLC 自带的一种用于工业以太网总线系统的通信处理器。利用该通信处理器，可显著减轻 CPU 的通信负担并进一步扩展连接。其拥有 10/100Mbit/s 自适应全双工连接，可自动切换，可用于 ITP、RJ45 和 AUI 的全球连接，并且带有 ISO 和 TCP/IP 的多协议操作；集成了带有电子邮件技术和 Web 技术的信息技术（IT）；此外，它还可将机械文档、用户指南以及 HTML 页容纳到其庞大的文件系统中。S7 – 400 通过 CP443 – 1 IT 可实现与以下设备的通信：

☺ 编程设备、计算机、HMI 设备；

☺ SIMATIC S5 可编程序控制器；

☺ 其他 SIMATIC S7 系统。

7）CP444　CP444 通信处理器可使 SIMATIC S7 – 400 连接到工业以太网，减轻 CPU 的通信任务，同时依据 MAP3.0 通信标准提供了 MMS（制造业信息规范）服务。

4. S7 – 400 的功能模块

1）FM453 定位模块　主要用于驱动伺服或步进电机以高时钟频率控制机械运动，既可实现简单的点对点定位任务，也能实现对响应、精度和速度有极高要求的复杂运动控制，能控制最多 3 个彼此独立的电动机。每个通道有 6 点数字量输入、4 点数字量输出。通过编码器输入位置信号，控制步进电机时可不使用编码器。控制伺服电动机时输出 – 10 ~ + 10V 模拟信号，控制步进电动机时输出的是脉冲和方向信号。FM453 具有变化率限制、长度测量、运行中设置实际值、通过高速输入使定位运动启动或停止等特殊功能。

2）FM455 闭环控制模块　FM455 是一个有 16 点数字量输入通道的闭环控制模块，在通用闭环控制任务中的温度控制、压力控制和流量控制方面功能卓越。12 位分辨率时的采样时间为 20 ~ 180ms，14 位分辨率时为 100 ~ 1700ms，与实际使用的模拟量输入的数量有关。

3）FM450 – 1 计数器模块　FM450 – 1 计数器模块是一种用来实现简单计数的双通道智能计数模块，可直接连接增量编码器，用两个可设定的比较值进行功能比较，达到比较值时由集成的数字量输出模块输出响应信号。其特点是每个通道直接连接一个增量编码器；通过集成的数字量输入模块直接连接门控信号；通过集成的数字量输出模块实现比较功能和输出响应信号。

4）S5 智能 I/O 模块　智能 I/O 模块能完全独立地执行实时任务，减轻 CPU 的负担，使 CPU 能将精力完全集中于更高级的控制任务上。S5 智能 I/O 模块在配置专门的适配器后可以直接插入 S7 – 400 PLC。主要包括 IP242B 计数器模块，IP244 温度控制模块，WF705 位置解码器模块，WF706 定位、位置测量和计数器模块，WF707 凸轮控制器模块，WF721 和 WF723A/B/C 定位模块。

2.4　S7 – 300/400 PLC 的存储区

　　S7 – 300/400 CPU 的存储区主要包括 3 个基本区域，即系统存储器（System Memory），工作存储器（Work Memory）和装载存储器（Load Memory），另外还有 2 个累加器、2 个地址寄存器、2 个数据块地址寄存器和 1 个状态字寄存器。S7 – 400 CPU 存储器的情况与 S7 – 300 CPU 大致相同，但是 S7 – 400 CPU 中数据的保持完全依赖于后备电池。另外，S7400 CPU 集成的装载存储器通常容量较小，需要用 FEPROM 卡作装载存储器。

2.4.1　CPU 的存储器

CPU 的存储器主要用来存储系统程序和用户程序（包括组态信息），主要类型有 RAM、ROM、FEPROM 和 EEPROM 等物理存储器。其中，RAM 存储用户的程序；ROM 用来存储 PLC 的系统程序；而 FEPROM 和 EEPROM 兼有 ROM 非易失性和 RAM 的随机存取的优点，用来存放用户程序和需要长期保存的重要数据。

1. 装载存储器

装载存储器可以是 RAM 或 FEPROM，用于存放不包含符号地址或注释（这些保留在编程设备的存储器中）的用户程序与系统数据。有的 CPU 有集成的装载存储区，集成式装载存储区不能扩展，容量最大为 256KB；有的 CPU 用 MMC 来扩展装载存储区，如 CPU31xC 的用户程序只能装入插入式的 MMC。用 MMC 卡扩展 FEPROM 和 RAM 最大各 64KB。

断电时数据保存在 MMC 存储器中，因此数据块的内容基本上被永久保留。

下载程序时，用户程序（逻辑块和数据块）被下载到 CPU 的装载存储器，CPU 把可执行部分复制到工作存储器，符号表和注释保存在编程设备中。

2. 工作存储器

工作存储器占用 CPU 模块中的部分 RAM，是集成在 CPU 中的高速存取的 RAM 存储器，通过电源模块供电或后备电池保持。除了 CPU417 – 4 可以通过插入专用的存储卡来扩展工作存储器外，其他 PLC 的工作存储器都无法扩展。

工作存储器用于保存 CPU 运行时使用的程序和数据，如组织块（OB）、功能块（FB）、功能（FC）和数据块（DB）。为了保证程序执行的快速性和不过多地占用工作存储区，只有与程序执行有关的块被装入工作存储区。

CPU 工作存储区也为程序块调用安排了一定数量的临时本地数据存储区（或称 L 堆栈），用来存储程序块被调用时的临时数据。用户生成块时，可以声明临时变量（TEMP），它们只在执行该块时有效，执行完就被覆盖了。即 L 堆栈中的数据在程序块工作时有效，并一直保持，当新的块被调用时，L 堆栈将进行重新分配。

3. 系统存储器

系统存储器是集成在 CPU 中的 RAM，不可扩展，它为用户程序提供的存储器组件被划分为若干区域，用于存放过程映像输入/输出（PII、PIQ）、位存储区（M）、定时器（T）和计数器（C）、块堆栈、中断堆栈以及临时存储区等，用于存放用户程序中的操作数据。

S7 – 300/400 CPU 的系统存储器分为若干个区域，分布见表 2-22。在程序中可以根据相应的地址直接读取数据。该表中的"最大地址范围"不一定是实际使用的地址范围，可使用的"最大地址范围"与 PLC 的型号和硬件配置有关。

表 2-22　系统存储器

存储区域	访问的单位及符号	最大地址范围	说　明
过程映像输入存储区（I）	输入位 I	0 ~ 65535.7	在循环扫描的开始，操作系统从过程中读取输入信号存至过程映像存储区，供程序使用
	输入字节 IB	0 ~ 65535	
	输入字 IW	0 ~ 65534	
	输入双字 ID	0 ~ 65532	
过程映像输出存储区（Q）	输出位 Q	0 ~ 65535.7	在循环扫描期间，程序运算得到的输出值存入本区域。在循环扫描的末尾，操作系统从该存储区读出输出值送至输出模块
	输出字节 QB	0 ~ 65535	
	输出字 QW	0 ~ 65534	
	输出双字 QD	0 ~ 65532	
位存储区（M）	存储区位 M	0 ~ 255.7	该存储区用于存储程序运算的中间状态
	存储区字节 MB	0 ~ 255	
	存储区字 MW	0 ~ 254	
	存储区双字 MD	0 ~ 252	
定时器（T）	定时器 T	0 ~ 255	该区域提供定时器的存储
计数器（C）	计数器 C	0 ~ 255	该区域提供计数器的存储
共享数据块（DB）	数据位 DBX	0 ~ 65535.7	本区域包含所有的共享数据块的数据，可用"OPN DB"打开一个共享数据块
	数据字节 DBB	0 ~ 65535	
	数据字 DBW	0 ~ 65534	
	数据双字 DBD	0 ~ 65532	
背景数据块（DI）	数据位 DIX	0 ~ 65535.7	本区域包含所有的背景数据块的数据，可用"OPN DI"打开一个共享数据块
	数据字节 DIB	0 ~ 65535	
	数据字 DIW	0 ~ 65534	
	数据双字 DID	0 ~ 65532	
局部数据（L）	局部数据位 L	0 ~ 65535.7	本区域存放逻辑块中的临时数据，当逻辑块结束时，数据丢失。一般用作中间暂存器
	局部数据字节 LB	0 ~ 65535	
	局部数据字 LW	0 ~ 65534	
	局部数据双字 LD	0 ~ 65532	
外部输入（PI）	外部输入字节 PIB	0 ~ 65535	用户程序通过本区域直接访问过程输入模块
	外部输入字 PIW	0 ~ 65534	
	外部输入双字 PID	0 ~ 65532	
外部输出（PQ）	外部输出字节 PQB	0 ~ 65535	用户程序通过本区域直接访问过程输出模块
	外部输出字 PQW	0 ~ 65534	
	外部输出双字 PQD	0 ~ 65532	

1）过程映像输入/输出存储区　过程映像输入区的标识符为 I，它是 PLC 接收外部输入信号的窗口。由 PLC 的工作原理可知，CPU 在执行用户程序时，并不直接访问输入模块，而是访问过程映像输入区。在每个扫描循环开始阶段，CPU 读取输入模块的外部输入电路的状态，并将其存入过程映像输入区，若外部输入电路接通，则向过程映像输入区的相应位

写入"1";反之,若外部输入电路断开,则向过程映像输入区的相应位写入"0"。若用户需要在程序中访问输入模块中的某一个输入点,在程序中应表示为:Ix. y,其中"I"表示输入标识符,"x"表示字节地址,"."表示字节与位的分隔符,"y"表示位地址,因一个字节包含 8 位,所以位地址的范围为 0~7。

与直接访问输入模块相比,访问过程映像输入区可以保证在一个扫描周期内,输入映像信号的状态始终一致。即使在本次循环的程序执行过程中,接在输入模块的外部电路的状态发生了变化,输入映像信号的状态仍然保持不变,直到下一个扫描周期才被刷新,这是由 PLC 顺序循环扫描的特点决定的。由于过程映像输入区位于 CPU 的内部,比直接访问输入模块快得多。在梯形图中,每一个过程映像输入位的常开触点和常闭触点的使用次数不受限制。

过程映像输出存储区在用户程序中的标识符为 Q。在扫描循环中,用户程序计算输出值,并将它们存入过程映像输出区。在下一扫描循环开始时,CPU 将过程映像输出区的内容写入输出模块,再由后者驱动外部负载工作。如果梯形图中某个过程映像输出位(如 Q2.5)的线圈"通电"(即为"1"),则其输出模块对应的外部电路接通,从而使对应的外部负载通电工作。与过程映像输入区一样,过程映像输出存储区也可以按位、字节、字和双字进行访问号。在梯形图中,过程映像输出位的常开触点和常闭触点的使用次数不受限制。

2)位存储区(M) 位存储区用来存储控制逻辑的中间状态或其他控制信息,其作用类似于低压电器控制系统中的中间继电器。不同型号的 S7-300 PLC 的位存储区的大小从 128B 到 8KB 不等,可以通过 CPU 的硬件组态来设置 M 区中掉电保持的数据区的大小。

3)定时器(T) 定时器相当于继电器控制系统中的时间继电器,用定时器标识符和定时器号(如 T3)来表示。给定时器分配的字用于存储时间基值和时间值(0~999),时间值可用二进制或 BCD 码方式读取。

4)计数器(C) 计数器用来累计输入脉冲的个数,用计数器标识符和计数器号(如 C8)来表示,有加计数器、减计数器和加减计数器。给计数器分配的字用于存储计数当前值(0~999),计数值可用二进制或 BCD 码方式读取。

5)共享数据块(DB)与背景数据块(DI) DB 为共享数据块,在整个项目中所有的程序都可以访问。DBX 是共享数据块中的数据位,DBB、DBW 和 DBD 分别是共享数据块中的数据字节、数据字和数据双字。

DI 为背景数据块,它只与指定的功能块(FB)或系统功能(SFB)相关联,DIX 是背景数据库块中的数据位,DIB、DIW 和 DID 分别是背景数据块中的数据字节、数据字和数据双字。

6)局部数据区(L) 局部数据区用来保存组织块的临时变量、启动信息、参数传递信息和来自梯形图程序的中间逻辑运算结果。名逻辑块都有它的局部数据区,局部变量在逻辑块的变量声明表中生成,只能在它被创建的块中使用。CPU 按组织块的优先级划分局部数据区,S7-300 PLC 同一优先级的组织块及其调用逻辑块所占用的临时局部数据区为 256B。S7-400 PLC 每个优先级的局部数据区可以在硬件组态中改变大小,最大可达几十 KB。

7)外部输入/输出存储区(PI/PQ) 用户通过外部输入区(PI)可以直接访问本地的和分布式的输入模块。对 PI 区的访问只能是读取,不能改写,被称为"立即读"。通过"立即读"用户程序可以快速得到输入模块的当前状态,而不必等到下一个扫描周期。

用户通过外部输出区（PQ）可以直接访问本地的和分布式的输出模块。对 PQ 区的访问只能是改写，不能读取，被称为"立即写"。通过"立即写"用户程序可以快速向输出模块写入数据，而不必等到下一个扫描周期。

PI/PQ 区可以按字节、字和双字访问，但不能按位访问。

2.4.2　CPU 中的寄存器

1）累加器（ACCUx）　32 位累加器是用于处理字节、字或者双字的寄存器，是执行语句表指令的关键部件。S7 - 300 有 2 个累加器（ACCU1 和 ACCU2），S7 - 400 有 4 个累加器（ACCU1 ~ ACCU4）。可把操作数送入累加器，并在累加器中进行运算和处理，保存在 ACCU1 中的运算结果可传送到存储区。处理 8 位或 16 位数据时，数据放在累加器的低端，即右对齐。

2）地址寄存器　两个 32 位的地址寄存器 AR1 和 AR2 作为地址指针，用于寄存器间接寻址。

3）数据块寄存器　32 位数据块寄存器 DB 和 DI 的高 16 位分别用来保存打开的共享数据块和背景数据块的编号，低 16 位用来保存打开的数据块的字节长度。

4）状态字寄存器　状态字是一个 16 位的寄存器，用于存储 CPU 执行指令的状态。状态字中的某些位用于决定某些指令是否执行和以什么样的方式执行，执行指令时可能改变状态字中的某些位，用位逻辑指令和逻辑指令可访问和检测它们。

思考与练习

2-1　PLC 硬件系统的基本构成是什么？

2-2　PLC 的 CPU 模块分类是什么？

2-3　PLC 数字量输出模块，按负载使用的电源分类，可分为哪几种？按输出的开关器件分类，可分为哪几种？如何选用 PLC 输出类型？

2-4　PLC 信号模块的主要功能及特点是什么？

2-5　PLC 的工作方式有哪几种？如何改变 PLC 的工作方式？

2-6　S7 - 300/400 PLC 的接口模块在组态时有何区别？

2-7　PLC 的内部资源有哪些？

第3章 STEP 7 编程及仿真软件

本章主要介绍 STEP 7 软件安装、SIMATIC 管理器的操作、STEP 7 快速入门、S7 - PLCSIM 仿真软件使用等内容。通过本章学习，读者应掌握 STEP 7 编程软件基础知识，为以后的深入学习打下基础。

STEP 7 编程软件适用于西门子系列工控产品，是供 SIMATIC S7、M7、C7 和基于 PC 的 WinAC 的编程、监控和进行参数设置的标准工具，是 SIMATIC 工业软件的重要组成部分。

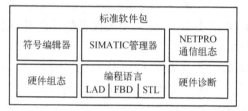

图 3-1 标准软件包提供的应用程序

如图 3-1 所示，STEP 7 标准软件包提供一系列的应用程序，它具有硬件组态和参数设置、通信组态、编程、测试、启动和维护、文件建档、运行和诊断等功能。STEP 7 的所有功能均有大量的在线帮助，打开或选中某一对象，按 F1 键便可得到该对象的在线帮助。

标准软件包在 Windows 95/98/2000/NT/XP 下，与 Windows 的图形和面向对象操作原则相匹配，支持自动控制任务创建过程的各个阶段。标准软件包提供的应用程序的主要功能如下。

1）SIMATIC 管理器（SIMATIC Manager） 管理可编程控制系统（S7/M7/C7）设计的自动化项目的所有数据。编辑数据所需要的工具由 SIMATIC Manager 自行启动。

2）符号编辑器（Symbol Editor） 管理所有的共享符号。它具有以下功能。

☺ 为过程信号（输入/输出）、位存储和块设定符号名和注释。

☺ 从/向其他的 Windows 程序导入/导出。

☺ 分类功能。

使用符号编辑器生成的符号表可供其他所有工具使用。对一个符号特性的任何变化都能自动被其他工具识别。

3）硬件诊断 向用户提供可编程序控制器的状态概况。在概况中显示符号，指示每个模块是否正常或有故障。双击故障模块，显示有关故障的详细信息，信息的范围视使用模块而定。

☺ 显示中央 I/O 和分布式从站的模块信息（如通道故障）。

☺ 显示关于模块的一般信息（如订货号、版本、名称）以及模块状态（如故障）。

☺ 显示来自诊断缓存区的报文。

对于 CPU，可显示以下附加信息：

☺ 显示循环时间（最长的、最短的和最近一次的）；

☺ 用户程序处理过程中的故障原因；

☺ MPI 的通信可能性及负载；

☺ 显示性能数据（可能的输入/输出、位存储、计数器、定时器和块的数量）。

4）硬件组态　为自动化项目的硬件进行组态和参数设置。硬件组态的功能如下。

☺ 组态分布式 I/O 与组态中央 I/O 一致，也支持以通道为单位的 I/O。

☺ 组态可编程序控制器时，从电子目录中选择一个机架，并在机架中将选中的模块安排在所需要的槽上。

☺ 在给 CPU 参数设置的过程中，通过菜单的指导设置属性，比如，启动特性和循环扫描时间监控。支持多处理方式。输入的数据保存在系统数据块中。

☺ 在向模块作参数设置的过程中，所有设置的参数都是用对话框来设置的。没有任何设置使用 DIP 开关。参数设置向模块的传送是在 CPU 启动过程中自动完成的，即模块相互交换而无须赋值新的参数。

☺ 与其他模块的赋值方法一样，功能模块（FM）和通信处理器（CP）的参数设置，也是在硬件组态工具中完成的。对于每个 FM 和 CP，都有模块指定对话框和规则（包括在 FM/CP 功能软件包范围内）。系统通过只在对话框中提供有效的选项，防止不正确的输入。

5）网络组态　通过 MPI，使用组态工具选择通信的网站，在表中输入数据源和数据目标，自动生成要下载的所有块（SDB），并且自动完整地下载到所有的 CPU 中。实现事件驱动的数据传送；设置通信连接，从集成的块库中选择通信或功能块，以选择的编程语言为所选的通信或功能块赋值参数。

6）编程语言　S7 - 300 和 S7 - 400 的编程语言［梯形逻辑图（Ladder Logic，LAD）、语句表（Statement List，STL）和功能块图（Function Block Diagram，FBD）］都集成在一个标准软件包中。

☺ 梯形逻辑图是 STEP 7 编程语言的图形表达方式。它的指令语法与一个继电器的梯形逻辑图相似，当电信号通过各个触点、复合元件以及输出线圈时，使用梯形图，可追踪电信号在电源示意线之间的流动。

☺ 语句表是 STEP 7 编程语言的文本表达方式。如果一个程序是用语句表编写的，则 CPU 执行程序时按每条指令一步一步地执行。为使编程更容易，语句表已进行扩展，还包括一些高层语言结构（如结构数据的访问和块参数）。

☺ 功能块图是 STEP 7 编程语言的图形表达方式，使用与布尔代数相类似的逻辑框来表达逻辑。复合功能（如数学功能）用逻辑框相连直接表达。其他编程语言作为可选软件包使用。

STEP 7 有多种版本，这里是针对 STEP 7 V5.4 版本的。

与以前版本的 STEP 7 相比，STEP 7 V5.4 增加了如下新的功能特性。

☺ 项目访问保护：只有已授权的客户可打开受保护的项目。

☺ SIMATIC Manager：时间日期（Date and Time）显示格式可选择。

☺ 向/从 CAx 系统（如 CAD、CAE）以 XML 格式导出/导入 CAx 数据。

3.1　STEP 7 软件安装

为了确保 STEP 7 软件正常、稳定地运行，不同版本、型号对硬件、软件安装环境有不同的要求。下面以 STEP 7 V5.4 为例进行说明。在安装的过程中，必须严格按照要求进行安装。此外，STEP 7 软件在安装的过程中还需要进行一系列的设置，比如通信接口的设置等。

1. STEP 7 的安装要求

1）安装的硬件要求 安装 STEP 7 对硬件的要求不仅与具体的软件版本有关，还与计算机的操作系统有关。对于 MS Windows 2000 Professional 或 MS Windows XP Professional 操作系统来说，具体的硬件要求如下。

☺ 内存：512MB 以上，推荐为 1GB。

☺ CPU：主频 600MHz 以上。

☺ 显示设备：XGA，支持 1024×768 像素分辨率，16 位以上的深度色彩。

对于 MS Windows Server 2003 操作系统来说，具体的硬件要求如下。

☺ 内存：1GB 以上。

☺ CPU：主频 2.4GHz 以上。

☺ 显示设备：XGA，支持 1024×768 像素分辨率，16 位以上的深度色彩。

2）安装的软件要求 一般来说，软件版本高时对计算机的硬件要求相对较弱一点；相反，软件的版本低时对硬件的要求则高一些。但并不是所有的软件版本都能通过硬件的补偿达到正常稳定地运行 STEP 7 软件，STEP 7 软件对计算机的软件也提出了明确的要求。

☺ 操作系统：MS Windows 2000 professional SP4；MS Windows XP Professional SP1 或 SP2；MS Windows Server 2003，带有 SP1。

☺ 浏览器：Microsoft Internet Explorer 6.0 或以上版本。

2. STEP 7 的安装过程

将 STEP 7 的安装光盘插入光驱中，打开光盘，双击其中的 Setup. exe 图标，按照向导提示进行安装。需要注意，安装软件以及安装程序存放的路径中不能包含中文字符。

执行安装程序后，出现安装软件选择窗口，如图 3-2 所示，从中选择需要安装的软件。因为 STEP 7 是一个集合软件包，里面含有一系列的软件，用户可根据需要进行选择。

☺ STEP 7 V5.4：编程软件，必须安装。

☺ Automation License Manager：管理编程软件许可证密钥，必须安装。

☺ Adobe Reader 8：阅读 PDF 格式文件的阅读器，在 STEP 7 中编写的程序是图片形式的，用户可根据具体的需要选择性地安装。

在图 3-2 所示窗口中完成相应设置，单击"下一步"按钮，然后按照安装向导的提示进行操作。在正式安装软件之前，会出现如图 3-3 所示的安装类型选择窗口。在此用户需要决定软件的安装类型，系统提供了"典型的"、"最小"和"自定义"3 种安装类型。

☺ 典型的安装类型：安装 STEP 7 软件的所有语言、应用程序、项目示例和文档等。对于初次安装的用户来说，建议选择这种安装类型。

☺ 最小安装类型：只安装一种语言和基本的 STEP 7 程序。如果要完成的控制任务比较简单，则选择这种安装方式，以节约系统资源。

☺ 自定义安装类型：用户根据需要，选择安装的语言、应用程序、项目示例和文档等，使系统以最优化的结果服务于用户。

在其后的安装过程中，还会要求用户指定什么时候传送密钥，如图 3-4 所示。

图 3-2　安装软件选择窗口

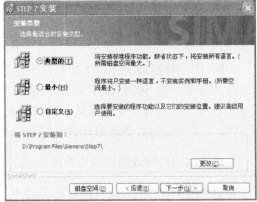

图 3-3　安装类型的选择

　　STEP 7 的密钥放在一张只读的光盘上，用来激活 STEP 7 软件。如图 3-4 所示，用户既可在安装过程中传输密钥，也可选择在安装完后再传输密钥。

　　在安装的最后，系统会出现如图 3-5 所示"设置 PG/PC 接口"窗口。编程设备（PG）与 PLC 设备（PC）之间的连接有一定原则和规律，如何连接需要用户进行设置。

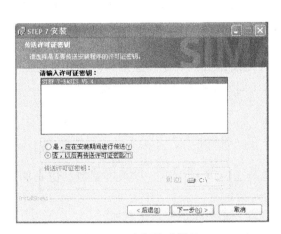

图 3-4　密钥传送设置

图 3-5　设置 PG/PC 接口

　　在"接口"栏中单击"选择"按钮，出现如图 3-6 所示的"安装/删除接口"窗口，从中选择建立连接时需要安装的硬件模块。

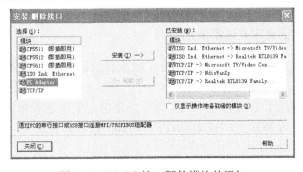

图 3-6　PG/PC 接口硬件模块的添加

3.2 SIMATIC 管理器

SIMATIC 管理器是 STEP 7 的窗口，是用于 S7 - 300/400 PLC 项目组态、编程和管理的基本应用程序。在 SIMATIC 管理器中进行项目设置、配置硬件并为其分配参数、组态硬件网络、程序块、对程序进行调试（离线方式或在线方式）等操作，操作过程中所用到的各种 STEP 7 工具，会自动在 SIMATIC 管理器环境下启动。

1. SIMATIC 管理器的操作界面

启动 SIMATIC Manager，进入 STEP 7 管理器窗口。操作窗口主要由标题栏、菜单栏、工具栏、项目窗口等部分组成。

1）标题栏 显示区的第一行为标题栏，标题栏显示当前正在编辑程序（项目）的名称。

2）菜单栏 显示区的第二行为菜单栏，菜单栏由文件、PLC（可编程序控制器）、视图、选项、窗口、帮助 6 组主菜单组成，如图 3-7 所示。每组主菜单都会对应一个下拉子菜单，即对应一组命令，进入下拉子主菜单后，单击相应的命令执行选择的操作。

通过菜单栏中的对应命令，可实现对文件的管理、PLC 联机、显示区的设置、选项设置、视窗选择或打开帮助功能等。

3）工具栏 显示区的第三行为工具栏，工具栏由若干快捷按钮（工具按钮）组成，如图 3-8 所示。工具栏的作用是将常用操作以快捷按钮方式设定到主窗口。当用光标选中某个快捷按钮时，在状态栏会有简单的信息提示，如果某些键不能操作，则呈灰色。

文件(F) PLC 视图(V) 选项(O) 窗口(W) 帮助(H)	🗋 🖿 🔡 🖩 🍸 🖸 ▸?
图 3-7 SIMATIC Manager 的菜单栏	图 3-8 SIMATIC Manager 的工具栏

工具栏中有新建、文件打开、可访问网络节点、S7 存储卡、设置过滤器、仿真调试工具、在线帮助快捷按钮。

通过选择主菜单（视图）→（工具栏）选项，来显示或隐藏工具栏。

4）项目窗口 每个项目的页面由两部分组成。管理器窗口左窗格为"项目树显示区"，用来管理生成的数据和程序，这些数据和程序（对象）在项目下按不同的项目层次，以树状结构分布。"项目树显示区"显示所选择项目的层次结构，单击"＋"符号显示项目完整的树状结构。管理器的右窗格为"对象显示区"，显示当前选中的目录下所包含的对象。

2. SIMATIC 管理器自定义选项设置

在使用 STEP 7 之前，需要对软件的使用环境及通信接口进行设置，以符合用户的使用习惯和项目的需求。

在 SIMATIC 管理器窗口，单击菜单"选项"，再单击下拉子菜单"自定义"，打开自定义选项对话框，如图 3-9 所示。在该对话框内进行自定义选项设置。下面介绍几个较常用选项的设置。

1）常规选项设置 选中"常规"选项卡，在"项目/多项目的存储位置"区域设置

STEP 7 项目、多项目的默认存储目录；在"库的存储位置"区域设置 STEP 7 库的存储目录。单击对应的"浏览"按钮，选择一个不同的存储路径目录。

选中"自动打开新建对象"复选项，设置在插入对象时，是否自动打开编辑窗口。若选择了该项，则在插入对象后立即打开该对象，从而可编辑对象；否则必须双击，才能打开对象。

选中"打开项目或库时自动归档"复选项，在设置打开项目或库时，选择是否自动归档。若选择了该项，则总是在打开之前归档所选择的项目或库。

选中"保存会话结束时的窗口排列和内容"复选项，设置在会话结束时，是否保存窗口排列和内容。如果选择了该项，则在会话结束时，保存离线项目窗口和在线项目窗口的窗口布局和内容，在开始下一个对话时，将恢复相同的窗口排列和内容。在打开的项目中，光标位于最后选中的那个文件夹上。

2）语言环境设置　STEP 7 提供了多种可选语言。如果在安装 STEP 7 时，用户选择了多语言，则可在使用过程中改变语言环境。

STEP 7 V5.4 在安装过程中提供了德语、英语、法语、西班牙语和意大利语 5 种可供选择安装的环境语言和德语、英语 2 种助记符语言。在图 3-9 中选择"语言"选项卡，进入如图 3-10 所示的助记符语言设置对话框。

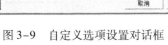

图 3-9　自定义选项设置对话框

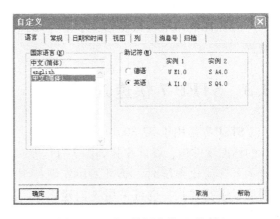

图 3-10　助记符语言设置对话框

所谓"助记符"是指进行 PLC 程序设计时，各种指令元素的标识，这些标识一般用单词的缩写形式表示，以便于记忆。如 M（Memory）表示位存储器、T（Timer）表示定时器、C（Counter）（德语用 Z）表示计数器、I（Input）（德语用 E）表示输入元件、Q（德语用 A）表示输出元件、A（And）（德语用 U）表示逻辑"与"运算、O（Or）表示逻辑"或"运算等。

"语言"选项卡的左侧列出了已经安装的环境语言，选择一种语言、单击"确定"按钮，新的语言环境将在下次启动 SIMATIC 管理器后生效。语言环境更改后，软件的窗口、菜单、帮助系统等都将随之改变。

选项卡的右侧为助记符语言列表，STEP 7 支持德语和英语两种风格的助记符语言，切换助记符语言，单击"确定"按钮，新的助记符语言风格将在下次启动 SIMATIC 管理器后生效。这些语言主要影响各种元件的标识符及用于在梯形图（LAD）、语句表（STL）和功能块图（FBD）中编程的指令集。

3）PG/PC 接口设置 PG/PC Interface（PG/PC 接口）是 PG/PC 和 PLC 之间进行通信连接的接口。PG/PC 支持多种类型的接口，每种接口都需要进行相应的参数设置（如通信的波特率等）。因此，要实现 PG/PC 和 PLC 之间的通信连接，必须正确地设置 PG/PC 接口。

在 STEP 7 的安装过程中，会提示用户设置 PG/PC 接口参数。在安装完成之后，可通过以下几种方法打开 PG/PC 设置对话框。

（1）在 Windows 桌面上，选择"开始"→SIMATIC→"设置 PG/PC 接口"项，弹出 PG/PC 接口设置对话框。

（2）在 Windows 桌面，双击"我的电脑"，再单击"控制面板"，弹出"控制面板"界面，在该对话框中，双击"Setting the PG/PC Interface"（设置 PG/PC 接口）项，弹出 PG/PC 接口设置对话框。

（3）在 SIMATIC Manager 窗口中，单击菜单栏的"选项"项，再单击子菜单中"设置 PG/PC 接口"选项，弹出 PG/PC 接口设置对话框。

设置步骤如下。

（1）将"应用程序访问点"区域设置为 S7 ONLINE（STEP 7）。

（2）在"为使用的接口分配参数"区域中，选择需要的接口类型。如果列表中没有所需要的类型，通过单击"选择"按钮安装相应的模块或协议。

（3）选中一个接口类型，单击"属性"按钮，在弹出的对话框中对该接口进行参数设置。

3.3 STEP 7 快速入门

STEP 7 是用于 S7 300/400 PLC 自动化系统设计的标准软件包，设计步骤如图 3-11 所示。在设计一个自动化系统时，既可采用先硬件组态、后创建程序的方式，也可采用先创建程序、后硬件组态的方式。如果要创建一个使用较多输入和输出的复杂程序，则建议先进行硬件组态。

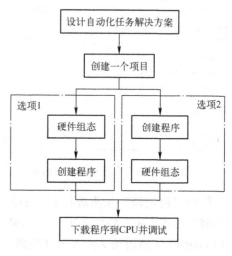

图 3-11 设计步骤

3.3.1 创建项目

在 PLC 的编程软件中，针对一个具体的问题，一般要建立一个项目来管理编写的 PLC 程序和要用到的数据。

一个项目包括项目名称、站点类型、CPU 类型、程序块和数据块等信息，项目名称、站点类型、CPU 类型需要在建立项目的过程中完成，而程序块和数据块则是在具体的编程过程中实时地建立。站点类型和 CPU 类型一定要和实际的可编程序控制器一致。

建立一个新的项目有两种方式：通过新建项目向导建立项目和手动建立项目。

1. 通过新建项目向导建立项目

在 SIMATIC 管理器的初始界面中单击"文件"菜单项，在弹出的下拉菜单中选择"新建项目向导"命令，打开如图 3-12 所示的"新建项目"向导窗口。

在该向导窗口中展示出了一个项目的基本结构及其具体的设置，通过其中的"预览"按钮可控制项目具体配置是否展现出来。查看展示出的项目的具体设置，主要看站点类型和 CPU 类型，如果与实际的设备一致，则直接单击"完成"按钮，一个新的项目建立完毕。如果系统预置的配置与实际设备不符，则需要用户自己选择进行设置。

单击"下一个"按钮，出现如图 3-13 所示的窗口。在该窗口中可选择与实际设备相符的 CPU 类型，同时还可对 MPI 地址进行设置（在"MPI 地址"下拉列表框中选择具体的 MPI 地址）。

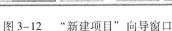

图 3-12　"新建项目"向导窗口　　　　　图 3-13　CPU 设置窗口

继续单击"下一个"按钮，出现如图 3-14 所示的窗口。OB1 主要用于调用其他程序块、组织整个程序的结构；如果需要控制的问题比较复杂，就需要建立多个组织块。用户可在该窗口中选择多个组织块，也可在项目建立完成后，在程序块中再插入新的组织块。同时，通过这个组织块设置窗口可看出该系统提供的组织块数目，因为组织块的数目是与具体的系统有关的，这也可帮助程序设计者避免在后面建立新的组织块时出现无定义的情况。如在该窗口中看到该系统没有提供组织块 OB9，那么后面建立新的组织块就不能出现 OB9 了。

在这个窗口中可选择编写用户程序的语言。系统提供了 3 种编程语言，即语句编程（STL）、梯形图编程（LAD）、功能块图编程（FBD）。在此选择了编程语言后，并不代表固定不变，在后面具体的编程过程中可将编程语言在这三者之间进行切换。

继续单击"下一个"按钮，出现如图 3-15 所示的窗口。在该窗口中可修改项目的名称，最好选择一些有实际意义的名称，便于后面的调用、交流和管理。

修改好了项目名称后，单击"完成"按钮，一个修改过的、与实际设备配置相一致的项目建立完成。

2. 手动建立新的项目

在 SIMATIC Manager 窗口中选择"文件"菜单中的"新建"命令，或者直接单击"新建工具"按钮，均可打开如图 3-16 所示的窗口。

图 3-14　程序块、编程语言设置窗口　　　　　图 3-15　项目名称修改窗口

在该窗口中选择"用户项目"选项卡，然后在"名称"文本框中输入建立的项目名称，在"类型"下拉列表框中选择项目类型，在"存储位置"文本框中设置保存路径，最后单击"确定"按钮，一个形式上的项目建立完成。

如图 3-17 所示，这个项目已经包含了 MPI 网络，但是这个项目中没有配置硬件信息等，因此只是一个框架。

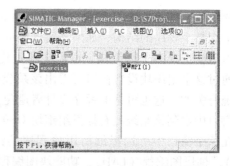

图 3-16　"新建　项目"窗口　　　　　图 3-17　仅含有 MPI 网络的初步项目

对建立的项目配置站点、CPU 等基本信息。STEP 7 V5.4 软件是同时针对 S7 – 300/400 系统的编程软件，在具体的编程过程中需要根据实际情况选择系统类型，如果要控制的任务相当复杂，则选择点数更多、功能更强的 S7 – 400 系统；反之则选择 S7 – 300 系统，从而充分发挥硬件功效。我们通常将这个为项目选择系统的过程称为项目配置站点。

选中图 3-17 中名为 exercise 的项目，然后选择"插入"→"插入站点"命令，再选择需要插入的站点。STEP 7 V5.4 为用户提供了 SIMATIC 400 站点、SIMATIC 300 站点、SIMATIC H 站点、SIMATIC PC 站点、SIMATIC S5 站点、PG/PC 站点和其他站点。用户根据实际情况选择一个站点，如选择 SIMATIC 300 站点，得到一个配置了站点的项目，如图 3-18

所示。

　　完成项目的站点插入，即给该项目选定了 PLC 型号；然而每种型号的 PLC，其硬件又有多种类型，这时就需要用户根据实际需要选择具体的硬件。如 PLC 核心组成部分 CPU，就需要考虑到实际问题需要的节点数目等信息来进行选择。

　　如图 3-18 所示，在左边树形结构窗口中选中站点 SIMATIC 300 (1)，在右边窗口中将出现该硬件的图标，双击该图标，进入如图 3-19 所示的硬件配置窗口。

图 3-18　配置了站点的项目

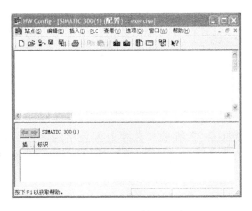

图 3-19　项目硬件配置窗口

　　在图 3-19 所示的窗口中单击"目录"图标 ，展开 PLC 项目所需硬件的目录，如图 3-20 所示。目录中列出了各个站点，如 SIMATIC 300 站点、SIMATIC 400 站点等，每个站点下面又有多种型号的 CPU 和其他硬件信息等。所谓硬件配置，就是根据实际可编程序控制器的硬件信息，在 STEP 7 软件中选择与实际 PLC 相同型号或者兼容型号的虚拟硬件，这些虚拟的硬件可完全反映实际硬件的情况，如地址信息、节点数目及分布等；通过 STEP 7 的硬件诊断功能，还可检查硬件配置是否合理。

　　一个完整的 PLC 系统有多种模块，这些模块统一集成地装在机架上。在 STEP 7 系统中采用建立表格的形式来进行管理。将相应的模块插入到表格中对应的位置，表格中将列出各个硬件的详细信息，便于进行编程分析。前面选择的是 SIMATIC 300 站点，因此在图 3-20 中展开 SIMATIC 300，在其下级中选择 RACK - 300 并展开，再将其下级中的 Rail 拖放到图 3-20 中左上方的空白处，得到用来插入模块的表格，如图 3-21 所示。这张表格类似于实际中的机架，用来管理硬件。双击表格的标题位置，可打开表格的设置窗口，从中可更改表格的名称、设置表格的机架号（为了便于管理以及后面的通信连接）和添加注释等。

　　打开表格后，就可进行硬件的配置了，PLC 系统最重要的硬件当属 CPU，因此在图 3-21 所示窗口中单击目录中的 SIMATIC 300，在其下级选择 CPU - 300，将会展开多种型号的 CPU，如图 3-22 所示。选择一种型号的 CPU 并打开，比如这里选择"CPU 312"，然后将选中的 CPU 拖放到左边的表格中，这样就完成了 CPU 的配置。

　　这里选择的 CPU 是根据实际设备 CPU 型号来选择的。另外，在拖放的过程中，CPU 模块不能随便放在表格中的某个位置，在这张表格中每个位置具体放置什么模块是系统预先设置好的，在拖放的时候系统会提示具体放置的位置。

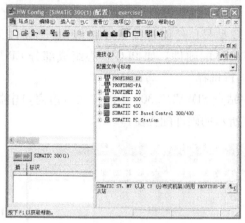

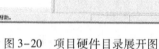

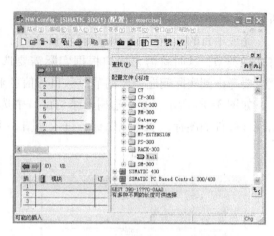

图 3-20 项目硬件目录展开图　　　　　　　图 3-21 管理硬件的表格

如图 3-22 所示，在左上方表格的第二行位置放置了 CPU 312，左边下面的表格中列出了该 CPU 在系统中的一些信息，如 MPI 网络号等；在右下方则是该 CPU 性能的一些描述，如内存大小、读取指令速度等信息。

保存并关闭硬件配置窗口，一个配置了 CPU 信息的项目建立完毕。返回 SIMATIC Manager 窗口后，显示如图 3-23 所示的项目结构，其中包含了程序块等信息。

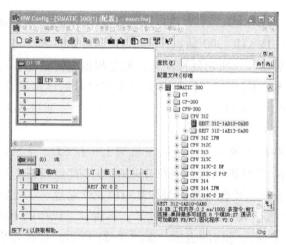

图 3-22 CPU 的具体配置　　　　　　　图 3-23 手动建立的项目结构

3.3.2 硬件组态

1. 硬件组态的任务与步骤

1）硬件组态的任务 在 PLC 控制系统设计的初期，首先应根据系统的输入、输出信号的性质和点数以及对控制系统的功能要求，确定系统的硬件配置。例如，CPU 模块与电源模块的型号，需要哪些输入/输出模块［即信号模块（SM）、功能模块（FM）和通信处理器模块（CP）］，各种模块的型号和每种型号的块数等。对于 S7 – 300 来说，如果 SM、FM 和 CP 的块数超过 8 块，则除了中央机架外还需要配置扩展机架和接口模块（IM）。确定了系统的硬件组成后，需要在 STEP 7 中完成硬件配置工作。

硬件组态的任务就是在 STEP 7 中生成一个与实际的硬件系统完全相同的系统。例如，要生成网络、网络中各个站的机架和模块，以及设置各硬件组成部分的参数，即给参数赋值。所有模块的参数都是用编程软件来设置的，完全取消了过去用来设置参数的硬件 DIP 开关。硬件组态确定了 PLC 输入，输出变量的地址，为设计用户程序打下了基础。

组态时设置的 CPU 的参数保存在系统数据块 SDB 中，其他模块的参数保存在 CPU 中。在 PLC 启动时 CPU 自动地向其他模块传送设置的参数，在更换 CPU 之外的模块后不需要重新对它们赋值。

PLC 在启动时，将 STEP 7 中生成的硬件设置与实际的硬件配置进行比较，如果两者不符，将立即产生错误报告。

模块在出厂时带有预置的参数，或称为默认的参数，一般可采用这些预置的参数。通过多项选择和限制输入的数据，系统可防止不正确的输入。

对于网络系统，需要对以太网、PROFIBUS - DP 和 MPI 等网络的结构和通信参数进行组态，将分布式 I/O 连接到主站。例如可将 MPI（多点接口）通信组态为时间驱动的循环数据传送或事件驱动的数据传送。

对于硬件已经装配好的系统，用 STEP 7 建立网络中各个站对象后，可通过通信从站从 CPU 中读出实际的组态和参数。

2）硬件组态的步骤

（1）生成站，双击"硬件"图标，进入硬件组态窗口。

（2）生成机架，在机架中放置模块。

（3）双击模块，在打开的对话框中设置模块的参数，包括模块的属性和 DP 主站、从站的参数。

（4）保存硬件设置，并将它下载到 PLC 中去。

2. CPU 参数设置

S7 - 300/400 PLC 各种模块的参数用 STEP 7 编程软件来设置。在 STEP 7 的 SIMATIC 管理器中单击"硬件"图标，进入"硬件组态"画面后，双击 CPU 模块所在的行，在弹出的"属性"窗口中单击某一选项卡，便可设置相应的属性。下面以 CPU 315 - 2 DP 为例，介绍 CPU 主要参数的设置方法。

图 3-24　CPU 属性设置对话框

1）启动特性参数　在"属性"窗口中单击"启动"选项卡（见图 3-24），设置启动特性。

如果没有选中复选框"如果预先设置的组态与实际组态不相符则启动"，并且至少有一个模块没有插在组态时指定的槽位，或者某个槽插入的不是组态的模块，则 CPU 将进入 STOP 状态。

如果选择了该复选框，即使有上述的问题，CPU 也会启动，除了 PROFIBUS - DP 接口模块外，CPU 不会检查 I/O 组态。

复选框"热启动时重置输出"和"通过操作员（例如从 PG）或通信作业（例如从 MPI 站点）禁用热启动"仅用于 S7 – 400 PLC。

在"通电后启动"栏，可选择单选钮"热启动"、"暖启动"和"冷启动"。

电源接通后，CPU 等待所有被组态的模块发出"完成信息"的时间如果超过"来自模块的'完成'消息［100ms］"选项设置的时间，表明实际的组态不等于预置的组态。该时间的设置范围为 1 ~ 650，单位为 100ms，默认值为 650。

"参数传送到模块的时间［100ms］"是 CPU 将参数传送给模块的最长时间，单位为 100ms。对于有 DP 主站接口的 CPU，可用这个参数来设置 DP 从站启动的监视时间。如果超过了上述的设置时间，则 CPU 认为硬件配置信息与实际不相符，就采用前面设置的不相符是否启动来决策。

2）时钟存储器 在"属性"窗口中单击"周期/时钟存储器"选项卡，可设置"扫描周期监视时间［ms］"，默认值为 150ms。如果实际的周期扫描时间超过设定的值，CPU 将进入 STOP 模式。

"最小扫描周期时间［ms］"只能用于 S7 – 400。指定调用 CPU 程序的间隔时间。如果实际扫描时间小于最小扫描时间，CPU 将等待最小扫描周期完成，达到该时间后 CPU 才进入下一个扫描周期。

"来自通信的扫描周期负载［%］"用来限制通信处理占扫描周期的百分比，默认值为 20%。

时钟脉冲是一些可供用户程序使用的占空比为 1:1 的方波信号，1B 的时钟存储器的每一位对应一个时钟脉冲，见表 3–1。

表 3–1　时钟存储器各位对应的时钟脉冲周期与频率

位	7	6	5	4	3	2	1	0
周期/s	2	1.6	1	0.8	0.5	0.4	0.2	0.1
频率/Hz	0.5	0.625	1	1.25	2	2.5	5	10

如果要使用时钟脉冲，首先应选"时钟存储器"选项，然后设置时钟存储器的字节地址。假设设置的地址为 100（即 MB100），由表 3–1 可知，M100.7 的周期为 2s。如果用 M100.7 的常开触点来控制 Q0.0 的线圈，Q0.0 将以 2s 的周期闪烁（亮 1s，熄灭 1s）。

"I/O 访问错误时的 OB85 调用"用来预设置 CPU 对系统修改过程映像时发生的 I/O 访问错误的响应。如果希望在出现错误时调用 OB85，建议选择"仅限于进入和离开的错误"，相对于"每次单独的访问"，不会增加扫描周期的时间。

3）系统诊断参数与实时时钟的设置 系统诊断是指对系统出现的故障进行识别、评估和做出相应的响应，并保存诊断的结果。通过系统诊断可发现用户程序的错误、模块的故障和传感器、执行器的故障等。

在"属性"窗口中单击"诊断/时钟"选项卡，可选择"报告 STOP 模式原因"等选项。

在某些大系统（如电力系统）中，某一设备的故障会引起连锁反应，相继发生一系列事件，为了分析故障的原因，需要查出故障发生的顺序。为了准确地记录故障顺序，系统中各计算机的实时时钟必须定期做同步调整。

可用"在 PLC 中"、"在 MPI 上"、"在 MFI 上"3 种方法使实时时钟同步。每个设置方法有 3 个选项，"作为主站"是指用该 CPU 模块的实时时钟作为标准时钟，去同步别的时钟；"作为从站"是指该时钟被别的时钟同步；"无"为不同步。

"时间间隔"是时钟同步的周期，在下拉列表框中可设置同步的时间。

"校正因子"是对每 24h 时钟误差的补偿（以 ms 为单位），可指定补偿值为正或为负。例如，当实时时钟每 24h 慢 3s 时，校正因子应为 +3000ms。

4）保持区的参数设置　在电源掉电或 CPU 从 RUN 模式进入 STOP 模式后，其内容保持不变的存储区称为保持存储区。CPU 安装了后备电池后，用户程序中的数据块总是被保护的。

"保留存储器"选项卡的"从 MB0 开始的存储器字节数目"、"从 T0 开始的 S7 定时器的数目"和"从 C0 开始的 S7 计数器的数目"，设置的范围与 CPU 的型号有关，如果超出允许的范围，将会给出提示。没有电池后备的 S7 - 300 PLC 可在数据块中设置保持区域。

5）时刻中断参数的设置　大多数 CPU 有内置的实时时钟，可产生时刻中断，中断产生时调用组织块 OB10 ～ OB17。在"时刻中断"选项卡中可设置中断的优先级，通过"激活"选项决定是否激活中断，"执行"下拉列表框中包括"无"、"一次"、"每分钟"、"每小时"、"每天"、"每周"、"每月"、"月末"、"每年"选项。可设置开始日期和当日时间以及要处理的过程映像分区（仅用于 S7 - 400 PLC）。

6）周期性中断参数的设置　在"周期性中断"选项卡，可设置周期执行组织块 OB30 ～ OB38 的参数，包括中断的优先级、执行的时间间隔（以 ms 为单位）和相位偏移（仅用于 S7 - 400 PLC）。相位偏移用于将几个中断程序错开来处理。

7）中断参数的设置　在"中断"选项卡中，可设置"硬件中断"、"时间延迟中断"、"DPV1 中断"和"异步错误中断"的参数。

S7 - 300 PLC 不能修改当前默认的中断优先级。S7 - 400 PLC 根据处理的硬件中断 OB 可定义中断的优先级。默认的情况下，所有的硬件中断都由 OB40 来处理。可用优先级"0"删掉中断。

DPV1 从站可产生一个中断请求，以保证主站 CPU 处理中断触发的事件。

8）DP 参数的设置　对于有 PROFIBUS - DP 通信接口的 CPU 模块，例如 CPU 315 - 2 DP，双击左边窗口内 DP 所在行（第 3 行），在弹出的 DP 属性窗口的"常规"选项卡（见图 3-25）中单击"接口"栏中的"属性"按钮，可设置站地址或 DP 子网络的属性，生成或选择其他子网络。

在"地址"选项卡中，可设置 DP 接口诊断缓冲区的地址。

在"工作模式"选项卡中，可选择 DP 接口作 DP 主站或 DP 从站。

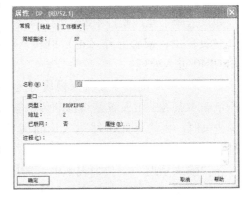

图 3-25　DP 接口属性的设置

3. 数字量 I/O 模块的参数设置

数字量 I/O 模块的参数分为动态参数和静态参数，在 CPU 处于 STOP 模式时，通过

STEP 7 的硬件组态，两种参数均可设置。参数设置完成后，应将参数下载到 CPU 中，这样当 CPU 从 STOP 转为 RUN 模式时，CPU 会将参数自动传送到每个模块中。

　　用户程序运行过程中，通过系统功能 SFC 调用修改动态参数。但是当 CPU 由 RUN 模式进入 STOP 又返回 RUN 模式后，PLC 的 CPU 将重新传送 STEP 7 设置的参数到模块中，动态设置的参数丢掉。

　　1）数字量输入模块的参数设置　在 SIMATIC 管理器中双击硬件图标，打开如图 3-26 所示的 HW Config 窗口。双击窗口左边栏机架 4 号槽的"DI16 × DC 24V"，出现如图 3-27 所示的属性窗口。

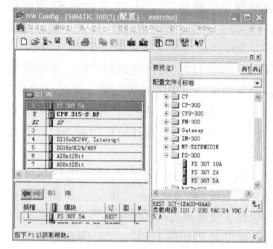

图 3-26　HWConfig 窗口　　　　　图 3-27　数字量输入模块参数设置窗口

　　在"地址"选项卡可设置数字量输入模块的起始字节地址。

　　对于有中断功能的数字量输入模块，还有"输入"选项卡（没有中断功能的无此选项）。在该选项卡中，通过"诊断中断"和"硬件中断"复选框设置是否允许产生诊断中断和硬件中断。

　　如果选择了允许硬件中断，则在硬件中断触发器区域可设置在信号的上升（正）沿或下降（负）沿，或者上升（正）沿和下降（负）沿均产生中断。出现硬件中断时，CPU 将调用 OB40 进入处理。

　　S7 - 300/400 的数字量输入模块可为传感器提供带熔断器保护的电源。通过 STEP 7 可以 8 个输入点为一组设置是否诊断传感器电源丢失。如果设置了允许诊断中断，则当传感器电源丢失时，模块将此事件写入诊断缓冲区，用户程序可调用系统功能 SFC 51 读取诊断信息。

　　在"输入延迟"下拉列表框中可选择以"ms"为单位的整个模块所有输入的输入延迟时间。该选项主要用于设置输入点接通或断开时的延迟时间。

　　2）数字量输出模块的参数设置　在图 3-26 HW Config 窗口中双击窗口左边栏机架 5 号槽的"DO16 × DC 24V"，出现如图 3-28 所示的属性设置窗口。

　　在"地址"选项卡可设置数字量输出模块的起始字节地址。

　　有些有诊断中断和输出强制值功能的数字量输出模块还有"输出"选项卡。在该选项

图 3-28   数字量输出模块参数设置窗口

卡中选择"诊断中断"复选框设置是否允许产生诊断中断。"对 CPU STOP 模式的响应"下
拉列表框用来选择 CPU 进入 STOP 模式时模块对各输出点的处理方式。选择"保持前一个
有效的值"，CPU 进入 STOP 模式后，模块将保持最后的输出值；选择"替换值"，CPU 进入
STOP 模式后，使各输出点输出一个固定值，该值由"替换值'1'"选项的复选框决定。如
果所在行中的某输出点对应的检查框被选中，则 CPU 进入 STOP 模式后，该输出点将输出
"1"，否则将输出"0"。

4. 模拟量 I/O 模块的参数设置

1）模拟量输入模块的参数设置   图 3-29 所示是 8 通道 12 位的模拟量输入模块的参数
设置对话框。

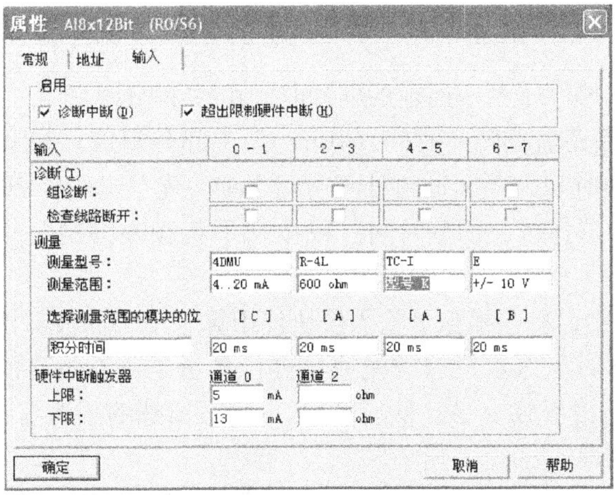

图 3-29   模拟量输入模块的参数设置

与数字量输入模块一样，在"地址"选项卡中可设置模拟量输入模块输入通道的起始
字节地址。

在"输入"选项卡中设置是否允许诊断中断和模拟量超出限制硬件中断。如果选择了
"超出限制硬件中断"，则窗口下面"硬件中断触发器"栏的"上限"和"下限"设置被激
活，在此设置通道 0 和通道 2 产生超出限制硬件中断的上下限值。还可以 2 个通道为一组设

置是否对各组进行诊断。

在"输入"选项卡中还可对模块的每个通道组（含 2 个通道）设置测量型号和范围。方法是单击通道组的"测量型号"输入框，在弹出的菜单中选择测量的种类："4DMU"是 4 线式传感器电流测量，"R –4L"是 4 线式热电阻，"TC –I"是热电偶，"E"是电压。为减少模拟量模块的扫描时间，对未使用的通道组应选择"取消激活"。

单击"测量范围"输入框，在弹出的菜单中选择测量范围。范围框下面的"［A］"、"［B］"、"［C］"等是通道组对应的范围卡的位置，应保证模拟量输入模块上范围卡的位置与 STEP 7 中的设置一致。

S7 –300 系列 PLC 的 SM331 模拟量输入模块采用积分式 A/D 转换器，积分时间的设置直接影响到 A/D 转换时间、转换精度和干扰抑制频率。积分时间越长，A/D 转换精度越高，但速度越慢，之后积分时间越短，A/D 转换精度越低，但速度越快。另外，积分时间还与干扰抑制频率互为倒数。为了抑制工频干扰，一般选用 20ms 的积分时间。对于订货号为 6ES7 –331 –7KF02 –0AB0 的 8 通道 12 位模拟量的输入模块，其积分时间、干扰抑制频率、转换时间、转换精度之间关系见表 3–2。

表 3–2　模拟量输入模块参数关系表

积分时间/ms	2.5	16.67	20	100
基本转换时间（包括积分时间）/ms	3	17	22	102
附加测量电阻转换时间/ms	1	1	1	1
附加断路监控转换时间/ms	10	10	10	10
精度（包括符号位）/bit	9	12	12	12
干扰抑制频率/Hz	400	60	50	10
所有通道使用时的基本响应时间/ms	24	136	176	816

由表 3–2 可看出，SM331 每一通道的处理时间由"积分时间"、"附加测量电阻转换时间（1ms）"和"附加断路监控转换时间（10ms）"3 部分组成。如果一个模块使用了其中的 N 个通道，则总转换时间为 N 个通道处理时间之和。先单击图 3–29 中的"积分时间"设置框，从弹出的菜单内选择按"积分时间"或按"干扰频率抑制"来设置参数，然后单击某一组进行设置。

S7 –300/400 PLC 中，有些模拟量输入模块使用算术平均滤波算法对输入的模拟量值进行平滑处理，这种处理对于像水位这类模拟量进行测量是很有意义的。对于这类模块，在 STEP 7 中可设置 4 个平滑等级（平、低、平均、高）。所选的平滑等级越高，平滑后的模拟值越稳定，但是速度越慢。

2）模拟量输出模块的参数设置　模拟量输出模块参数设置窗口如图 3–30 所示。

在"地址"选项卡中可设置模拟量输出模块输出通道的起始字节地址。

"输出"选项卡的设置方法与模拟量输入模块有很多类似的地方。根据需要对下列参数进行设置。

（1）设置每一通道是否允许"诊断中断"。

（2）设置每一通道的输出类型（"电压"、"电流"、"取消激活"）以及信号的"输出范围"。

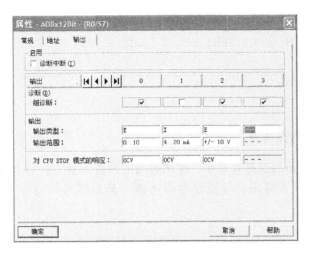

图 3-30　模拟量输出模块参数设置窗口

（3）"对 CPU STOP 模式的响应"。OCV 表示输出无电流或电压，KLV 表示保持前一个值。

3.3.3　编辑符号表

在程序中可用"绝对地址"（如 I0.0 和 I0.1）访问变量，但是如果使用"符号地址"则可使程序更容易阅读和理解。用户在符号表中可定义全局变量，用"符号地址"代替"绝对地址"，供程序中所有的块使用。

1. 直接创建符号表

在 SIMATIC Manager 窗口中选择符号并双击，打开如图 3-31 所示的"符号编辑器"窗口。在符号表中，每个符号地址都含有 5 项信息，即状态、符号、地址、数据类型和注释。

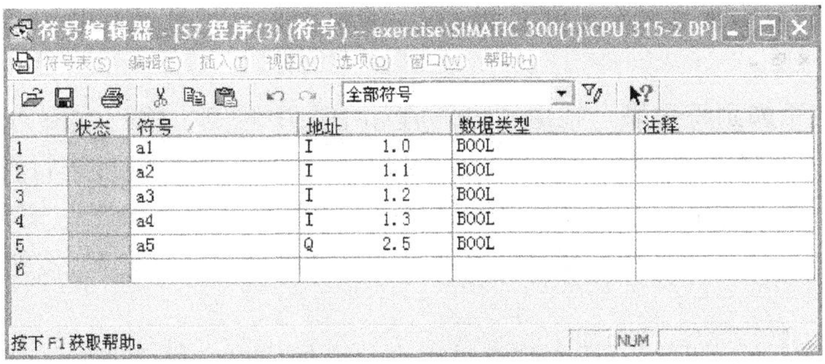

图 3-31　"符号编辑器"窗口

多种物理地址地都可定义为符号地址，可定义符号地址的对象如下：
☺ I/O 接口（I、IB、IW、ID、Q、QB、QW、QD）；
☺ 位存储器（M、MB、MW、MD）；
☺ 定时器（T）；

☺ 计数器 (C);

☺ 程序块 (FC、FB、SFC、SFB);

☺ 数据块 (DB);

☺ 数据类型 (UDT);

☺ 变量表 (VAT)。

2. 指定对象添加到符号表

1) 指定硬件模块添加到符号表中 按照前面的硬件配置方法打开硬件配置窗口，选择机架上的硬件并右击，在弹出的快捷菜单中选择"编辑符号"命令，打开编辑符号窗口，如图 3-32 所示。

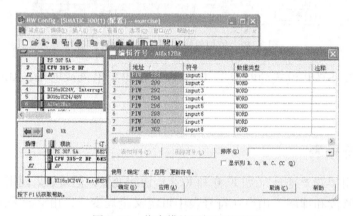

图 3-32 指定模块添加到符号表

在图 3-32 中，针对选择的模拟量输入模块，系统分配了 8 个绝对地址，即 PIW288、PIW290、PIW292、PIW294、PIW296、PIW298、PIW300、PIW302，并分别用符号 input1、input2、input3、input4、input5、input6、input7、input8 与其对应。"数据类型"栏中列出了相应的地址数据类型，这是系统自动生成的。完成设置后单击"确定"按钮，将指定模块加入到符号表中，用户通过在 SIMATIC Manager 窗口中选择符号并双击，可打开其编辑窗口查看。

2) 指定元件添加到符号表 在编辑好的程序中选中触点、输出线圈等元件，右击，在弹出的快捷菜单中选择"符号编辑"命令，对选中的元件的绝对地址进行符号编辑。

如图 3-33 所示，选中 I1.1 进行符号编辑。在打开的"符号编辑"窗口中为 I1.1 建立与之对应的符号 signal 后，系统自动生成数据类型，然后单击"确定"按钮，完成元件的符号编辑。

不是程序中所有的元件都可插入到符号表中，比如传输元件不能添加到符号表中，一般可添加的是触点和线圈。

为元件选取符号名称时，不能是系统的关键字，比如这里输入 sign 就不行，因为 sign 是系统的关键字，这点对于全局符号都是应该遵守的。

3) 指定程序段添加到符号表 如图 3-34 所示，在 FC2 中编写了一段程序，即"程序段 1"。右击"程序段 1"图标，在弹出的快捷菜单中选择"编辑符号"命令，打开"编辑符号-程序段? 1"窗口。该窗口中列出了在这段程序中用到的触点、线圈和位标志等绝对

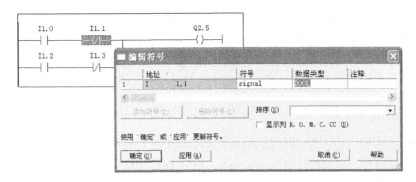

图 3-33 元件的符号编辑

地址，需要为这些绝对地址一一选择好符号地址并输入"符号"栏中，然后单击"确定"按钮，完成将指定程序段添加到符号表中。

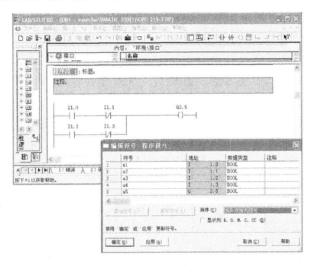

图 3-34 指定程序段进行符号表编辑

按照上面的符号编辑方法，将绝对地址添加到符号表后，在以后的编程中如果要使用已经进行符号对应建立的物理地址时，就可直接输入符号地址进行调用，十分方便。具体应用如图 3-35 所示，各个触点、线圈等均显示出绝对地址和符号地址。

I1.0   I1.1   Q2.5
"a1"   "a2"   "a5"
─┤├──────── ─┤/├─   ─( )─

I1.2   I1.3
"a3"   "a4"
─┤├──────── ─┤/├─

图 3-35 符号地址的调用实例

前面介绍了功能、功能块和组织块的使用时程序块都含有接口变量区，在每种具体类型的接口变量下用户均可创建多个变量，这里创建的变量同样类似于符号地址。

这里介绍的符号地址在一个项目中的任何程序块都可使用，称为全局符号地址；而在具体程序块的接口区创建的符号地址只能在该程序块中运用，称为局部符号地址。两者在书写形式上就能够区分。全局符号地址的符号需要使用“ ”引起来。局部符号地址在符号前面有“#”。用户在编写程序时，一定要注意调用符号地址的使用范围。

3.3.4 生成用户程序

一个 PLC 站的所有的程序块存储于 S7 Program 目录下的 Blocks 文件夹中，在 Blocks 文件夹中包括系统数据、逻辑程序块（OB、FB、FC、DB、UDT）和变量监控表。

逻辑块的程序编辑器由变量声明表、程序指令和块属性组成。

☺ 变量声明表：在变量声明表中，用户可设置各种参数，如变量的名称、数据类型、地址和注释等。

☺ 程序指令：在程序指令部分，用户编写的能被 PLC 执行的块指令代码。这些程序可分为一段或多段，可用诸如编程语言梯形逻辑（LAD）、功能块图（FBD）或语句表（STL）来生成程序段。

☺ 块属性：块属性中有进一步的信息，如由系统输入的时间标记或路径。此外，用户可输入自己的内容，如块名称、系列名、版本号和作者名。用户可将系统属性分配给程序块。

从原则上来讲，用户编辑逻辑块各部分的顺序并不重要，各部分可随时修改及增加。如果用户希望使用符号表中的符号，则必须首先检查一下它们是否存在，需要时可进行修改。

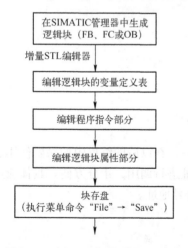

图 3-36 用 STL 编写逻辑块的步骤

1. 创建逻辑块程序

1）创建逻辑块的步骤（如图 3-36 所示）

（1）在 SIMATIC 管理器中生成逻辑块（FB、FC 或 OB）。

（2）编辑块的变量声明表。

（3）编辑块的程序指令部分使用。

（4）编辑块的属性，一般不做这一操作。

（5）执行菜单命令“文件”→“保存”来保存块。

2）创建逻辑块

（1）打开已生成的项目。在 SIMATIC 管理器中，执行菜单命令“文件”→“打开”，选择已生成的目录，打开已生成项目 SIMATIC 管理器对话框。

（2）生成逻辑块。已生成项目 SIMATIC 管理器中，单击管理器对话框的左窗口中“块”后，执行菜单命令“插入”→“S7 块”→“功能块”，弹出功能块属性对话框在功能块属性对话框中，填入功能块的名称、符号名和符号注释，并选择“创建语言”单击“确定”按钮，完成功能块的插入和属性设置。

或在已生成项目 SIMATIC 管理器窗口中，单击 SIMATIC 管理器左窗口“块”选项，然后右击 SIMATIC 管理器右窗口空白处，弹出快捷菜单。单击菜单选项“插入新对象”，选择需要生成逻辑块，单击子菜单选择“功能”选项，弹出功能属性对话框。在功能块属性对

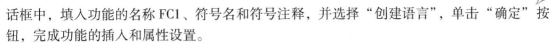

话框中，填入功能的名称 FC1、符号名和符号注释，并选择"创建语言"，单击"确定"按钮，完成功能的插入和属性设置。

生成新的逻辑块后，选中某一个对象，然后执行菜单命令"编辑"→"对象属性"，弹出逻辑块属性设置的对话框。

2. 在 LAD/STL/FBD 程序编辑器对话框编辑用户程序

1）LAD/STL/FBD 程序编辑器窗口结构　在已生成项目 SIMATIC 管理器窗口中，单击左窗口的"块"文件夹，再双击右窗口的逻辑块，打开逻辑块的 LAD/STL/FBD 编辑器窗口。

STEP 7 程序编辑器集成了 LAD、STL、FBD 3 种编辑语言的编辑、编译和调试功能，主要由编程元件列表区、变量声明区、程序编辑区、信息区等构成。

2）编辑变量声明表　当用户打开一个逻辑块时，在窗口的上半部分为变量声明表，下半部分为程序指令部分，用户在下半部分编写逻辑块的指令程序。

在变量声明表中，用户声明的变量包括块的形参和参数的系统属性。声明变量的作用如下。

☺ 声明变量后，在本地数据堆栈中为瞬态变量保留一个有效存储空间，对于功能块，还要为联合使用的背景数据块的静态变量保留空间。

☺ 当设置输入、输出和输入/输出类型参数时，用户还要在程序中声明块调用的"接口"。

☺ 当用户给某功能块声明变量时，这些变量（瞬态变量除外）也在功能块联合使用的每个背景数据块中的数据结构中声明。

☺ 通过设置系统特性，用户为信息和连接组态操作员接口功能分配特殊的属性，以及参数的过程控制组态。

3.3.5　程序的下载与上传

所谓下载，就是把编程软件 STEP 7 的硬件组态设置和用户程序传送到 PLC 的过程。数据的反方向传输就是上传，上传的目的是在 PC 硬盘中保存来自 PLC 的信息。

1. 在线连接

下载硬件组态和用户程序以及调试程序的前提是在编程设备和可编程序控制器之间建立合适的连接，如多点接口 MPI。需要特别注意的是，在第一次下载硬件组态时必须通过 MPI 接口和编程电缆，根据实际需要，以后的在线连接可通过 PROFIBUS 接口或通信处理模块等完成。

下载硬件组态后，最希望看到的是 CPU 模块上的两个绿灯亮（一个是 DC 5V 指示灯，另一个是 RUN 指示灯），因为这代表硬件组态正确和通信正常，此时在 SIMATIC 管理器中，用户可通过"可访问的节点"窗口建立在线连接。这种访问方式使用户能快速访问所有正在使用的且与编程设备连接的 PLC，可在线测试网络是否通畅。

2. 下载

1）下载的条件

☺ CPU 必须在允许下载的工作模式（STOP 或 RUN－P）下。在"RUN－P"工作模式下，程序一次只能下载一个块。

☺ 编程设备和 CPU 之间必须有连接，最常用的连接是编程电缆。要使用户能有效访问到 PLC，不仅需要实际的物理连接，还需要设置"控制面板"中的"Setting the PG/PC Interface"。

☺ 用户已经编译好将要下载的程序和硬件组态。最好在编译好后及时保存，再下载到 PLC 中。

2）下载的方法 在 SIMATIC 管理器窗口、硬件组态窗口和"LAD/STL/FBD"窗口的工具栏上，都有下载工具 📥，而且这些窗口的菜单项中也含有下载选项"PLC/下载"，为用户提供了便捷。用户最好先下载硬件组态，然后再下载程序。在下载新的全部用户程序之前，应执行一次 CPU 存储器的复位。

（1）在 SIMATIC 管理器中，首先在左侧或图右侧中选中要下载的对象，包括项目、PLC 站、程序块等，然后利用"PLC"→"下载"或单击工具栏中的按钮 📥 下载。

（2）在硬件组态窗口中，用户组态好硬件后，执行菜单"网络"→"保存并编译"或单击工具栏中的按钮 🖳，然后利用"PLC"→"下载"或单击工具栏中的按钮 📥 下载。

（3）在"LAD/STL/FBD"窗口中，单击工具栏中的按钮 📥 下载的是当前窗口中编译好的程序。

3）上传的条件和方法 上传的条件与下载的条件中第（1）条和第（2）条相同。上传的方法主要有以下 3 种。

（1）在 SIMATIC 管理器窗口中，通过菜单"PLC"→"将站点上传到 PG"，将一个 PLC 站的内容上传到编程设备中，上传的内容包括这个 PLC 站的硬件组态和用户程序。

（2）在硬件组态窗口中，执行菜单"PLC"→"上传"或单击工具栏中的上传按钮 📥 上传数据。这种方式会在项目中插入一个站，但是只包括这个 PLC 站的硬件组态，不包括用户程序。

（3）在线状态下，可有选择地上传用户程序。在 SIMATIC 管理器中，通过菜单"视图"→"在线"或单击工具栏上的在线按钮 🖳 打开在线窗口，选中要上传的程序块，通过菜单"PLC"→"上传到 PG"把选中的程序块上传到编程设备中。

3.4 S7 – PLCSIM 仿真软件

仿真软件 S7 – PLCSIM 集成在 STEP 7 中，在 STEP 7 环境下，不用连接任何 S7 系列的 PLC（CPU 或 I/O 模板），而是通过仿真的方法来模拟 PLC 的 CPU 中用户程序的执行过程和测试用户的应用程序。可在开发阶段发现和排除错误，提高用户程序的质量和降低试车的费用。

S7 – PLCSIM 提供了简单的界面，可用编程的方法（如改变输入的通/断状态、输入值的变化）来监控和修改不同的参数，也可使用变量表（VAT）进行监控和修改变量。

1. S7 – PLCSIM 的主要功能

S7 – PLCSIM 可在计算机上对 S7 – 300/400 PLC 的用户程序进行离线仿真与调试，因为 S7 – PLCSIM 与 STEP 7 是集成在一起的，仿真时计算机不需要连接任何 PLC 的硬件。

S7 – PLCSIM 提供了用于监视和修改程序中使用的各种参数的简单的接口,如使输入变量为 ON 或 OFF。与实际 PLC 一样,在运行仿真 PLC 时可使用变量表和程序状态等方法来监视和修改变量。

S7 – PLCSIM 可模拟 PLC 的输入/输出存储器区,通过在仿真窗口改变输入变量的 ON/OFF 状态,来控制程序的运行,通过观察有关输出变量的状态来监视程序运行的结果。

S7 – PLCSIM 可实现定时器和计数器的监视和修改,通过程序使定时器自动运行,或者手动对定时器复位。

S7 – PLCSIM 还可对下列地址的读/写操作进行模拟:位存储器(M)、外设输入(PI)变量区和外设输出(PQ)变量区及存储在数据块中的数据。

除了可对数字量控制程序仿真外,还可对大部分组织块(OB)、系统功能块(SFB)和系统功能(SFC)仿真,包括对许多中断事件和错误事件仿真。可对语句表、梯形图、功能块图和 S7 Graph(顺序功能图)、S7 HiGraph,S7 – SCL 和 CFC 等语言编写的程序仿真。

2. S7 – PLCSIM 的使用方法

S7 – PLCSIM 提供了一个简便的操作界面,可监视或修改程序中的参数,如直接进行只存数字量的输入操作。当 PLC 程序在仿真 PLC 上运行时,可继续使用 STEP 7 软件中的各种功能,如在变量表中进行监视或者修改的变量。S7 – PLCSIM 的使用步骤如下。

1)打开 S7 – PLCSIM　可通过 SIMATIC 管理器中工具栏按钮⦿打开/关闭仿真功能。单击该按钮打开 S7 – PLCSIM 软件,如图 3–37 所示,此时系统自动装载仿真的 CPU。当 S7 – PLCSIM 在运行时,所有的操作(如下载程序)都会自动与仿真 CPU 相关联。

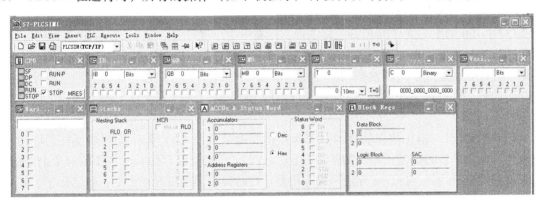

图 3–37　S7 – PLCSIM 软件的界面

2)插入"View Objects"(视图对象)　通过生成视图对象(View Objects),可访问存储区、累加器和被仿真 CPU 的配置。在视图对象上可强制和显示所有数据。执行菜单命令"Inset"或直接单击图 3–37 中工具栏的相应按钮,可在 PLCSIM 窗口中插入以下视图对象:

☺ Input Variable 允许访问输入(I)存储区。

☺ Output Variable 允许访问输出(Q)存储区。

☺ Bit Memory 允许访问位存储区(M)中的数据。

☺ Timer 允许访问程序中用到的定时器。

☺ Counter 允许访问程序中用到的计数器。

☺ Generic 允许访问仿真 CPU 中所有的存储区，包括程序使用到的数据块（DB）。

☺ Vertical Bits，允许通过符号地址或者绝对地址来监视或者修改数据。可用来显示外部 I/O 变量（PI/PO）、I/O 映像区变量（I/O）、位存储器、数据块等。

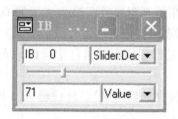

图 3-38　变量显示 "Slider：Dec"

对于插入的视图对象，可输入需要仿真的变量地址，而且可根据被监视变量的情况选择显示格式 Bits、Binary、Hex、Decimal 和 Slider：Dec（滑动条控制功能）等。变量显示 "Slider：Dec" 的视图如图 3-38 所示，可用滑动条控制仿真逐渐变化的值或者在一定范围内变化的值。有 3 个存储区的仿真可使用这个功能：Input Variable、Output Variable、Bit Memory。

3）**下载项目到 S7－PLCSIM**　在下载前，首先通过执行菜单命令 "PLC/Power On" 为仿真 PLC 上电（一般默认选项是上电），通过菜单命令 "PLC/MPI Address" 设置与项目中相同的 MPI 地址（一般默认 MPI 地址为 2），然后在 STEP 7 软件中单击按钮，将已经编译好的项目下载到 S7－PLCSIM。单击 CPU 视图中的 "MRES" 按钮，可清除 PLCSIM 中的内容，此时如果需要调试程序，则必须重新下载程序。

4）**选择 CPU 运行的方式**　执行菜单命令 "Execute/Scan Mode/Singles can"，使仿真 CPU 仅执行程序一个扫描周期，然后等待开始下一次扫描；执行菜单命令 "Execute/Scan Mode/Continuous scans"，仿真 CPU 将会与真实 PLC 一样连续地周期性地执行程序。如果用户对定时器 Timer 或计数器 Counter 进行仿真，那么这个功能非常有用。

5）**调试程序**　用各个视图的对象中的变量模拟实际 PLC 的 I/O 信号，用它来产生输入信号，并观察输出信号和其他存储区中内容的变化情况。模拟输入信号的方法是：单击图 3-37 中 IB0 的第 3 位（即 I0.3）复选框，则在框中出现符号 "√"，表示 I0.3 为 ON；若再单击这个复选框，则 "√" 消失，表示 I0.3 为 OFF。在 "View object" 中所做的改变会立即引起存储区地址中内容发生相应变化，仿真 CPU 并不等待扫描开始或者结束后才更新变换了的数据。执行用户程序过程中，可检查并离线修改程序，保存后再下载，之后继续调试。

6）**保存文件**　退出仿真软件时，可保存仿真时生成的 LAY 文件及 PLC 文件，以便于下次仿真这个项目时可使用本次的各种设置。LAY 文件用于保存仿真时各视图对象的信息，如选择的数据格式等；PLC 文件用于保存仿真运行时设置的数据和动作等，包括程序、硬件组态、设置的运行模式等。

3. 仿真 PLC 与真实 PLC 的区别

1）仿真 PLC 特有的功能

☺ 可立即暂时停止执行用户程序，对程序状态不会有什么影响。

☺ 由 RUN 模式进入 STOP 模式不会改变输出的状态。

☺ 在视图对象中的变动立即使对应的存储区中的内容发生相应的改变，而实际 CPU 要等到扫描结束时才会修改存储区。

☺ 可选择单次扫描或连续扫描，而实际 PLC 只能是连续扫描。

☺ 可使定时器自动运行或手动运行，可手动复位全部定时器或复位指定的定时器。

☺ 可手动触发下列中断组织块：OB40 ~ OB47（硬件中断）、OB70（I/O 冗余错误）、OB72（CPU 冗余错误）、OB73（通信冗余错误）、OB80（时间错误）、OB82（诊断中断）、OB83（插入/拔出中断）、OB85（程序顺序错误）与 OB86（机架故障）。

☺ 对映像存储器与外设存储器的处理。如果在视图对象中改变了过程输入的值，S7 - PLCSIM 立即将它复制到外设存储区。在下一次扫描开始外设输入值被写到过程映像寄存器时，希望的变化不会丢失。在改变过程输出值时，它被立即复制到外设输出存储区。

2）仿真 PLC 与实际 PLC 的区别

☺ PLCSIM 不支持写到诊断缓冲区的错误报文，例如，不能对电池失电和 EEPROM 故障仿真，但是可对大多数 I/O 错误和程序错误仿真。

☺ 仿真 PLC 工作模式的改变（如由 RUN 转换到 STOP 模式）不会使 I/O 进入"安全状态"。

☺ 仿真 PLC 不支持功能模块和点对点通信。

☺ 仿真 PLC 支持有 4 个累加器的 S7 - 400 CPU。在某些情况下 S7 - 400 与只有 2 个累加器的 S7 - 300 的程序运行可能不同。

☺ S7 - 300 的大多数 CPU 的 I/O 是自动组态的，模块插入物理控制器后被 CPU 自动识别。仿真 PLC 没有这种自动识别功能。如果将自动识别 I/O 的 S7 - 300 CPU 的程序下载到仿真 PLC，系统数据没有包括 I/O 组态。因此，在用 S7 - PLCSIM 仿真 S7 - 300 程序时，如果想定义 CPU 支持的模块，则必须首先下载硬件组态。

思考与练习

3-1　STEP 7 软件的主要特点及功能是什么？

3-2　练习 STEP 7 软件安装。

3-3　练习 SIMATIC 管理器的操作。

3-4　练习 S7 - PLCSIM 仿真软件的使用。

第 4 章　S7 – 300/400 PLC 的基本指令

本章首先介绍 PLC 的 5 种编程语言，然后介绍使用编程语言进行程序设计时用的操作数数据类型和寻址方式，最后详细介绍 S7 – 300/400 PLC 的基本指令系统。

4.1　编程语言

与一般计算机相比，PLC 的编程语言具有明显的特点，不同厂家的 PLC 编程语言是互不兼容的。IEC（国际电工委员会）于 1994 年公布了 PLC 标准（IEC61131），其中IEC61131—3 是 PLC 编程语言标准，促使不同 PLC 生产厂家提供在外观上和操作上相似的指令，这是目前唯一的国际标准。该标准中介绍了 5 种编程语言：指令表、梯形图、功能块图、结构化文本、顺序功能图。

1）指令表 IL（Instruction List）　指令表语言是一种与汇编语言相似的文本编程语言，由多条语句组成一个程序段，可以实现其他语言不能实现的功能。指令表语言简单易学，容易实现。S7 系列 PLC 也把指令表称为语句表（Statement List，STL）。

2）梯形图 LD（Ladder Diagram）　梯形图是一种图形语言，由触点、线圈和表示功能的指令框等图形组成。梯形图与继电器电气控制电路相似，具有形象、直观、易懂的特点。对于熟悉继电器控制系统的人来说，也容易接受，因此世界上各生产厂家的 PLC 都把梯形图作为第一用户编程语言。

S7 系列 PLC 中梯形图程序被划分为若干个网络（Network），程序中网络由软件自动编号。触电和线圈等组成的独立电路称为网络，在网络中，程序中的逻辑运算按从左至右的方向执行（跳转指令除外），网络之间按从上到下的顺序执行，执行完所有的网络后，返回最上面的网络重新开始执行。如果将两块独立电路放在同一个网络内，将会出错。

3）功能块图 FBD（Function Block Diagram）　功能块图使用类似于布尔代数的图形逻辑符号来表示控制逻辑，一些复杂的功能用指令框表示，一般用一个指令框表示一种功能，框图内的符号表示该框图的运算功能。

4）结构化文本 ST（Structured Text）　结构化文本是一种高级的文本语言，可以用来描述功能、功能块和程序的行为。用于 S7 – 300/400 PLC 的编程，可以简化数学计算、数据管理和组织工作。

5）顺序功能图 SFC（Sequential Function Chart）　顺序功能图与流程图相似，用来编辑顺序控制程序。在这种语言中，工艺过程被划分为若干个顺序出现的步，步中包含控制输出的动作，从一步到另一步的转换由转换条件控制。顺序功能图表达复杂的顺序控制过程非常清晰，程序结构更加易读。利用 S7 顺序功能图语言可以清楚快速地组织和编写 PLC 系统的顺序控制程序。

4.2　基本数据类型

PLC 中大多数指令都需要进行数据的存储，不同数据类型有不同的格式。数据类型定义了数据长度（位数）和表示方法。STEP 7 中包括 3 种数据类型：基本数据类型、复合数据类型和参数数据类型。本节重点介绍基本数据类型，其他两种将在后续内容中介绍。表 4-1 列出了 STEP7 所支持的基本数据类型。

表 4-1　基本数据类型说明

数据类型	位　数	说　明
布尔（BOOL）	1	范围：TRUE 或 FALSE
字节（BYTE）	8	范围：0 ~ 255
字（WORD）	16	范围：0 ~ 65535
双字（DWORD）	32	范围：0 ~ 4294967295
字符（CHAR）	8	范围：任何可打印的字符
整型（INT）	16	范围：－32768 ~ 32767
双整型（DINT）	32	范围：－2147483648 ~ 2147483647
实数（REAL）	32	IEEE 浮点数

1）位　位（Bit）数据的数据类型为 BOOL（布尔）型，数据长度为 1 位二进制数，BOOL 变量的值"1"和"0"分别用英文"TRUE"和"FALSE"表示。

寻址方式："字节. 位"。例如 I3.1，I 表示区域标识符为输入寄存器，3 为字节地址，1 为位地址。

2）字节　字节（Byte）数据长度为 8 位二进制数，其中第 0 位为最低位，第 7 位为最高位。

寻址方式："字节"。例如 IB3，I 表示区域标识符为输入寄存器，B 表示字节，3 为字节地址，该字节由 I3.0 ~ I3.7 这 8 位组成。

3）字　字（Word）数据长度为 16 位二进制数，由相邻两个字节组成。字为无符号数，用十六进制数表示。

寻址方式："字"。例如 MW100，M 表示区域标识符为内部存储器，W 表示字，100 为字的起始地址，该字由 MB100 和 MB101 组成，其中 MB100 为高字节。

4）双字　双字（Double Word）数据长度为 32 位二进制数，由相邻两个字组成。双字为无符号数，用十六进制数表示。

寻址方式："双字"。例如 MD100，M 表示区域标识符为内部寄存器，D 表示双字，100 为双字的起始地址，该双字由 MW100 和 MW102 组成，即由 MB100、MB101、MB102、MB103 四个字节组成，其中 MB100 为高字节。

5）16 位整数　16 位整数（Integer，INT）是有符号数，最高位为符号位。最高位为 0

时为正数，最高位为 1 时为负数，取值范围为 – 32768 ~ 32767。

6）32 位整数　32 位整数（Double Integer，DINT）是有符号数，最高位为符号位。最高位为 0 时为正数，最高位为 1 时为负数，取值范围为 – 2147483648 ~ 2147483647。

7）32 位浮点数　浮点数又称实数（Real）。任意一个浮点数 N 可以表示成 $N = MB^E$，其中 M 为尾数，B 为基数，E 为指数，它符合 ANSI/IEEE 标准 754_1985 的基本格式。

ANSI/IEEE 标准浮点数共占用一个双字（32 位），最高位（第 31 位）为浮点数的符号位，最高位为 0 时是正数，为 1 时是负数；8 位指数占 23 ~ 30 位；应为规定尾数的整数部分总是为 1，所以只保留尾数的小数部分 m（0 ~ 22 位）。浮点数的表示范围为 $+1.175495 \times 10^{-38}$ ~ $+3.40283 \times 10^{38}$，$-1.175495 \times 10^{-38}$ ~ -3.40283×10^{38}。

PLC 输入/输出的数大多是整数，用浮点数来处理这些数据需要进行整数和浮点数之间的相互转换，浮点数运算速度比整数运算速度要慢。

8）ASCII 码字符　ASCII 码（美国信息交换标准代码）由美国国家标准局（ANSI）制定，它已被国际标准化组织（ISO）定为国际标准。标准 ASCII 码用 7 位二进制数来表示所有的英语大写、小写字母，数字 0 ~ 9，标点符号以及在美式英语中使用的特殊控制字符，如数字 0 ~ 9 的 ASCII 码分别为十六进制数 30H ~ 39H。

9）常数　常数值可以是字节、字或双字，CPU 以二进制方式存储常数。常数也可以用十进制数、十六进制数、ASCII 码或浮点数表示。

4.3　寻址方式

操作数是指令的操作或运算的对象，寻址方式是指指令执行时获取操作数的方式，可以以直接或间接方式给出操作数。S7 – 300/400 PLC 有 4 种寻址方式：立即寻址、直接寻址、间接寻址、寄存器寻址。

1）立即寻址　立即寻址是对常数或常量的寻址方式，其特点是操作数直接表示在指令中，或以唯一形式隐含在指令中。示例见表 4-2。

表 4-2　立即寻址示例

指令表语句	注　释
SET	把 RLO 置 1
OW　W#16#320	将常量 W#16#320 与累加器 1 "或" 运算
L　1352	把整数 1352 装入累加器 1
L　'ABCD'	把 ASCII 码字符 ABCD 装入累加器 1
L　C#100	把 BCD 码常数 100 装入累加器 1
AW　W#16#3A12	常数 W#16#3A12 与累加器 1 低位相 "与"，运算结果在累加器 1 低字中

2）直接寻址　直接寻址是指在指令中直接给出操作数的存储单元地址。存储单元地址可用符号地址或绝对地址。示例见表 4-3。

表 4-3　直接寻址示例

指令表语句	注　　释
A　I0.0	对输入位 I0.0 进行"与"逻辑操作
S　L20.0	把局域数据位 L20.0 置 1
=　M115.4	使存储区位 M115.4 的内容等于 RLO 的内容
L　IB10	把输入字节 IB10 的内容装入累加器 1
T　DBD12	把累加器 1 中的内容传送给数据双字 DBD12

3）间接寻址　间接寻址是指在指令中以存储器的形式给出操作数所在存储单元的地址。也就是说，该存储器的内容是操作数所在存储器单元的地址。该存储器一般称为地址指针，在指令中需写在方括号内。使用存储器间接寻址可以改变操作数的地址，在循环程序中经常使用存储器寻址。示例见表 4-4。

表 4-4　间接寻址示例

指令表语句	注　　释
L 2	将数字 2#0000000000000010 装入累加器 1
T　MW50	将累加器 1 低字中的内容传给 MW50 作为指针
OPN　DB35	打开共享数据块 DB35
L　DBW［MW50］	将共享数据块 DBW2 的内容装入累加器 1

注：示例中采用单字格式指针寻址。地址指针可以是字或双字，对于地址范围小于 65535 的存储器可以用字指针；对于其他存储器则要使用双字指针。

4）寄存器寻址　寄存器寻址是指通过地址寄存器和偏移量间接获取操作数，其中的地址寄存器及偏移量必须写在方括号"［］"内。S7 中有两个地址寄存器 AR1 和 AR2。地址寄存器的内容加上偏移量形成地址指针，指向操作数所在的存储单元。

（1）寄存器寻址表示方式。寄存器寻址表示为：存储器标识符［ARx，地址偏移量］，例如

　　L　　MW［AR1，P#2.0］

其中，MW 为被访问的存储器及访问宽度；AR1 为地址寄存器 1；P#2.0 为地址偏移量。

（2）寄存器寻址双字指针格式：寄存器的地址指针有两种格式，其长度均为双字，指针格式如图 4-1 所示。

31	24	23	16	15	8	7	0
x000	0rrr	0000	0bbb	bbbb	bbbb	bbbb	bxxx

图 4-1　寄存器寻址指针格式

注：位 0 ~ 2（xxx）为被寻址地址中位的编号（0 ~ 7）；位 3 ~ 18 为被寻址地址的字节的编号（0 ~ 65535）；位 24 ~ 26（rrr）为被寻址地址的区域标识号；位 31：x = 0 为区域内的间接寻址，x = 1 为区域间的间接寻址。

寄存器间接寻址示例见表 4-5 和表 4-6。

表 4-5　区内寄存器间接寻址示例

指令表语句	注　释
L　P#3. 2	将间接寻址的指针装入累加器 1
L　AR1	将累加器 1 的内容送入地址寄存器 AR1
A　I[AR1,P#5. 4]	对输入位 I8.6（AR1 与偏移量相加）进行逻辑"与"操作
=　Q[AR1,P#1. 6]	对输出位 Q5.0（AR1 与偏移量相加）进行赋值操作

表 4-6　区域间寄存器间接寻址示例

指令表语句	注　释
L　P#I8. 7	把指针值及存储区域标识装载到累加器 1
LAR1	把存储区域 I 和地址 8.7 装载到 AR1
L　P#Q8. 7	把指针值及地址标识装载到累加器 1
L　AR2	把存储区域 Q 和地址 8.7 装载到 AR2
A　[AR1,P#0. 0]	查询输入位 I8.7 的信号状态（偏移量 0.0 不起作用）
=　[AR2,P#1. 2]	给输出位 Q10.1 赋值（注：8.7 + 1.2 = 10.1，请读者思考为什么和不是 9.9。）

4.4　位逻辑指令

位逻辑指令处理两个数字："1"和"0"。这两个数字是构成二进制数字系统的基础，称为二进制数字或二进制位。在触点与线圈领域，"1"表示动作或通电，"0"表示未动作或未通电。位逻辑指令扫描信号状态 1 和 0，并根据布尔逻辑对它们进行组合。这些组合产生结果 1 或 0，称为逻辑运算结果（RLO）。

常用的位逻辑指令有触点与线圈指令、基本逻辑指令、置位和复位指令、RS 和 SR 触发器指令和边沿检测指令等。

4.4.1　触点和线圈

触点和线圈是 PLC 梯形图编程语言中最基本的元素，触点的闭合与断开，线圈的得电与失电都可以表示成为数字逻辑信号。触点与线圈参数见表 4-7。

表 4-7　触点与线圈指令参数表

指令类型	梯形图	参　数	数据类型	操　作　数
常开触点	─┤├─	<地址>	BOOL	I、Q、M、L、D、T、C
常闭触点	─┤/├─	<地址>	BOOL	I、Q、M、L、D、T、C
输出线圈	─( )─	<地址>	BOOL	Q、M、L、D
中间输出	─(#)─	<地址>	BOOL	Q、M、L、D

触点分成两种类型：常开触点和常闭触点，也分别称为动合触点和动断触点。触点只能作为输入信号，只能读取状态信号，不能写数据。

1. 常开触点

（1）符号：　　　<地址>
　　　　　　　　⊣├

（2）使用说明。

☺ 当保存在指定 <地址> 中的位值等于"1"时，⊣├（常开触点）闭合。当触点闭合时，梯形逻辑级中的信号流经触点，逻辑运算结果(RLO) ="1"。相反，如果指定 <地址> 的信号状态为"0"，触点打开。当触点打开时，没有信号流经接点，逻辑运算结果(RLO) ="0"。

☺ 串联使用时，⊣├通过"与（AND）"逻辑链接到 RLO 位。并联使用时，⊣├通过"或（OR）"逻辑链接到 RLO 位。

2. 常闭触点

（1）符号：　　　<地址>
　　　　　　　　⊣/├

（2）使用说明。

☺ 当保存在指定 <地址> 中的位值等于"0"时，⊣/├（常闭触点）闭合。当触点闭合时，梯形逻辑级中的信号流经触点，逻辑运算结果(RLO) ="1"。相反，如果指定 <地址> 的信号状态为"1"，触点打开。当触点打开时，没有信号流经触点，逻辑运算结果(RLO) ="0"。

☺ 串联使用时，⊣/├通过"与（AND）"逻辑链接到 RLO 位。并联使用时，⊣/├通过"或（OR）"逻辑链接到 RLO 位。

3. 输出线圈

（1）符号：　　　<地址>
　　　　　　　　—（ ）—

（2）使用说明。

☺ —（ ）—（输出线圈指令）与继电器逻辑图中的线圈作用一样。如果有电流流过线圈（RLO =1），位置 <地址> 处的位则被置为"1"。如果没有电流流过线圈（RLO =0），则位置 <地址> 处的位被置为"0"。

☺ 输出线圈只能放置在梯形逻辑级的右端，也可以有多个输出元素（最多 16 个）。

4. 中间输出

（1）符号：　　　<地址>
　　　　　　　　—（ # ）—

（2）使用说明。

☺ —（ # ）—（中间输出指令）是一个中间赋值元素，可以将 RLO 位（信号流状态）保存到指定的 <地址>。这一中间输出元素可以保存前一分支元素的逻辑结果。与其他节点并联时，—（ # ）—可以像一个触点那样插入。

☺—(#)—元素绝不能连接到电源线上或直接连接到一个分支连接的后面或一个分支的末尾。

4.4.2　基本逻辑指令

基本逻辑指令的主要功能是完成基本逻辑运算，常用的指令有与、与非、或、或非、取反等指令。

1. 逻辑"与"（A）指令

指令格式见表 4-8。

表 4-8　逻辑"与"指令格式及示例

指令功能：逻辑"与"指令表示串联一个常开触点，指令将读取位地址 2 的信号状态，并将结果与位地址 1 进行"与"运算。运算规律同数字逻辑运算。

2. 逻辑"与非"（AN）指令

指令格式见表 4-9。

表 4-9　逻辑"与非"指令格式及示例

指令功能：逻辑"与非"指令表示串联一个常闭触点，指令将读取位地址 2 的信号状态，并将结果与位地址 1 进行"与非"运算。运算规律同数字逻辑运算。

3. 逻辑"或"(O)指令

指令格式见表4–10。

表 4–10　逻辑"或"指令格式及示例

指令形式	STL	FBD	等效梯形图
指令格式	O　位地址1 O　位地址2	"位地址1" ─ "位地址2" ─ [>=1]	"位地址1" ──┤├── "位地址2" ──┤├──
示例	O　I0.2 O　I0.3 =　Q4.2	I0.2 ─ I0.3 ─ [>=1] ─ Q4.2 [=]	I0.2　　　　　Q4.2 ──┤├────( )── I0.3 ──┤├──

指令功能：逻辑"或"指令表示并联一个常开触点，指令将读取位地址 2 的信号状态，并将结果与位地址 1 进行"或"运算。运算规律同数字逻辑运算。

4. 逻辑"或非"(ON)指令

指令格式见表4–11。

表 4–11　逻辑"或非"指令格式及示例

指令形式	STL	FBD	等效梯形图
指令格式	O　位地址1 ON　位地址2	"位地址1" ─ "位地址1" ─ [>=1]	"位地址1" ──┤├── "位地址1" ──┤/├──
指令格式	ON　位地址1 ON　位地址2	"位地址1" ─ "位地址2" ─ [>=1]	"位地址1" ──┤/├── "位地址2" ──┤/├──
示例	O　I0.2 ON　M10.1 =　Q4.2	I0.2 ─ M10.1 ─ [>=1] ─ Q4.2 [=]	I0.2　　　　　Q4.2 ──┤├────( )── M10.1 ──┤/├──

指令功能：逻辑"或非"指令表示并联一个常闭触点，指令将读取位地址 2 的信号状态，并将结果与位地址 1 进行"或非"运算。运算规律同数字逻辑运算。

5. 信号流反向

指令格式见表4–12。

表4-12 逻辑"或非"指令格式及示例

指令形式	LAD	FBD	STL
指令格式	─┤NOT├─	─○▭	NOT
示例	I0.0 I0.1 Q4.0 ─┤├──┤├──┤NOT├──( )─	I0.0 & Q4.0 I0.1 ─── ○=	A I0.0 A I0.1 NOT = Q4.0

指令功能：─┤NOT├─（信号流反向指令）取 RLO 位的非值。

4.4.3 置位和复位指令

1. 置位指令

指令格式见表4-13。

表4-13 置位指令格式及示例

指令形式	LAD	FBD	STL
指令格式	"位地址" ──(S)──	"位地址" ▭S	S 位地址
示例	I1.0 I1.2 Q2.0 ─┤├──┤/├──(S)─	I1.0 & Q2.0 I1.2 ─── S	A I1.0 AN I1.2 S Q2.0

指令功能：──(S)──（线圈置位指令）只有在前一指令的 RLO 为"1"时（电流流经线圈），才能执行。如果 RLO 为"1"时，元素的指定 <地址> 将被置为"1"。RLO = 0 没有任何作用，并且元素指定地址的状态保持不变。

2. 复位指令

指令格式见表4-14。

表4-14 复位指令格式及示例

指令形式	LAD	FBD	STL
指令格式	"位地址" ──(R)──	"位地址" ▭R	R 位地址
示例	I1.1 I1.2 Q2.0 ─┤├──┤/├──(R)─	I1.1 & Q2.0 I1.2 ─── R	A I1.1 AN I1.2 R Q2.0

指令功能：──(R)──（线圈复位指令）只有在前一指令的 RLO 为"1"时（电流流经线圈），才能执行。如果有电流流过线圈（RLO 为"1"），元素的指定 <地址> 处的位则被

复位为“0”。RLO 为“0”（没有电流流过线圈）没有任何作用，并且元素指定地址的状态保持不变。

注：<地址>也可以是一个定时器值被复位为“0”的定时器（T no.）或一个计数器值被复位为“0”的计数器（C no.）。

4.4.4　RS 和 SR 触发器指令

1. RS 触发器指令

指令格式见表 4-15。

表 4-15　RS 指令格式及示例

指令功能：

☺ 如果在 R 端输入的信号状态为“1”，在 S 端输入的信号状态为“0”，则 RS（复位置位触发器）复位。

☺ 相反，如果在 R 端输入的信号状态为“0”，在 S 端输入的信号状态为“1”，则 RS（复位置位触发器）置位。

☺ 如果在两个输入端 RLO 均为“1”，则顺序优先，触发器置位。在指定<地址>，复位置位触发器首先执行复位指令，然后执行置位指令，以使该地址保持置位状态程序扫描剩余时间。

注：S（置位）和 R（复位）指令只有在 RLO 为“1”时才执行。RLO“0”对这些指令没有任何作用，并且指令中的指定地址保持不变。

2. SR 触发器指令

指令格式见表 4-16。

表4-16 SR 指令格式及示例

指令形式	LAD	FBD	等效程序段
指令格式	"复位信号" —┤├— S ("位地址" SR) Q，"置位信号" —R	"复位信号" —S ("位地址" SR)，"置位信号" —R Q	A 置位信号 S 位地址 A 复位信号 R 位地址
示例1	I0.0 —┤├— S (M0.2 SR) Q —(Q4.2)，I0.1 —R	I0.0 —S (M0.2 SR)，I0.1 —R Q —[Q4.2 =]	A I0.0 S M0.2 A I0.1 R M0.2 A M0.2 = Q4.2
示例2	I0.0 I0.1 —┤├—┤/├— S (M0.3 SR) Q —(Q4.3) I0.0 I0.1 —┤/├—┤├— R	I0.0 I0.1 —[&]— S (M0.3 SR)，I0.0 I0.1 —[&]— R Q —[Q4.3 =]	A I0.0 AN I0.1 S M0.3 AN I0.0 A I0.1 R M0.3 A M0.3 = Q4.3

指令功能：

☺ 如果在 S 端输入的信号状态为 "1"，在 R 端输入的信号状态为 "0"，则 SR（置位复位触发器）置位。

☺ 相反，如果在 S 端输入的信号状态为 "0"，在 R 端输入的信号状态为 "1"，则 SR（置位复位触发器）V 位。

☺ 如果在两个输入端 RLO 均为 "1"，则顺序优先，触发器复位。在指定 <地址>，置位复位触发器首先执行置位指令，然后执行复位指令，以使该地址保持复位状态程序扫描剩余时间。

注：S（置位）和 R（复位）指令只有在 RLO 为 "1" 时才执行。RLO "0" 对这些指令没有任何作用，并且指令中的指定地址保持不变。

4.4.5 边沿触发指令

1. 下降沿检测

指令格式见表4-17。

表4-17 下降沿指令格式及示例

指令形式	LAD	FBD	STL
指令格式	"位存储器" —(N)—	位存储器 [N]	FN 位存储器
示例1	I1.0 M1.2 Q4.2 —┤├—(N)—( )—	M1.2 Q4.2 I1.0 —[N]—[=]	A I1.0 FN M1.2 = Q4.2

续表

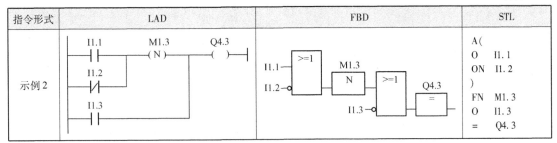

指令形式	LAD	FBD	STL
示例 2	I1.1　M1.3　Q4.3 —┤├——(N)——( )— I1.2 —┤/├— I1.3 —┤├—		A(O　I1.1 ON　I1.2) FN　M1.3 O　I1.3 =　Q4.3

指令功能：—(N)—（RLO 下降沿检测指令）可以检测地址从"1"到"0"的信号变化，并在操作之后以显示 RLO＝"1"。将 RLO 的当前信号状态与"边沿存储位"地址的信号状态进行比较。如果操作之前地址的信号状态为"1"，并且 RLO 为"0"，则在操作之后，RLO 将为"1"（脉冲），所有其他情况为"0"。操作之前的 RLO 存储在地址中。

2. 上升沿检测

指令格式见表 4–18。

表 4–18　上升沿指令格式及示例

指令形式	LAD	FBD	STL
指令格式	"位存储器" —(P)—	"位存储器" P	FP　位存储器
示例 1	I1.0　M1.0　Q4.0 —┤├——(P)——( )—	M1.0　　Q4.0 P 　=	A　I1.0 FP　M1.0 =　Q4.0
示例 2	I1.1　M1.1　Q4.1 —┤├——(P)——( )— I1.2 —┤/├—	M1.1　　Q4.1 P 　=	A(O　I1.1 ON　I1.2) FP　M1.1 =　Q4.1

指令功能：—(P)—（RLO 上升沿检测指令）可以检测地址从"0"到"1"的信号变化，并在操作之后显示 RLO＝"1"。将 RLO 的当前信号状态与"边沿存储位"地址的信号状态进行比较。如果操作之前地址的信号状态为"0"，并且 RLO 为"1"，则在操作之后，RLO 将为"1"（脉冲），所有其他情况为"0"。操作之前的 RLO 存储在地址中。

4.5　定时器指令

4.5.1　定时器指令的种类

1. 定时器及指令的种类

定时器相当于时间继电器功能，完成时间的累计。S7 – 300/400 的定时器分为脉冲定时器、扩展脉冲定时器、接通延时定时器、保持型接通延时定时器、断电延时定时器等类型。不同定时器的指令见表 4–19。

表 4-19　定时器指令分类

定时器类型	说　明
S_PULSE 脉冲定时器	输出信号为"1"的最长时间等于设定的时间值 t。如果输入信号变为"0"，则输出信号为"1"的时间较短
S_PEXT 扩展脉冲定时器	不管输入信号为"1"的时间有多长，输出信号为"1"的时间长度都等于设定的时间值
S_ODT 接通延时定时器	只有当设定的时间已经结束并且输入信号仍为"1"时，输出信号才从"0"变为"1"
S_ODTS 保持型接通延时定时器	只有当设定的时间已经结束时，输出信号才从"0"变为"1"，而不管输入信号为"1"的时间有多长
S_OFFDT 断电延时定时器	当输入信号变为"1"或定时器在运行时，输出信号变为"1"。当输入信号从"1"变为"0"时，定时器启动

2. 时间基准

时间基准简称时基，指的是时间值递减的单位时间间隔。定时器字的位 12 和位 13 包含二进制码的时基，最小时基为 10ms，最大时基为 10s。时基反映了定时器的分辨率（见表 4-20），时基越小，分辨率越高，定时时间越短；时基越大，分辨率越低，定时时间越长。

表 4-20　时间基准和分辨率

时　基	时基的二进制码	分　辨　率	范　围
10ms	00	0.01s	10ms ~ (9s + 990ms)
100ms	01	0.1s	100ms ~ (1min + 39s + 900ms)
1s	10	1s	1s ~ (16min + 39s)
10s	11	10s	10s ~ (2h + 46min + 30s)

3. 定时器的存储区

在 CPU 的存储器中，为定时器保留有存储区，用来存储定时器的时间值。每个定时器有一个 16 位的字和一个二进制的位。定时器的字用来存放它当前的定时时间值，位状态决定定时器触点的闭合或断开。用定时器地址来存取它的时间值和定时器位，带位操作数的指令存取定时器位，带字操作数的指令存取定时器时间值。梯形逻辑指令集支持 256 个定时器。

下列功能可以访问定时器存储区：

☺ 定时器指令。

☺ 利用时钟计时刷新定时器字。这是 CPU 在 CPU 模式下的功能，按时基规定的时间间隔为单位减少给定时间值，一直到时间值等于"0"。

4. 定时时间

定时时间可用下式计算：

$$定时时间 = 定时值 \times 时基$$

其中，定时值以二进制的形式存放在定时器字存储区的第 0 位到第 11 位（范围 0～999）；时基以二进制的形式存放在定时器字存储区的第 12 位到第 13 位。

4.5.2　定时器指令的功能

1. S_PULSE 脉冲 S5 定时器

指令格式见表 4-21。指令端口说明见表 4-22。

表 4-21　S_PULSE 脉冲 S5 定时器指令格式及示例

指令形式	LAD	FBD	STL 等效程序
指令格式	**T no.** S_PULSE 启动信号—S　Q—输出位地址 定时时间—TV　BI—时间字单元1 复位信号—R　BCD—时间字单元2	**T no.** S_PULSE 启动信号—S　BI—时间字单元1 定时时间—TV　BCD—时间字单元2 复位信号—R　Q—输出位地址	A　启动信号 L　定时时间 SP　T no. A　复位信号 R　T no. L　T no. T　时间字单元1 LC　T no. T　时间字单元2 A　T no. =　输出地址
示例	**T1** I0.1　S_PULSE　Q4.0 ─┤├─S　Q─（ ）─ S5T#8S—TV　BI—MW0 I0.2　I0.3 ─┤├─┤/├─R　BCD—MW2	**T1** I0.1　S_PULSE I0.2 &　S　BI—MW0 I0.3　S5T#8S—TV　BCD—MW2　Q4.0 R　Q—=	A　I0.1 L　S5T#8S SP　T1 A　I0.2 AN　I0.3 R　T1 L　T1 T　MW0 LC　T1 T　MW2 A　T1 =　Q4.0

表 4-22　指令端口说明

参　数	功能说明	数据类型	存储区域
T no.	定时器标识号，范围与 CPU 有关	TIMER	T
S	启动输入端	BOOL	I, Q, M, L, D
TV	预置时间值	S5TIME	I, Q, M, L, D
R	复位输入端	BOOL	I, Q, M, L, D
Q	定时器的状态	BOOL	I, Q, M, L, D
BI	剩余时间值，整数格式	WORD	I, Q, M, L, D
BCD	剩余时间值，BCD 格式	WORD	I, Q, M, L, D

指令说明:

☺ S_PULSE(脉冲 S5 定时器指令)用于在启动输入端(S)出现上升沿时, 启动指定的定时器。为了启动定时器, 信号变化总是必要的。只要 S 端的信号状态为"1", 则定时器就连续地以 TV 输入端上设定的时间值运行。只要定时器一运行, 输出端(Q)上的信号状态就为"1"。如果在时间间隔结束之前, 在 S 端出现从"1"到"0"的变化, 则定时器停止运行。此时, Q 端的信号状态为"0"。

☺ 当定时器运行时, 如果定时器复位端(R)从"0"变为"1", 则定时器复位, 同时当前时间和时基清零。如果定时器未运行, 则定时器的 R 输入端为逻辑"1"对定时器没有影响。

☺ 当前的时间值可以在输出 BI 和 BCD 扫描出来。BI 上的时间值为二进制值, BCD 上的时间值为 BCD 码。当前的时间值等于初始 TV 值减去定时器启动以来的历时时间。

时序图如图 4-2 所示。

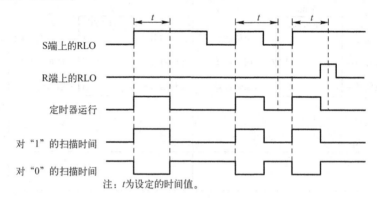

注: t 为设定的时间值。

图 4-2　脉冲定时器时序图

2. S_PEXT 扩展脉冲 S5 定时器

指令格式见表 4-23。指令端口说明见表 4-24。

表 4-23　S_PEXT 扩展脉冲 S5 定时器指令格式及示例

指令形式	LAD	FBD	STL
指令格式	T no. S_PEXT 启动信号 — S　　Q — 输出位地址 定时时间 — TV　　BI — 时间字单元1 复位信号 — R　　BCD — 时间字单元2	T no. S_PEXT 启动信号 — S　　BI — 时间字单元1 定时时间 — TV　BCD — 时间字单元2 复位信号 — R　　Q — 输出位地址	A　启动信号 L　定时时间 SE　T no. A　复位信号 R　T no. L　T no. T　时间字单元1 LC　T no. T　时间字单元2 A　T no. =　输出位地址

续表

指令形式	LAD	FBD	STL
示例	 T3 I0.1 ─┤├─┬─ S_PEXT ── Q4.2 　　　　　S　 Q ─( ) I0.2 ─┤├─┘ S5T#8S ── TV　BI ── MW0 I0.3 ─── R　BCD ── MW2	I0.1 ─┐>=1 　　　│　　　T3 I0.2 ─┘　　 S_PEXT 　　　　　　S　 BI ── MW0　Q4.2 　　　　　　　　　　　　　　 = S5T#8S ── TV BCD ── MW2 I0.3 ─── R　 Q	A(O　 I0.1 O　 I0.2) L　 S5T#8S SE　T3 AN　I0.3 R　 T3 L　 T3 T　 MW0 LC　T3 T　 MW2 A　 T3 =　 Q4.2

表 4-24 指令端口说明

参　数	功能说明	数据类型	存储区域
T no.	定时器标识号，范围与 CPU 有关	TIMER	T
S	启动输入端	BOOL	I, Q, M, L, D
TV	预置时间值	S5TIME	I, Q, M, L, D
R	复位输入端	BOOL	I, Q, M, L, D
Q	定时器的状态	BOOL	I, Q, M, L, D
BI	剩余时间值，整数格式	WORD	I, Q, M, L, D
BCD	剩余时间值，BCD 格式	WORD	I, Q, M, L, D

指令说明：

☺ S_PEXT（扩展脉冲 S5 定时器指令）用于在启动输入端（S）出现上升沿时，启动指定的定时器。为了启动定时器，信号变化总是必要的。即使在时间结束之前在 S 端的信号状态为 "0"，定时器还是按 TV 输入端上设定的时间间隔继续运行。只要定时器一运行，输出端（Q）上的信号状态就为 "1"。当定时器正在运行时，如果 S 端的信号状态从 "0" 变为 "1"，则定时器以预置时间值重新启动（"重新触发"）。

☺ 当定时器运行时，如果复位端（R）从 "0" 变为 "1"，则定时器复位，同时当前时间和时基清零。

☺ 当前的时间值可以在输出 BI 和 BCD 扫描出来。BI 上的时间值为二进制值，BCD 上的时间值为 BCD 码。当前的时间值等于初始 TV 值减去定时器启动以来的历时时间。

时序图如图 4-3 所示。

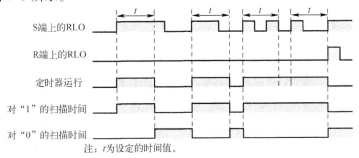

注：t 为设定的时间值。

图 4-3 扩展脉冲定时器时序图

3. S_ODT 接通延时 S5 定时器

指令格式见表 4-25。指令端口说明见表 4-26。

表 4-25　S_ODT 接通延时 S5 定时器指令格式及示例

指令形式	LAD	FBD	STL
指令格式			A　启动信号 L　定时时间 SD　T no. A　复位信号 R　T no. L　T no. T　时间字单元 1 LC　T no. T　时间字单元 2 A　T no. =　输出位地址
示例			A　I0.0 L　S5T#8S SD　T6 A(O　I0.1 ON　M10.0) R　T6 L　T6 T　MW0 LC　T6 T　MW2 A　T6 =　Q4.5

表 4-26　指令端口说明

参　数	功 能 说 明	数 据 类 型	存 储 区 域
T no.	定时器标识号，范围与 CPU 有关	TIMER	T
S	启动输入端	BOOL	I, Q, M, L, D
TV	预置时间值	S5TIME	I, Q, M, L, D
R	复位输入端	BOOL	I, Q, M, L, D
Q	定时器的状态	BOOL	I, Q, M, L, D
BI	剩余时间值，整数格式	WORD	I, Q, M, L, D
BCD	剩余时间值，BCD 格式	WORD	I, Q, M, L, D

指令说明：

☺ S_ODT（接通延时 S5 定时器指令）用于在启动输入端（S）上出现上升沿时，启动指定的定时器。为了启动定时器，信号变化总是必要的。只要 S 端的信号状态为"1"，则定时器就按输入端 TV 上设定的时间间隔继续运行。当时间已经结束，未出现错误并且 S 端上的信号状态仍为"1"，则输出端（Q）的信号状态为"1"。当定时器正在运行时，如果 S 端的信号状态从"1"变为"0"，则定时器停止运行。此时，Q 端的信号状态为 "0"。

☺ 当定时器运行时，如果复位端（R）从 "0" 变为 "1"，则定时器复位，同时当前时间和时基清零。此时，输出端（Q）的信号状态为 "0"。如果在 R 端的信号状态为逻辑 "1"，同时定时器没有运行，S 端为 "1"，则定时器复位。

☺ 当前的时间值可以在输出 BI 和 BCD 扫描出来。BI 上的时间值为二进制值，BCD 上的时间值为 BCD 码。当前的时间值等于初始 TV 值减去定时器启动以来的历时时间。时序图如图 4-4 所示。

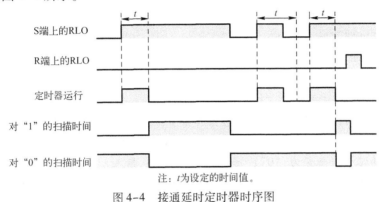

注：t 为设定的时间值。

图 4-4　接通延时定时器时序图

4. S_ODTS 保持型接通延时 S5 定时器

指令格式见表 4-27。指令端口说明见表 4-28。

表 4-27　S_ODT 保持型接通延时 S5 定时器指令格式及示例

指令形式	LAD	FBD	STL
指令格式	T no. S_ODTS 启动信号 — S　Q — 输出位地址 定时时间 — TV　BI — 时间字单元1 复位信号 — R　BCD — 时间字单元2	T no. S_ODTS 启动信号 — S　BI — 时间字单元1 定时时间 — TV　BCD — 时间字单元2 复位信号 — R　Q — 输出位地址	A　启动信号 L　定时时间 SS　T no. A　复位信号 R　T no. L　T no. T　时间字单元 1 LC　T no. T　时间字单元 2 A　T no. =　输出位地址
示例	T9 I0.0　S_ODTS　Q5.0 ┤├　S　Q —( )— S5T#8S — TV　BI — MW0 I0.1　R　BCD — MW2 ┤├ M10.0 ┤├	I0.1 ┐ 　　>=1 — I0.0 M10.0 ○┘　S5T#8S T9 S_ODTS S　BI — MW0 TV　BCD — MW2 R　Q Q5.0 =	A　I0.0 L　S5T#8S SS　T9 A(O　I0.1 ON　M10.0) R　T9 L　T9 T　MW0 LC　T9 T　MW2 A　T9 =　Q5.0

表 4-28 指令端口说明

参 数	功能说明	数据类型	存储区域
T no.	定时器标识号，范围与 CPU 有关	TIMER	T
S	启动输入端	BOOL	I, Q, M, L, D
TV	预置时间值	S5TIME	I, Q, M, L, D
R	复位输入端	BOOL	I, Q, M, L, D
Q	定时器的状态	BOOL	I, Q, M, L, D
BI	剩余时间值，整数格式	WORD	I, Q, M, L, D
BCD	剩余时间值，BCD 格式	WORD	I, Q, M, L, D

指令说明：

☺ S_ODTS（保持型接通延时 S5 定时器指令）用于在启动输入端（S）出现上升沿时，启动指定的定时器。为了启动定时器，信号变化总是必要的。即使在时间结束之前在 S 端的信号状态变为"0"，定时器还是按 TV 输入端上设定的时间间隔继续运行。当时间已经结束，不管 S 端上的信号状态如何，则输出端（Q）的信号状态为"1"。当定时器正在运行时，如果 S 端的信号状态从"0"变为"1"，则定时器以预置时间值重新启动（"重新触发"）。

☺ 如果复位端（R）从"0"变为"1"，则定时器复位，而不管在 S 端上的 RLO 状态。此时，Q 端的信号状态为"0"。

☺ 当前的时间值可以在输出 BI 和 BCD 扫描出来。BI 上的时间值为二进制值，BCD 上的时间值为 BCD 码。当前的时间值等于初始 TV 值减去定时器启动以来的历时时间。

时序图如图 4-5 所示。

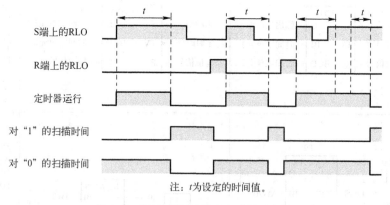

S 端上的 RLO

R 端上的 RLO

定时器运行

对"1"的扫描时间

对"0"的扫描时间

注：t 为设定的时间值。

图 4-5 保持型接通延时定时器时序图

5. S_OFFDT 断电延时 S5 定时器

指令格式见表 4-29。指令端口说明见表 4-30。

表 4-29　S_OFFTD 断电延时 S5 定时器指令格式及示例

指令形式	LAD	FBD	STL
指令格式	T no. S_OFFDT 启动信号 — S　Q — 输出位地址 定时时间 — TV　BI — 时间字单元1 复位信号 — R　BCD — 时间字单元2	T no. S_OFFDT 启动信号 — S　BI — 时间字单元1 定时时间 — TV　BCD — 时间字单元2 复位信号 — R　Q — 输出位地址	A　启动信号 L　定时时间 SF　T no. A　复位信号 R　T no. L　T no. T　时间字单元 1 LC　T no. T　时间字单元 2 A　T no. =　输出位地址
示例	T12 I0.0　S_OFFDT　Q5.3 ├┤├──S　Q──( ) S5T#12S — TV　BI — MW0 I0.1 — R　BCD — MW2 M10.0	T12 S_OFFDT I0.1　>=1 — I0.0 — S　BI — MW0 S5T#12S — TV　BCD — MW2　Q5.3 M10.0 — R　Q =	A　I0.0 L　S5T#12S SF　T12 A(O　I0.1 ON　M10.0) R　T12 L　T12 T　MW0 LC　T12 T　MW2 A　T12 =　Q5.3

表 4-30　指令端口说明

参　　数	功能说明	数据类型	存储区域
T no.	定时器标识号，范围与 CPU 有关	TIMER	T
S	启动输入端	BOOL	I, Q, M, L, D
TV	预置时间值	S5TIME	I, Q, M, L, D
R	复位输入端	BOOL	I, Q, M, L, D
Q	定时器的状态	BOOL	I, Q, M, L, D
BI	剩余时间值，整数格式	WORD	I, Q, M, L, D
BCD	剩余时间值，BCD 格式	WORD	I, Q, M, L, D

指令说明：

☺ S_OFFDT（断电延时 S5 定时器指令）用于在启动输入端（S）上出现下降沿时，启
动指定的定时器。为了启动定时器，信号变化总是必要的。如果 S 端的信号状态为
"1"，或当定时器运行时，则输出端（Q）上的信号状态为"1"。当定时器运行时，
如果 S 端的信号状态从"0"变为"1"，则定时器复位。一直到 S 端的信号状态从
"1"变为"0"，定时器才重新启动。

☺ 当定时器运行时，如果复位端（R）从"0"变为"1"，则定时器复位。

☺ 当前的时间值可以在输出 BI 和 BCD 扫描出来。BI 上的时间值为二进制值，BCD 上
的时间值为 BCD 码。当前的时间值等于初始 TV 值减去定时器启动以来的历时时间。

时序图如图 4-6 所示。

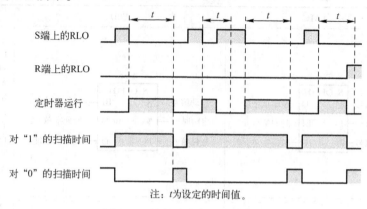

注：t 为设定的时间值。

图 4-6　断电延时定时器时序图

6. 定时器线圈指令

1）—(SP)—脉冲定时器线圈

指令格式见表 4-31。指令参数说明见表 4-32。

表 4-31　S_PULSE 脉冲 S5 定时器线圈指令

指令符号	示例（LAD）	示例（STL）
T no. —(SP)— 定时时间	Network 1：定时器线圈指令 　I0.1　　　　　　　　　T2 　┤├─────────(SP)— 　　　　　　　　　　S5T#10S Network 2：定时器复位 　I0.2　　　　　　　　　T2 　┤├─────────(R)— Network 3：定时器触点应用 　T2　　　　　　　　　　Q4.1 　┤├─────────( )—	A　　I0.1 L　　S5T#10S SP　　T2 A　　I0.2 R　　T2 A　　T2 =　　Q4.1

表 4-32　指令参数说明

参　　数	说　　明	数据类型	存储区域
< T no. >	定时器标识号，范围与 CPU 有关	TIMER	T
<时间值>	预置时间值	S5TIME	I，Q，M，L，D

指令说明：—(SP)—（脉冲定时器线圈指令）用于在 RLO 状态出现上升沿时，启动指定的具有给定时间值（<时间值>）的定时器。只要 RLO 为正（"1"），则定时器就按设定的时间运行。只要定时器一运行，则该定时器的信号状态就为"1"。如果在规定时间值过去之前，RLO 从"1"变为"0"，则定时器停止运行。在这种情况下，"1"信号扫描产生

结果"0"。

2)—(SE)—扩展脉冲定时器线圈

指令格式见表4-33。指令参数说明见表4-34。

表4-33　S_PEXT 扩展脉冲 S5 定时器线圈指令

指令符号	示例（LAD）	示例（STL）
T no. —(SE)— 定时时间	Network 1：扩展定时器线圈指令 　I0.1　　　　　　　　　　　　T5 —| |————————————(SE)— 　　　　　　　　　　　　　　S5T#10S Network 2：定时器复位 　I0.2　　　　　　　　　　　　T5 —| |————————————(R)— Network 3：定时器触点应用 　T5　　　　　　　　　　　　Q4.4 —| |————————————( )—	A　　I0.1 L　　S5T#10S SE　 T5 A　　I0.2 R　　T5 A　　T5 =　　Q4.4

表4-34　指令参数说明

参　　数	说　　　明	数 据 类 型	存 储 区 域
＜T no.＞	定时器标识号，范围与 CPU 有关	TIMER	T
＜时间值＞	预置时间值	S5TIME	I，Q，M，L，D

指令说明：—(SE)—（扩展脉冲定时器线圈指令）用于在 RLO 状态出现上升沿时，启动指定的具有给定时间值（＜时间值＞）的定时器。即使在时间过去之前 RLO 变为"0"，定时器仍按设定的时间运行。只要定时器一运行，则该定时器的信号状态就为"1"。当定时器正在运行时，如果 RLO 从"0"变为"1"，则定时器以预置时间值重新启动（"重新触发"）。

3)—(SD)—接通延时定时器线圈

指令格式见表4-35。指令参数说明见表4-36。

表4-35　S_ODT 接通延时 S5 定时器线圈指令

指令符号	示例（LAD）	示例（STL）
T no. —(SD)— 定时时间	Network 1：接通延时定时器线圈指令 　I0.0　　　　　　　　　　　　T8 —| |————————————(SD)— 　　　　　　　　　　　　　　S5T#10S Network 2：定时器复位 　I0.1　　　　　　　　　　　　T8 —| |————————————(R)— Network 3：定时器触点 　T8　　　　　　　　　　　　Q4.7 —| |————————————( )—	Network 1：接通延时定时器线圈指令 　A　　I　0.0 　L　　S5T#10S 　SD　 T　8 Network 2：定时器复位 　A　　I　0.1 　R　　T　8 Network 3：定时器触点 　A　　T　8 　=　　Q　4.7

表 4-36　指令参数说明

参　数	说　　明	数据类型	存储区域
< T no. >	定时器标识号，范围与 CPU 有关	TIMER	T
< 时间值 >	预置时间值	S5TIME	I, Q, M, L, D

指令说明：—(SD)—（接通延时定时器线圈指令）用于在 RLO 状态出现上升沿时，启动指定的具有给定时间值（<时间值>）的定时器。当<时间值>已经结束，未出现错误并且 RLO 仍为"1"，则该定时器的信号状态为"1"。当定时器运行时，如果 RLO 从"1"变为"0"，则定时器复位。在这种情况下，"1"信号扫描产生结果"0"。

4）—(SS)—保持型接通延时定时器线圈

指令格式见表 4-37。指令参数说明见表 4-38。

表 4-37　S_ODTS 保持型接通延时 S5 定时器线圈指令

指令符号	示例（LAD）	示例（STL）
T no. —(SS)— 定时时间	Network 1：断电延时定时器线圈指令 　I0.0　　　　　　　　　　T14 　—| |—　　　　　　　—(SF)— 　　　　　　　　　　　　S5T#10S Network 2：定时器复位 　I0.1　　　　　　　　　　T14 　—| |—　　　　　　　　—(R)— Network 3：定时器触点 　T14　　　　　　　　　　Q5.5 　—| |—　　　　　　　　—( )—	A　　I0.0 L　　S5T#10S SS　T11 A　　I0.1 R　　T11 A　　T11 =　　Q5.2

表 4-38　指令参数说明

参　数	说　　明	数据类型	存储区域
< T no. >	定时器标识号，范围与 CPU 有关	TIMER	T
< 时间值 >	预置时间值	S5TIME	I, Q, M, L, D

指令说明：—(SS)—（保持型接通延时定时器线圈指令）用于在 RLO 状态出现上升沿时，启动指定的定时器。如果时间值已经过去，则该定时器的信号状态就为"1"。只有在定时器复位后，定时器才能重新启动。只有通过复位才能使定时器的信号状态置为"0"。当定时器正在运行时，如果 RLO 从"0"变为"1"，则定时器以预置时间值重新启动。

5）—(SF)—断开延时定时器线圈

指令格式见表 4-39。指令参数说明见表 4-40。

表 4-39　S_OFFDT 断电延时 S5 定时器线圈指令

指 令 符 号	示例（LAD）	示例（STL）
——(SF)—— T no. 定时时间	Network 1：断电延时定时器线圈指令 　I0.0　　　　　　　　　　　　　T14 ———┤├————————————————(SF) 　　　　　　　　　　　　　　　S5T#10S Network 2：定时器复位 　I0.1　　　　　　　　　　　　　T14 ———┤├————————————————(R)—— Network 3：定时器触点 　T14　　　　　　　　　　　　　Q5.5 ———┤├————————————————( )——	A　　I0.0 L　　S5T#10S SF　　T14 A　　I0.1 R　　T14 A　　T14 =　　Q5.5

表 4-40　指令参数说明

参　数	说　　明	数据类型	存储区域
< T no. >	定时器标识号，范围与 CPU 有关	TIMER	T
<时间值>	预置时间值	S5TIME	I, Q, M, L, D

指令说明：——(SF)——（断开延时定时器线圈指令）用于在 RLO 状态出现下降沿时，启动指定的定时器。当 RLO 为"1"时，或在 <时间值> 间隔内只要定时器运行，该定时器就为"1"。当定时器运行时，如果 RLO 从"0"变为"1"，则定时器复位。如果 RLO 从"1"变为"0"，则总是重新启动定时器。

4.6　计数器指令

4.6.1　计数器指令的种类

1. 计数器的种类

计数器指令的作用是对脉冲个数进行累计。S7 – 300/400 PLC 中有 3 种计数器类型：加计数器（CU）、减计数器（CD）和加减计数器（CUD）。

2. 计数器的存储区

在 CPU 的存储器中，为计数器保留有存储区。每个计数器有 1 个 16 位的字和 1 个二进制的位。计数器的字用来存放它当前的计数值，位状态决定计数器触点的闭合或断开。用计数器地址来存取它的计数值和计数器位，带位操作数的指令存取计数器位，带字操作数的指令存取计数器计数值。梯形逻辑指令集支持 256 个计数器。

计数器字的位 0 至位 9 包含二进制码的计数值。当计数器置位时，计数值传送至计数器字。计数值范围为 0 ~ 999。

4.6.2 计数器指令的功能

1. S_CU 加计数器

指令格式见表 4-41。指令端口说明见表 4-42。

表 4-41 S_CU 加计数器指令格式及示例

指令形式	LAD	FBD	STL 等效程序
指令格式	C no. S_CU 加计数输入—CU　Q—输出位地址 预置信号—S　CV—计数字单元1 计数初值—PV CV_BCD—计数字单元2 复位信号—R	C no. S_CU 加计数输入—CU　Q 预置信号—S　CV—计数字单元1 计数初值—PV CV_BCD—计数字单元2 复位信号—R　Q—输出位地址	A　加计数输入 CU　C no. BLD　101 A　预置信号 L　计数初值 S　C no. A　复位信号 R　C no. L　C no. T　计数字单元1 LC　C no. T　计数字单元2 A　C no. =　输出位地址
示例	C1 I0.0　S_CU　Q4.1 ┤├—CU　Q—( ) I0.1—S　CV—… C#99—PV CV_BCD—… I0.2—R	C1 S_CU I0.0—CU　Q I0.1—S　CV—…　Q4.1 C#99—PV CV_BCD—…　= I0.2—R　Q	A　I0.0 CU　C1 BLD　101 A　I0.1 L　C#99 S　C1 A　I0.2 R　C1 NOP　0 NOP　0 A　C1 =　Q4.1

表 4-42 指令端口说明

参　数	功　能　说　明	数据类型	存　储　区　域
C no.	计数器标识号，范围与 CPU 有关	COUNTER	C
CU	加计数输入端	BOOL	I, Q, M, L, D
S	计数器预置输入端	BOOL	I, Q, M, L, D
PV	计数器预置值	WORD	I, Q, M, L, D
R	复位输入端	BOOL	I, Q, M, L, D
Q	计数器的状态	BOOL	I, Q, M, L, D
CV	当前计数器值，十六进制数值	WORD	I, Q, M, L, D
CV_BCD	当前计数器值，BCD 码	WORD	I, Q, M, L, D

指令说明：

☺ S_CU（加计数器）在输入端（S）出现上升沿时使用输入端 PV 上的数值预置。如果在输入端（R）上的信号状态为"1"，则计数器复位，计数值被置为"0"。

☺ 如果输入端 CU 上的信号状态从"0"变为"1"，并且计数器的值小于"999"，则计数器加"1"。

☺ 如果计数器被置位，并且输入端 CU 上的 RLO＝1，计数器将相应地在下一扫描循环计数，即使没有从上升沿到下降沿的变化或从下降沿到上升沿的变化。

☺ 如果计数值大于"0"，则 Q 端的信号状态为"1"；如果计数值等于"0"，则 Q 端的信号状态为"0"。

☺ 应避免在几个程序段中使用同一个计数器（否则会出现计数错误）。

2. S_CD 减计数器

指令格式见表 4-43。指令端口说明见表 4-44。

表 4-43　S_CD 减计数器指令格式及示例

指令形式	LAD	FBD	STL 等效程序
指令格式	C no. S_CD 加计数输入—CU　Q—输出位地址 预置信号—S　CV—计数字单元1 计数初值—PV CV_BCD—计数字单元2 复位信号—R	C no. S_CD 加计数输入—CD 预置信号—S　CV—计数字单元1 计数初值—PV CV_BCD—计数字单元2 复位信号—R　Q—输出位地址	A　　加计数输入 CD　C no. BLD　101 A　　预置信号 L　　计数初值 S　　C no. A　　复位信号 R　　C no. L　　C no. T　　计数字单元1 LC　C no. T　　计数字单元2 A　　C no. ＝　　输出位地址
示例	C2 S_CD I0.0—CD　Q—Q4.2 I0.1—S　CV—MW0 C#99—PV CV_BCD—… I0.2—R	C2 S_CD I0.0—CD I0.1—S　CV—MW0 C#99—PV CV_BCD—…　Q4.2 I0.2—R　Q—　＝	A　　I0.0 CD　C2 BLD　101 A　　I0.1 L　　C#99 S　　C2 A　　I0.2 R　　C2 L　　C2 T　　MW0 NOP　0 A　　C2 ＝　　Q4.2

表 4-44 指令端口说明

参 数	功能说明	数据类型	存储区域
C no.	计数器标识号，范围与 CPU 有关	COUNTER	C
CD	减计数输入端	BOOL	I, Q, M, L, D
S	计数器预置输入端	BOOL	I, Q, M, L, D
PV	计数器预置值	WORD	I, Q, M, L, D
R	复位输入端	BOOL	I, Q, M, L, D
Q	计数器的状态	BOOL	I, Q, M, L, D
CV	当前计数器值，十六进制数值	WORD	I, Q, M, L, D
CV_BCD	当前计数器值，BCD 码	WORD	I, Q, M, L, D

指令说明：

☺ S_CD（减计数器）在输入端（S）出现上升沿时使用输入端（PV）上的数值预置。如果在输入端（R）上的信号状态为"1"，则计数器复位，计数值被置为"0"。

☺ 如果输入端（CD）上的信号状态从"0"变为"1"，并且计数器的值大于"0"，则计数器减"1"。

☺ 如果计数器被置位，并且 CD 端上的 RLO=1，计数器将相应地在下一扫描循环计数，即使没有从上升沿到下降沿的变化或从下降沿到上升沿的变化。

☺ 如果计数值大于"0"，则输出端（Q）上的信号状态为"1"；如果计数值等于"0"，则（Q）端上的信号状态为"0"。

☺ 应避免在几个程序段中使用一个计数器（否则会出现计数错误）。

3. S_CUD 加-减计数器

指令格式见表 4-45。指令端口说明见表 4-46。

表 4-45 S_CUD 加-减计数器指令格式及示例

指令形式	LAD	FBD	STL 等效程序
指令格式	C no. S_CUD 加计数输入 — CU Q — 输出位地址 减计数输入 — CD CV — 计数字单元1 预置信号 — S CV_BCD — 计数字单元2 计数初值 — PV 复位信号 — R	C no. S_CUD 加计数输入 — CU 减计数输入 — CD 预置信号 — S CV — 计数字单元1 计数初值 — PV CV_BCD — 计数字单元2 复位信号 — R Q — 输出位地址	A 加计数输入 CU C no. A 减计数输入 CD C no. A 预置信号 L 计数初值 S C no. A 复位信号 R C no. L C no. T 计数字单元1 LC C no. T 计数字单元2 A C no. = 输出位地址

续表

指令形式	LAD	FBD	STL 等效程序
示例	![LAD] C0 S_CUD I0.0 — CU　　Q — Q4.0 I0.1 — CD　　CV — MW4 I0.2 — S　　CV_BCD — MW6 C#5 — PV I0.3 — R	![FBD] C0 S_CUD I0.0 — CU I0.1 — CD I0.2 — S　　CV — MW4 C#5 — PV　CV_BCD — MW6　Q4.0 I0.3 — R　　Q — =	A　　I0.0 CU　C0 A　　I0.1 CD　C0 A　　I0.2 L　　C#5 S　　C0 A　　I0.3 R　　C0 L　　C0 T　　MW4 LC　C0 T　　MW6 A　　C0 =　　Q4.0

表 4-46　指令端口说明

参　数	功 能 说 明	数据类型	存储区域
C no.	计数器标识号，范围与 CPU 有关	COUNTER	C
CU	加计数输入端	BOOL	I, Q, M, L, D
CD	减计数输入端	BOOL	I, Q, M, L, D
S	计数器预置输入端	BOOL	I, Q, M, L, D
PV	计数器预置值	WORD	I, Q, M, L, D
R	复位输入端	BOOL	I, Q, M, L, D
Q	计数器的状态	BOOL	I, Q, M, L, D
CV	当前计数器值，十六进制数值	WORD	I, Q, M, L, D
CV_BCD	当前计数器值，BCD 码	WORD	I, Q, M, L, D

指令说明：

☺ S_CUD（加 - 减计数器）在输入端（S）出现上升沿时使用输入端（PV）的数值预置。如果在输入端（R）上的信号状态为 "1"，则计数器复位，计数值被置为 "0"。

☺ 如果输入端（CU）上的信号状态从 "0" 变为 "1"，并且计数器的值小于 "999"，则计数器加 "1"。

☺ 如果输入端（CD）上的信号状态从 "0" 变为 "1"，并且计数器的值大于 "0"，则计数器减 "1"。

☺ 如果在两个计数输入端都有上升沿的话，则两种操作都执行，并且计数值保持不变。

☺ 如果计数器被置位，并且 CU/CD 端上的 RLO = 1，计数器将相应地在下一扫描循环计数，即使没有从上升沿到下降沿的变化或从下降沿到上升沿的变化。

☺ 如果计数值大于 "0"，则输出端（Q）上的信号状态为 "1"；如果计数值等于 "0"，则 Q 端上的信号状态为 "0"。

☺ 应避免在几个程序段中使用同一个计数器（否则会出现计数错误）。

4. 计数器线圈指令

1）—(SC)— 计数器置初值

指令格式：＜C no. ＞

—(SC)—

＜预置值＞

指令参数说明见表 4-47。

表 4-47　指令参数说明

参　数	说　明	数据类型	存储区域
＜C no. ＞	要预置数值的计数器编号	COUNTER	C
＜预置值＞	预置 BCD 码值（0～999）	WORD	I，Q，M，L，D 或常数

指令说明：—(SC)（计数器置初值指令）只有在 RLO 出现上升沿时才执行。同时，将预置值传送到指定的计数器。

2）—(CU)— 加计数器线圈

指令格式：＜C no. ＞

—(CU)—

指令参数说明见表 4-48。

表 4-48　指令参数说明

参　数	说　明	数据类型	存储区域
＜C no. ＞	计数器编号，范围与 CPU 有关	COUNTER	C

指令说明：—(CU)（加计数器线圈指令）在 RLO 出现上升沿并且计数器的值小于"999"时，则使指定计数器的值加"1"。如果在 RLO 没有出现上升沿，或计数器的值已经为"999"，则计数器的值保持不变。

3）—(CD)— 减计数器线圈

指令格式：＜C no. ＞

—(CD)—

指令参数说明见表 4-49。

表 4-49　指令参数说明

参　数	说　明	数据类型	存储区域
＜C no. ＞	计数器编号，范围与 CPU 有关	COUNTER	C

指令说明：—(CD)（减计数器线圈指令）在 RLO 出现上升沿并且计数器的值大于"0"时，则使指定计数器的值减"1"。如果在 RLO 没有出现上升沿，或计数器的值已经为"0"，则计数器的值保持不变。

4.7 比较指令

比较指令用来比较两个数据类型相同的数值 IN1 和 IN2 的大小。比较指令的操作数可以是整数（I）、双整数（D）、实数（R）。根据所选比较类型，对 IN1 和 IN2 进行比较，见表 4-50。

表 4-50 比较运算符列表

比较运算符	执行动作
==	IN1 等于 IN2
<>	IN1 不等于 IN2
>	IN1 大于 IN2
<	IN1 小于 IN2
>=	IN1 大于等于 IN2
<=	IN1 小于等于 IN2

如果比较结果为真，则功能的 RLO 为 "1"。如果串联使用比较元素可以通过与（AND）运算，或如果并联使用方块图可以通过或（OR）运算，将它与一个梯形逻辑级程序段的 RLO 链接。

1. 整数比较

指令格式见表 4-51。指令参数说明见表 4-52。

表 4-51 整数比较指令格式

STL 指令	LAD 指令	FBD 指令	说明	STL 指令	LAD 指令	FBD 指令	说明
==I	CMP==1 IN1 IN2	CMP==1 IN1 IN2	整数相等（EQ_I）	<I	CMP<1 IN1 IN2	CMP<1 IN1 IN2	整数小于（LT_I）
<>I	CMP<>1 IN1 IN2	CMP<>1 IN1 IN2	整数不等（NE_I）	>=I	CMP>=1 IN1 IN2	CMP>=1 IN1 IN2	整数大于或等于（GE_I）
>I	CMP>1 IN1 IN2	CMP>1 IN1 IN2	整数大于（GT_I）	<=I	CMP<=1 IN1 IN2	CMP<=1 IN1 IN2	整数小于或等于（LE_I）

表 4-52 指令参数说明

参　　数	说　　明
CMP	比较助记符
I	整数
?	比较运算符（==，＞，＜，＜＞，＞=，＜=）
IN1	比较整数 1
IN2	比较整数 2

使用说明：CMP？I（整数比较指令）可以像一般的触点一样使用。它可以放在一般触点可以放的任何位置。根据所选比较类型，对 IN1 和 IN2 进行比较。如果比较结果为真，则功能的 RLO 为 "1"。如果串联使用方块图可以通过与（AND）逻辑运算，或如果并联使用方块图可以通过 "或"（OR）逻辑运算，将它与整个梯形逻辑级的 RLO 链接。

示例如图 4-7 所示。

运行结果：如果输入 I0.0 和 I0.1 的信号状态为 "1"，并且 MW0 ＞ = MW2，则输出 Q4.0 置位。

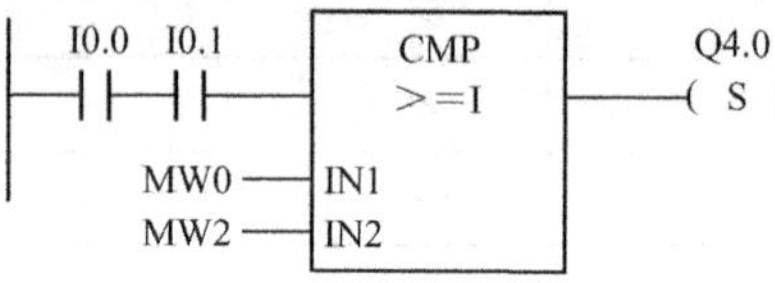

图 4-7 整数比较指令示例梯形图

2. 双整数比较

指令格式见表 4-53。指令参见说明见表 4-54。

表 4-53 双整数比较指令格式

STL 指令	LAD 指令	FBD 指令	说明	STL 指令	LAD 指令	FBD 指令	说明
== D	CMP==D IN1 IN2	CMP==D IN1 IN2	长整数相等（EQ_D）	< D	CMP< D IN1 IN2	CMP< D IN1 IN2	长整数小于（LT_D）
<> D	CMP<>D IN1 IN2	CMP<>D IN1 IN2	长整数不等（NE_D）	>= D	CMP>= D IN1 IN2	CMP>=D IN1 IN2	长整数大于或等于（GE_D）
> D	CMP>D IN1 IN2	CMP>D IN1 IN2	长整数大于（GT_D）	<= D	CMP<= D IN1 IN2	CMP<=D IN1 IN2	长整数小于或等于（LE_D）

表 4-54 指令参数说明

参　　数	说　　明
CMP	比较助记符
D	双整数
?	比较运算符（==，＞，＜，＜＞，＞=，＜=）
IN1	比较整数 1
IN2	比较整数 2

使用说明：CMP？D（双整数比较指令）可以像一般的触点一样使用。它可以放在一般触点可以放的任何位置。根据所选比较类型，对 IN1 和 IN2 进行比较。如果比较结果为真，则功能的 RLO 为 "1"。如果串联使用方块图可以通过与（AND）运算，或如果并联使用方块图可以通过或（OR）运算，将它与整个梯形逻辑级的 RLO 链接。

示例如图 4-8 所示。

运行结果：如果输入 I0.0 和 I0.1 的信号状态为 "1"，并且 MD0 >= MD4，输入 I0.2 的信号状态为 "1"，则输出 Q4.0 置位。

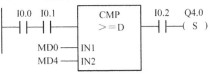

图 4-8 双整数比较指令示例梯形图

3. 实数比较

指令格式见表 4-55。指令参数说明见表 4-56。

表 4-55 实数比较指令格式

STL 指令	LAD 指令	FBD 指令	说明	STL 指令	LAD 指令	FBD 指令	说明
== R	CMP==R IN1 IN2	CMP==R IN1 IN2	实数相等 (EQ_R)	< R	CMP< R IN1 IN2	CMP< R IN1 IN2	实数小于 (LT_R)
<> R	CMP<>R IN1 IN2	CMP<>R IN1 IN2	实数不等 (NE_R)	>= R	CMP>= R IN1 IN2	CMP>=R IN1 IN2	实数大于或等于 (GE_R)
> R	CMP>R IN1 IN2	CMP>R IN1 IN2	实数大于 (GT_R)	<= R	CMP<= R IN1 IN2	CMP<=R IN1 IN2	实数小于或等于 (LE_R)

表 4-56 指令参数说明

参　　数	说　　明
CMP	比较助记符
R	双整数
?	比较运算符（==，>，<，<>，>=，<=）
IN1	比较整数 1
IN2	比较整数 2

使用说明：CMP？R（实数比较指令）可以像一般的触点一样使用。它可以放在一般触点可以放的任何位置。根据所选比较类型，对 IN1 和 IN2 进行比较。如果比较结果为真，则功能的 RLO 为 "1"。如果串联使用方块图可以通过与（AND）运算，或如果并联使用方

块图可以通过或（OR）运算，将它与整个梯形逻辑级的 RLO 链接。

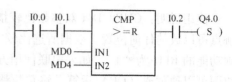

图 4-9 实数比较指令示例梯形图

示例如图 4-9 所示。

运行结果：如果输入 I0.0 和 I0.1 的信号状态为"1"，并且 MD0 >= MD4，输入 I0.2 的信号状态为"1"，则输出 Q4.0 置位。

 思考与练习

4-1 试编写一个 3h20min 的长延时电路程序。

4-2 第 1 次按按钮指示灯亮，第 2 次按按钮指示灯闪亮，第 3 次按按钮指示灯灭，如此循环，试编写其 PLC 控制的梯形图程序。

4-3 试设计一个照明灯的控制程序。当按下接在 I0.0 上的按钮后，接在 Q4.0 上的照明灯可发光 40s，如果在这段时间内又按下按钮，则时间间隔从零开始计算。这样可确保在最后一次按按钮后，灯光可维持 40s 照明。

第5章 S7-300/400 PLC 的高级指令

高级指令也叫应用指令，用于程序设计中的数据处理与控制，如数据传送、算术运算、程序控制等方面的任务。标准 STEP 7 软件包提供的编程语言有梯形图（LAD）、指令表（STL）和功能块图（FBD）。STL 指令比 LAD 和 FBD 指令更丰富，LAD、FBD 的指令可以转换为 STL 指令，但 STL 指令不能全部转换成 LAD 或 FBD 指令。在实际设计中，一般以梯形图比较常用，本章主要介绍梯形图的编程指令。

5.1 数据处理指令

用于数据处理的高级指令主要包括传送指令、转换指令、移位指令及数据块指令。

5.1.1 传送指令

传送指令 MOVE 也叫分配指令，其功能是在启用输入端 EN 为"1"时将输入端 IN 的数据复制到输出端 OUT 指定的地址。ENO 与 EN 的逻辑状态相同。MOVE 只能复制 BYTE、WORD 或 DWORD 数据对象。用户自定义的数据类型（如数组或结构）必须使用系统功能"BLKMOVE"（SFC 20）来复制。指令格式与参数说明见表 5-1。

表 5-1 MOVE 指令

梯形图		MOVE EN ENO IN OUT	
参数说明	EN	启用输入，布尔型数据，存储区为 I、Q、M、L、D
	ENO	启用输出，布尔型数据，存储区为 I、Q、M、L、D
	IN	输入参数，所有长度为 8 位、16 位或 32 位的基本数据类型，存储区为 I、Q、M、L、D 或常数
	OUT	输出参数，所有长度为 8 位、16 位或 32 位的基本数据类型，存储区为 I、Q、M、L、D

在使用 MOVE 指令时，如果要将一个数据送给另一长度的数据类型，则要根据需要截断或以 0 补充高位字节，见表 5-2。

表 5-2　不同长度数据类型的数据截断或填充

被传送数据：双字	1101 1111	0010 1111	1011 0000	0101 0100
传送	结果			
传送到双字	1101 1111	0010 1111	1011 0000	0101 0100
传送到字节				0101 0100
传送到字			1011 0000	0101 0100
被传送数据：字节				1111 0000
传送	结果			
传送到字节				1101 0001
传送到字			0000 0000	1101 0001
传送到双字	0000 0000	0000 0000	0000 0000	1101 0001

当 MOVE 指令位于激活的 MCR 区内时，才会激活 MCR 依存。在激活的 MCR 区内，如果开启了 MCR，同时有通往启用输入端的电流，MOVE 指令就复制数据；如果 MCR 关闭，并执行了 MOVE 指令，则无论当前 IN 状态如何，均会将"0"写入到 OUT 地址。

5.1.2　转换指令

转换指令用于读取输入参数 IN 的数据，并进行转换或更改符号，其结果存储在参数 OUT 中。在 STEP 7 中，可以实现 BCD 码与整数、整数与长整数、长整数与实数、整数的反码、整数的补码、实数求反等数据转换操作。

1）BCD 码转换为整数指令　BCD 码转换为整数指令（BCD_I）用于将参数 IN 输入的 3 位 BCD 码（+/-999）数据转换成整数（16 位），转换结果由参数 OUT 输出。ENO 和 EN 总是具有相同的信号状态。指令格式、参数说明见表 5-3。

表 5-3　BCD_I 指令格式

| 梯　形　图 | | ```
      BCD_I
 ─EN    ENO─
 
 ─IN    OUT─
``` |
|---|---|---|
参数说明	EN	启用输入，布尔型数据，存储区为 I、Q、M、L、D
	ENO	启用输出，布尔型数据，存储区为 I、Q、M、L、D
	IN	输入的 BCD 码，字型数据，存储区为 I、Q、M、L、D
	OUT	输出的整型值，整型数据，存储区为 I、Q、M、L、D

2）整数转换为 BCD 码指令　整数转换为 BCD 码指令（I_BCD）用于读取参数 IN 输入的整型数据，并将转换成三位 BCD 码（+/-999），转换结果由参数 OUT 输出。如果产生溢出，则 ENO 的状态为"0"。指令格式、参数说明见表 5-4。
```

表 5-4　I_BCD 指令格式

| 梯　形　图 | | ```
      I_BCD
  ─ EN    ENO
  ─ IN    OUT
``` |
|---|---|---|
参数说明	EN	启用输入，布尔型数据，存储区为 I、Q、M、L、D
	ENO	启用输出，布尔型数据，存储区为 I、Q、M、L、D
	IN	输入参数，整型数据，存储区为 I、Q、M、L、D
	OUT	输出参数，字型 BCD 码数据，存储区为 I、Q、M、L、D

　　3）**BCD 码转换为长整型指令**　BCD 码转换为长整型指令（BCD_DI）用于读取输入参数 IN 的 7 位 BCD 码（+/−9999999）数据，并将其转换成为 32 位整数，转换结果由参数 OUT 输出。ENO 和 EN 总是具有相同的信号状态。指令格式、参数说明见表 5-5。

表 5-5　BCD_DI 指令格式

| 梯　形　图 | | ```
     BCD_DI
  ─ EN    ENO ─
  ─ IN    OUT ─
``` |
|---|---|---|
参数说明	EN	启用输入，布尔型数据，存储区为 I、Q、M、L、D
	ENO	启用输出，布尔型数据，存储区为 I、Q、M、L、D
	IN	输入参数，双字型 BCD 码数据，存储区为 I、Q、M、L、D
	OUT	输出参数，双字型长整型数据，存储区为 I、Q、M、L、D

　　4）**长整型转换为 BCD 码指令**　长整型数转换为 BCD 码指令（DI_BCD）用于读取输入参数 IN 的 32 位长整型数据，并将转换成 7 位 BCD 码数（+/−9999999），转换结果由参数 OUT 输出。如果产生溢出，则 ENO 的状态为"0"。指令格式、参数说明见表 5-6。

表 5-6　DI_BCD 指令格式

| 梯　形　图 | | ```
     DI_BCD
  ─ EN    ENO ─
  ─ IN    OUT ─
``` |
|---|---|---|
参数说明	EN	启用输入，布尔型数据，存储区为 I、Q、M、L、D
	ENO	启用输出，布尔型数据，存储区为 I、Q、M、L、D
	IN	输入参数，双字型长整数，存储区为 I、Q、M、L、D
	OUT	输出参数，长整数的 BCD 码转换结果，存储区为 I、Q、M、L、D

　　5）**整型转换为长整型指令**　整型转换为长整型指令（I_DI）用于读取输入参数 IN 的 16 位整型数据，并将其转换成为 32 位长整型，转换结果由参数 OUT 输出。ENO 和 EN 总是具有相同的信号状态。指令格式、参数说明见表 5-7。
```

表 5-7 I_DI 指令格式

梯 形 图		I_DI —EN ENO— —IN OUT—	
参数说明	EN	启用输入，布尔型数据，存储区为 I、Q、M、L、D
	ENO	启用输出，布尔型数据，存储区为 I、Q、M、L、D
	IN	输入参数，整型数据，存储区为 I、Q、M、L、D
	OUT	输出参数，长整型数据，存储区为 I、Q、M、L、D

6）长整型转换为浮点数指令 长整型转换为浮点数指令（DI_R）用于读取输入参数 IN 的 32 位长整型数据，并将其转换成为浮点数，转换结果由参数 OUT 输出。ENO 和 EN 总是具有相同的信号状态。指令格式、参数说明见表 5-8。

表 5-8 DI_R 指令格式

梯 形 图		DI_R —EN ENO— —IN OUT—	
参数说明	EN	启用输入，布尔型数据，存储区为 I、Q、M、L、D
	ENO	启用输出，布尔型数据，存储区为 I、Q、M、L、D
	IN	输入参数，双字型长整数，存储区为 I、Q、M、L、D
	OUT	输出参数，浮点数转换结果，存储区为 I、Q、M、L、D

7）整数取反指令 整数取反指令（INV_I）用于读取输入参数 IN 的 16 位整型数据，并逐位取反，即 "1" 变为 "0"、"0" 变为 "1"，取反结果由参数 OUT 输出。ENO 和 EN 总是具有相同的信号状态。指令格式、参数说明见表 5-9。

表 5-9 INV_I 指令格式

梯 形 图		INV_I —EN ENO— —IN OUT—	
参数说明	EN	启用输入，布尔型数据，存储区为 I、Q、M、L、D
	ENO	启用输出，布尔型数据，存储区为 I、Q、M、L、D
	IN	输入参数，整型数，存储区为 I、Q、M、L、D
	OUT	输出参数，输入参数的二进制取反结果，存储区为 I、Q、M、L、D

8）长整数取反指令 长整数取反指令（INV_DI）用于读取输入参数 IN 的 32 位长整型数据，并逐位取反，即 "1" 变为 "0"、"0" 变为 "1"，取反结果由参数 OUT 输出。ENO 和 EN 总是具有相同的信号状态。指令格式、参数说明见表 5-10。

表 5-10　INV_DI 指令格式

梯　形　图		INV_DI EN ENO IN OUT
参数说明	EN	启用输入，布尔型数据，存储区为 I、Q、M、L、D
	ENO	启用输出，布尔型数据，存储区为 I、Q、M、L、D
	IN	输入参数，32 位长整型数，存储区为 I、Q、M、L、D
	OUT	输出参数，输入参数的二进制取反结果，存储区为 I、Q、M、L、D

9）整数求补指令　整数求补指令（NEG_I）用于读取输入参数 IN 的 16 位整型数据，并求取对应的二进制补码，求补结果由参数 OUT 输出。ENO 和 EN 总是具有相同的信号状态。指令格式、参数说明见表 5-11。

表 5-11　NEG_I 指令格式

梯　形　图		NEG_I EN ENO IN OUT
参数说明	EN	启用输入，布尔型数据，存储区为 I、Q、M、L、D
	ENO	启用输出，布尔型数据，存储区为 I、Q、M、L、D
	IN	输入参数，16 位整型数，存储区为 I、Q、M、L、D
	OUT	输出参数，输入参数的二进制补码，存储区为 I、Q、M、L、D

10）长整数求补指令　长整数求补指令（NEG_DI）用于读取输入参数 IN 的 32 位长整型数据，并求取对应的二进制补码，求补结果由参数 OUT 输出。ENO 和 EN 总是具有相同的信号状态。指令格式、参数说明见表 5-12。

表 5-12　NEG_DI 指令格式

梯　形　图		NEG_DI EN ENO IN OUT
参数说明	EN	启用输入，布尔型数据，存储区为 I、Q、M、L、D
	ENO	启用输出，布尔型数据，存储区为 I、Q、M、L、D
	IN	输入参数，32 位长整型数，存储区为 I、Q、M、L、D
	OUT	输出参数，输入参数的二进制补码，存储区为 I、Q、M、L、D

11）浮点数取反指令　浮点数取反指令（NEG_R）用于读取输入参数 IN 的浮点数并改变其符号（相当于乘 -1），取反结果由参数 OUT 输出。ENO 和 EN 总是具有相同的信号状态。指令格式、参数说明见表 5-13。

表 5-13 NEG_R 指令格式

梯 形 图		NEG_R EN ENO IN OUT
参数说明	EN	启用输入，布尔型数据，存储区为 I、Q、M、L、D
	ENO	启用输出，布尔型数据，存储区为 I、Q、M、L、D
	IN	输入参数，浮点数，存储区为 I、Q、M、L、D
	OUT	输出参数，取反后的浮点数，存储区为 I、Q、M、L、D

12）浮点数取整为长整型指令 浮点数取整为长整型指令（ROUND）用于读取输入参数 IN 的浮点数，并将其转换为最接近的长整数，如果被转换数字的小数部分位于奇数和偶数中间，则选取偶数结果。转换结果由参数 OUT 输出。ENO 和 EN 总是具有相同的信号状态。指令格式、参数说明见表 5-14。

表 5-14 ROUND 指令格式

梯 形 图		ROUND EN ENO IN OUT
参数说明	EN	启用输入，布尔型数据，存储区为 I、Q、M、L、D
	ENO	启用输出，布尔型数据，存储区为 I、Q、M、L、D
	IN	输入参数，浮点数，存储区为 I、Q、M、L、D
	OUT	输出参数，双字的长整型数，存储区为 I、Q、M、L、D

13）浮点数截断为长整型指令 浮点数截断为长整型指令（TRUNC）用于读取输入参数 IN 的浮点数，取 32 位浮点数的整数部分并转换为长整数。转换结果由参数 OUT 输出。ENO 和 EN 总是具有相同的信号状态。指令格式、参数说明见表 5-15。

表 5-15 TRUNC 指令格式

梯 形 图		TRUNC EN ENO IN OUT
参数说明	EN	启用输入，布尔型数据，存储区为 I、Q、M、L、D
	ENO	启用输出，布尔型数据，存储区为 I、Q、M、L、D
	IN	输入参数，浮点数，存储区为 I、Q、M、L、D
	OUT	输出参数，浮点数去掉小数部分的长整型数，存储区为 I、Q、M、L、D

14）向上取整指令 向上取整指令（CEIL）用于读取输入参数 IN 的浮点数，并将其转换为 32 位长整型数。转换结果为与输入数据最接近、大于该浮点数的整数，由参数 OUT 输

出。如果产生溢出，则 ENO 的状态为"0"。ENO 和 EN 总是具有相同的信号状态。指令格式、参数说明见表 5–16。

表 5–16　CEIL 指令格式

梯 形 图		CEIL EN　ENO IN　OUT
参数说明	EN	启用输入，布尔型数据，存储区为 I、Q、M、L、D
	ENO	启用输出，布尔型数据，存储区为 I、Q、M、L、D
	IN	输入参数，浮点数，存储区为 I、Q、M、L、D
	OUT	输出参数，向上取整得到的长整型数，存储区为 I、Q、M、L、D

　　15）向下取整指令　向下取整指令（FLOOR）用于读取输入参数 IN 的浮点数，并将其转换为 32 位长整型数。转换结果为与输入数据最接近、小于该浮点数的整数，由参数 OUT 输出。如果产生溢出，则 ENO 的状态为"0"。ENO 和 EN 总是具有相同的信号状态。指令格式、参数说明见表 5–17。

表 5–17　FLOOR 指令格式

梯 形 图		FLOOR EN　ENO IN　OUT
参数说明	EN	启用输入，布尔型数据，存储区为 I、Q、M、L、D
	ENO	启用输出，布尔型数据，存储区为 I、Q、M、L、D
	IN	输入参数，浮点数，存储区为 I、Q、M、L、D
	OUT	输出参数，向下取整得到的长整型数，存储区为 I、Q、M、L、D

5.1.3　移位指令

　　移位指令用于对数据进行移位操作，有两种类型：基本移位和循环移位。基本移位指令可对整数、长整数、字或双字数据进行移位操作；循环移位指令可对双字数据进行循环移位操作。

1. 基本移位指令

　　使用移位指令可向左或向右逐位移动输入 IN 的内容。向左移 n 位会将输入 IN 的内容乘以 2^n；向右移 n 位则会将输入 IN 的内容除以 2^n。例如，将十进制数 8 的等效二进制数向左移动 3 位，相当于乘以 2^3，累加器中得到十进制 64 的等效二进制数；将十进制数 80 的等效二进制数向右移动 2 位，相当于除以 2^2，累加器中得到十进制数 20 的等效二进制数。

输入参数 N 的数值表示要移动的位数。由 0 或符号位的信号状态（"0"代表正数，"1"代表负数）填充移位指令空出的位。最后移动的位的信号状态会被载入状态字的 CC1 位中，状态字的 CC0 和 OV 位被复位为"0"。CC1 位可使用跳转指令来判断。

移位指令包括整数右移（SHR_I）、长整数右移（SHR_DI）、字左移和右移（SHL_W、SHR_W）、双字左移和右移（SHL_DW、SHR_DW）6 条指令。基本移位指令格式、说明见表 5-18。

表 5-18 移位指令及说明

LAD	说　明	LAD	说　明
SHR_I EN　ENO IN　OUT N	整数右移（SHR_I）： 空出位用符号位（位 15）填补，最后移出的位送 CC1，有效移位位数是 0~15	SHR_DI EN　ENO IN　OUT N	长整数右移（SHR_DI）： 空出位用符号位（位 31）填补，最后移出的位送 CC1，有效移位位数是 0~31
SHL_W EN　ENO IN　OUT N	字左移（SHL_W）： 空出位用"0"填补，最后移出的位送 CC1，有效移位位数是 0~15	SHR_W EN　ENO IN　OUT N	字右移（SHR_W）： 空出位用"0"填补，最后移出的位送 CC1，有效移位位数是 0~15
SHL_DW EN　ENO IN　OUT N	双字左移（SHL_DW）： 空出位用"0"填补，最后移出的位送 CC1，有效移位位数是 0~31	SHR_DW EN　ENO IN　OUT N	双字右移（SHR_DW）： 空出位用"0"填补，最后移出的位送 CC1，有效移位位数是 0~31

下面以整数右移指令为例详细说明指令的使用，整数右移指令说明见表 5-19。

表 5-19 整数右移指令说明

指　令	参　数	数据类型	存　储　区	说　明
SHR_I EN　ENO IN　OUT N	EN	BOOL	I、Q、M、L、D	使能端
	ENO	BOOL	I、Q、M、L、D	使能输出
	IN	INT	I、Q、M、L、D	输入数值
	N	WORD	I、Q、M、L、D	移位位数
	OUT	INT	I、Q、M、L、D	移位后的结果

整数右移指令用于将输入 IN 的 0~15 位逐位向右移动，输入 N 用于指定移位的位数。如果 N>16，指令将按照 N=16 的情况执行。自左移入的、用于填补空出位的位置将被赋予位 15 的逻辑状态（整数的符号位），即当该整数为正时，这些位将被赋值"0"，而当该整数为负时，则被赋值"1"。OUT 输出移位后的结果。ENO 和 EN 具有相同的信号状态。

如果 N≠0，指令会将 CC0 位和 OV 位设为"0"。

其他几条指令的执行过程与此相似。长整数右移指令除了数据位数不同，其余与整数右移指令相同。字和双字没有符号位，所以在移出的空位都补"0"。

2. 循环移位指令

循环移位和基本移位的区别在于，循环移位把操作数的最高位和最低位连接起来，参与数据的移动。比如循环右移时，最低位移出的数据位移动到最高位，其余的各个位依次右移 1 位。循环左移则与此相反。循环移位通过状态字的 CC1 位进行，而 CC0 位被复位为 0。

循环移位指令只有循环左移双字（ROL_DW）和循环右移双字（ROR_DW）两条指令。输入 N 用于指定循环移位的位数。如果 N>32，则双字 IN 将被循环移位（N-1）对 32 求模所得的余数 +1 位；如果 N≠0，则指令会将 CC0 位和 OV 位设为"0"。

双字循环移位指令格式、说明见表 5-20。

表 5-20　双字循环移位指令

LAD	说　明	LAD	说　明
ROL_DW EN　　ENO IN　　OUT N	双字循环左移（ROL_DW）有效移位位数是 0~31	ROR_DW EN　　ENO IN　　OUT N	双字循环右移（ROR_DW）有效移位位数是 0~31

5.1.4　数据块指令

可以使用打开数据块（OPN）指令打开一个数据块作为共享数据块或背景数据块。一个程序自身可同时打开一个共享数据块和一个背景数据块。数据块指令见表 5-21。

表 5-21　数据块指令

指　令	STL	功　能
打开数据块	OPN（数据块）	打开一个数据块作为共享数据块或背景数据块
交换共享数据块和背景数据块	CDB	交换共享数据块和背景数据块
装入共享数据块长度	LDBLG	将共享数据块的长度（字节数）装入累加器 1
装入共享数据块块号	L　DBNO	将共享数据块的块号装入累加器 1
装入背景数据块长度	LDILG	将背景数据块的长度（字节数）装入累加器 1
装入背景数据块块号	LDINO	将背景数据块的块号装入累加器 1

【例 5-1】同时打开一个共享数据块和一个背景数据块。

```
OPN    DB    10      // 打开数据块 DB10 作为共享数据块
L      DBW   35      // 将打开数据块的数据字 35 装入累加器 1 低字中
T      MW    22      // 将累加器 1 低字中的内容传送到存储字 MW22
OPN    DI    20      // 打开数据块 DB20 作为背景数据块
```

L	DIB	12	// 将打开背景数据块的数据字节 12 装入累加器 1 低字中
T	DBB	37	// 将累加器 1 低字中的内容传送到打开共享数据块的数据字节 37 中

【例 5-2】 将共享数据块的长度装入累加器 1 中。

OPN	DB	10	// 打开数据块 DB10 作为共享数据块
L	DBLG		// 装入共享数据块的长度（DB10 的长度）
T	MD	10	// 比较数据块的长度是否足够长
〈D			
JC	ERRO		// 如果长度小于存储双字 MD10 中的数值,则跳转至 ERRO 标号

5.2 数据运算指令

数据运算指令包括整数算术运算指令、浮点数算术运算指令和字逻辑运算指令。算术运算指令可完成整数、长整数及实数的加、减、乘、除、求余、求绝对值等基本算术运算，以及 32 位浮点数的平方、平方根、自然对数、基于 e 的指数运算及三角函数等扩展算术运算。

字逻辑运算指令可对两个 16 位（WORD）或 32 位（DWORD）的二进制数据，逐位进行与、或、异或运算。

5.2.1 整数算术运算指令

整数算术运算指令可完成整数、长整数的加、减、乘、除等运算，指令格式及说明见表 5-22。

表 5-22 整数运算指令

整数运算指令	说　明	长整数运算指令	说　明
ADD_I EN　ENO IN1　OUT IN2	IN1 和 IN2 两个整数相加，结果送至 OUT	ADD_DI EN　ENO IN1　OUT IN2	IN1 和 IN2 两个长整数相加，结果送至 OUT
SUB_I EN　ENO IN1　OUT IN2	IN1 和 IN2 两个整数相减，结果送至 OUT	SUB_DI EN　ENO IN1　OUT IN2	IN1 和 IN2 两个长整数相减，结果送至 OUT
MUL_I EN　ENO IN1　OUT IN2	IN1 和 IN2 两个整数相乘，结果送至 OUT	MUL_DI EN　ENO IN1　OUT IN2	IN1 和 IN2 两个长整数相乘，结果送至 OUT

整数运算指令	说　明	长整数运算指令	说　明
DIV_I EN　ENO IN1　OUT IN2	IN1 和 IN2 两个整数相除，结果送至 OUT	DIV_DI EN　ENO IN1　OUT IN2	IN1 和 IN2 两个长整数相除，结果送至 OUT
		MOD_DI EN　ENO IN1　OUT IN2	IN1 和 IN2 两个长整数相除，余数送至 OUT

整数运算指令中，如果在允许输入 EN 处的 RLO = 1，就执行后面的运算。如果结果超出了数据类型允许的范围，则溢出位 OV = "Overflow" 和 OS = "Stored Overflow" 被置位，允许输出 ENO = 0。

5.2.2　浮点数算术运算指令

浮点数算术运算指令格式及说明见表5–23。

表5–23　浮点数运算指令

LAD	说　明	LAD	说　明
ADD_R EN　ENO IN1　OUT IN2	IN1 和 IN2 两个浮点数相加，结果送至 OUT	LN EN　ENO IN　OUT	对 IN 输入的浮点数求自然对数，结果送至 OUT
SUB_R EN　ENO IN1　OUT IN2	IN1 和 IN2 两个浮点数相减，结果送至 OUT	SIN EN　ENO IN　OUT	对 IN 输入的浮点数求正弦值，结果送至 OUT
MUL_R EN　ENO IN1　OUT IN2	IN1 和 IN2 两个浮点数相乘，结果送至 OUT	COS EN　ENO IN　OUT	对 IN 输入的浮点数求余弦值，结果送至 OUT
DIV_R EN　ENO IN1　OUT IN2	IN1 和 IN2 两个浮点数相除，结果送至 OUT	TAN EN　ENO IN　OUT	对 IN 输入的浮点数求正切值，结果送至 OUT

续表

LAD	说 明	LAD	说 明
ABS EN ENO IN OUT	对 IN 输入的浮点数求绝对值，结果送至 OUT	ASIN EN ENO IN OUT	对 IN 输入的浮点数求反正弦值，结果送至 OUT
SQR EN ENO IN OUT	对 IN 输入的浮点数求平方，结果送至 OUT	ACOS EN ENO IN OUT	对 IN 输入的浮点数求反余弦值，结果送至 OUT
SQRT EN ENO IN OUT	对 IN 输入的浮点数求平方根，结果送至 OUT	ATAN EN ENO IN OUT	对 IN 输入的浮点数求反正切值，结果送至 OUT
EXP EN ENO IN OUT	对 IN 输入的浮点数计算以 e 为底的指数，结果送至 OUT		

5.2.3 逻辑运算指令

逻辑运算指令按照布尔逻辑运算规则，逐位运算字（16 位）和双字（32 位）对应位。如果输出 OUT 的结果不为 0，则对状态标志位 CC1 置 "1"，否则对 CC1 置 "0"。分为字和双字与、或和异或 3 类，其指令格式及说明见表 5-24。

表 5-24　逻辑运算指令

字逻辑指令	说 明	双字逻辑指令	说 明
WAND_W EN ENO IN1 OUT IN2	IN1 和 IN2 两个字的每一位进行逻辑与运算，结果由 OUT 输出	WAND_DW EN ENO IN1 OUT IN2	IN1 和 IN2 两个双字的每一位进行逻辑与运算，结果由 OUT 输出
WOR_W EN ENO IN1 OUT IN2	IN1 和 IN2 两个字的每一位进行逻辑或运算，结果由 OUT 输出	WOR_DW EN ENO IN1 OUT IN2	IN1 和 IN2 两个双字的每一位进行逻辑或运算，结果由 OUT 输出
WXOR_W EN ENO IN1 OUT IN2	IN1 和 IN2 两个字的每一位进行逻辑异或运算，结果由 OUT 输出	WXOR_DW EN ENO IN1 OUT IN2	IN1 和 IN2 两个双字的每一位进行逻辑异或运算，结果由 OUT 输出

5.3　控制指令

控制指令可控制程序的执行顺序，使得 CPU 能根据不同的情况执行不同的程序。控制指令包括逻辑控制指令、程序控制指令和主控继电器指令。

5.3.1　逻辑控制指令

PLC 的程序一般是顺序执行的，如要实现分支、循环或跳转，则需要使用逻辑控制指令。逻辑控制指令指令可以中断原有的线性程序扫描，并跳转到目标地址处重新执行线性程序扫描。目标地址由跳转指令后面的标号指定，该地址标号指出程序要跳往何处，可向前跳转，也可以向后跳转，最大跳转距离为 - 32768 或 32767 字。

地址标号最多为 4 个字符，第一个字符必须是字母，其余字符可以是字母或数字。标号后跟冒号 ":"，并且其后紧接语句。在一个逻辑块内，目标地址标号不能重名。在编程器上从梯形逻辑浏览器中选择 LABEL（标号），出现空方块，将标号名填入方块中。由于 STEP 7 的跳转指令只能在逻辑块内跳转，因此，在不同的逻辑块中的目标标号可以重名。

逻辑控制指令有无条件跳转指令、条件跳转指令和多分支跳转指令 3 种。

1. 无条件跳转指令

无条件跳转指令 JU 执行时，将直接中断当前的线性程序扫描，并跳转到由指令后面的标号所指定的目标地址处重新执行线性程序扫描。跳转指令和标号间的所有指令都不予以执行，指令格式及说明见表 5-25。

表 5-25　无条件跳转指令格式及说明

指令格式	说　　明
JU < 标号 >	STL 形式的无条件跳转指令
标号 ——（JMP）	LAD 形式的无条件跳转指令，直接连接到梯形图的左母线

2. 条件跳转指令

条件跳转指令是根据运算结果 RLO 的值或状态字各标志位的状态改变线性程序扫描，指令格式及说明见表 5-26。

表 5-26　条件跳转指令格式及说明

指令格式	说　　明	指令格式	说　　明
标号 ——（JMP）	LAD 形式的条件跳转指令，指令左边必须有信号，当 RLO 为 "1" 时跳转	JCB < 标号 >	RLO = 1 跳转，并将 RLO 保存在 BR 位中
标号 ——（JMPN）	LAD 形式的条件跳转指令，指令左边必须有信号，当 RLO 为 "0" 时跳转	JNB < 标号 >	RLO = 0 跳转，并将 RLO 保存在 BR 位中
JC < 标号 >	RLO = 1 跳转	JZ < 标号 >	结果为 "0" 跳转
JCN < 标号 >	RLO = 0 跳转	JN < 标号 >	结果非 "0" 跳转

指令格式	说　明	指令格式	说　明
JO <标号>	OV 位 =1 跳转	JP <标号>	结果为"正"跳转
JOS <标号>	OS 位 =1 跳转	JM <标号>	结果为"负"跳转
JBI <标号>	BR =1 跳转	JPZ <标号>	结果非"负"跳转
JNBI <标号>	BR =0 跳转	JMZ <标号>	结果非"正"跳转
		JUO <标号>	如果是无效实数或者除数为"0"跳转

3. 多分支跳转指令

多分支跳转指令 JL 的指令格式如下:

JL　　<标号>

如果累加器 1 低字中低字节的内容小于 JL 指令和由 JL 指令所指定的标号之间的 JU 指令的数量,JL 指令就会跳转到其中一条 JU 处执行,并由 JU 指令进一步跳转到目标地址;如果累加器 1 低字中低字节的内容为"0",则直接执行 JL 指令下面的第一条 JU 指令;如果累加器 1 低字中低字节的内容为"1",则直接执行 JL 指令下面的第二条 JU 指令;如果跳转的目的地的数量太大,则 JL 指令跳转到目的地列表中最后一条 JU 指令之后的第一条指令。

5.3.2　程序控制指令

程序控制指令是指功能块(FB、FC、SFB、SFC)调用指令和逻辑块(OB、FB、FC)结束指令。调用块或结束块可以是有条件的或无条件的。程序控制指令可分为基本控制指令和子程序调用指令。

1. 基本控制指令

基本控制指令包括块结束指令 BE、无条件块结束指令 BEU 和条件结束指令 BEC。它们的 STL 形式的指令格式、说明及示例见表 5-27。

表 5-27　基本控制指令格式及说明

STL	说　明	示　例
BE	块结束指令: 　终止在当前块的程序扫描,并跳转到调用当前块的程序块。然后从调用程序中块调用语句后的第一个指令开始,重新进行程序扫描	A　　I0.0 JC　　NEXT　　//若 I0.0 =1,则跳转到 NEXT A　　I4.0　　//若 I0.0 =0,则继续向下扫描程序
BEU	无条件块结束指令: 　无条件终止当前块的扫描,并跳转到调用当前块的程序块。然后从调用程序中块调用语句后的第一个指令开始,重新进行程序扫描	A　　I4.1 S　　M8.0 BEU　　//无条件结束当前块的扫描 NEXT:…　　//若 I0.0 =1,则扫描其他程序
BEC	条件块结束指令: 　当 RLO =1 时,结束当前块的扫描,将控制返还给调用块,然后从块调用指令后的第一条指令开始,重新进行程序扫描;RLO =0 时,跳过该指令,并将 RLO 置"1",程序从该指令后的下一条指令继续在当前块内扫描	A　　I1.0　　//刷新 RLO BEC　　//若 RLO =1,则结束当前块 L　　IW0　　//若 BEC 未执行,则继续向下扫描 T　　MW2

2. 子程序调用指令

子程序调用 CALL 指令可以调用用户编写的功能块或操作系统提供的功能块，CALL 指令的操作数是功能块类型及其编号，当调用的功能块是 FB 块时还要提供相应的背景数据块 DB。使用 CALL 指令可以为被调用功能块中的形参赋以实际参数，调用时应保证实参与形参的数据类型一致。STL 形式的指令格式、说明及示例见表 5-28。

表 5-28　子程序调用指令格式及说明

STL	说　　明	示　　例
CALL ＜块标识＞	无条件块调用： 　　可无条件调用 FB、FC、SFB、SFC 或由西门子公司提供的标准预编程块。如果调用 FB 或 SFB，则必须提供具有相关背景数据块的程序块。被调用逻辑块的地址可以绝对指定，也可以相对指定	CALL　　SFB4, DB4 　IN:　　I0.1　　//给形参 IN 分配实参 I0.1 　PT:　　T#20S　　//给形参 PT 分配实参 T#20S 　Q:　　M0.0　　//给形参 Q 分配实参 M0.0 　ET:　　MW10　　//给形参 ET 分配实参 MW10
CC ＜块标识＞	条件块调用： 　　若 RLO = "1"，则调用指定的逻辑块，该指令用于调用无参数 FC 或 FB 类型的逻辑块，除了不能使用调用程序传递参数之外，该指令与 CALL 指令的用法相同	A　　I2.0　　//检查 I2.0 的信号状态 CC　FC12　　//若 I2.0 = 1，则调用 FC12 A　　M3.0　　//若 I2.0 = 0，则直接执行该指令
UC ＜块标识＞	无条件调用： 　　可无条件调用 FC 或 SFC，除了不能使用调用程序传递参数之外，该指令与 CALL 指令的用法相同	UC　　FC2　　//调用功能块 FC2（无参数）

5.3.3　主控继电器指令

主控继电器指令简称为 MCR 指令，用来控制 MCR 区内的指令是否被正常执行，相当于一个用来接通和断开"能量流"的主令开关。其指令格式及说明见表 5-29。

表 5-29　主控继电器指令

STL	LAD	说　　明
MCRA	——（ MCRA ）——	主控继电器激活： 　　从该指令开始，可按 MCR 控制
MCR(	——（ MCR< ）——	主控继电器打开： 　　将 RLO 保存在 MCR 堆栈中，并产生一条新的子母线，其后的连接均受控于该子母线
)MCR	——（ MCR> ）——	主控继电器关闭： 　　恢复 RLO，结束子母线
MCRD	——（ MCRD ）——	主控继电器取消激活： 　　从该指令开始，将禁止 MCR 控制

MCRA 为激活 MCR 区指令，表明按 MCR 方式操作的开始；MCRD 为取消 MCR 区指令，表明按 MCR 方式操作的结束，MCRA 和 MCRD 应成对使用。"MCR<"和"MCR>"之间的内容为 MCR 控制内容，当"MCR<"前的条件满足时，MCR 控制内容正常秩序；若"MCR<"前的条件不满足，程序则按下面方式处理：

（1）输出线圈，中线输出线圈等的存储位被写入"0"，即线圈断电。

（2）置位和复位指令的存储位保持当前状态不变。

（3）传送或赋值指令中的地址被写入"0"。

MCR 指令可以嵌套，允许的最大嵌套深度为 8 级。

思考与练习

5-1　S7-300/400 PLC 有哪几种比较方式？

5-2　设计程序，把 DB10 的 2 号字的内容左移 3 位后与 MW100 做加法运算，运算结果送入 DB12 的 10 号字中。

5-3　将 DB10 中的 DBW2 的 BCD 数转换为整数，运算结果存入 MW20 中。

5-4　试简述 STEP 7 的 MCR 指令的名称。

5-5　STEP 7 指令中的 SHR_I 是什么指令？ROL_DW 是什么指令？RET 是什么指令？

5-6　试设计如下程序：DB3 的 DW10 的内容大于 10 时，程序输出 Q4.0。

第6章 S7-300/400 PLC 的程序结构

西门子公司 S7-300/400 PLC 采用的是"块式程序结构",用"块"的形式来管理用户编写的程序及程序运行所需要的数据,本章将详细介绍用户程序的组织结构。

6.1 用户程序的基本结构

用户程序的基本结构是组成用户程序的基础,了解用户程序的存储及管理机制,可以简化程序组织结构,使程序易于修改、查错和调试,并且显著地增加 PLC 程序的组织结构透明性、可理解性和易维护性。

PLC 中的程序分为系统程序(即操作系统)和用户程序。系统程序是固化在 CPU 中的程序,用来实现与特定的控制任务无关的功能,它提供了一套系统运行和调试的机制,用于协调 PLC 内部事务。系统程序完成的主要工作包括处理 PLC 的启动(暖启动和热启动)、刷新输入/输出过程映像区、调用用户程序、检测中断并调用中断程序、管理存储区和处理通信等。

用户程序是为了完成特定的自动化任务,由用户自己在 STEP 7 中编写并下载到 CPU 中的程序,包括处理特定自动化任务所需要的所有功能。一般来说,用户程序主要完成的工作包括 PLC 暖启动和热启动的初始化工作、处理过程数据(数字信号、模拟信号)、响应中断事件和处理程序正常运行中的干扰等。

系统程序处理的是底层的系统级任务,它为 PLC 应用搭建了一个平台,提供了一套用户程序的调用机制,而用户程序则在这个平台上,完成用户自己的自动化任务。

1. 用户程序中的块

STEP 7 编程采用块的方式,即将程序分解为独立的、自成体系的各个部件。块类似于子程序的功能,但类型更多、功能更强大。在工业控制中,程序往往是非常庞大和复杂的,采用块的方式便于大规模程序的设计和理解,可以设计标准化的程序块进行重复用,这种程序结构易于修改,方便调试。构成用户程序的块包括组织块 OB (Organization Block)、系统功能块 SFB (System Function Block)、系统功能 SFC (System Function)、功能块 FB (Function Block)、功能 FC (Function)、背景数据块 DI (Instance Data Block) 和数据块 DB (Data Block)。各种块的简要说明见表6-1。

在这些块中,OB、SFB、SFC、FB 和 FC 中都包含着由用户程序根据特定的控制任务而编写的程序代码和各程序所需要的数据,因此称这些模块为程序块或逻辑块。DI 和 DB 不包含 STEP 7 的指令,只用来存放用户数据,因此称为数据块。

表 6-1 用户程序中的块

块（Block）	简 要 描 述	块分类
组织块（OB）	操作系统与用户程序的接口，决定用户程序的结构	逻辑块
系统功能块（SFB）	集成在 CPU 模块中，通过在程序中调用 SFB 来使用一些重要的系统功能，有专用存储区	
系统功能（SFC）	集成在 CPU 模块中，通过在程序中调用 SFB 来使用一些重要的系统功能，无存储区	
功能块（FB）	用户编写的常用功能的子程序，有专用存储区	
功能（FC）	用户编写的常用功能的子程序，无存储区	
背景数据块（DI）	调用 SFB 和 FB 时用于传递参数的数据块，在编译过程中自动生成数据	数据块
数据块（DB）	存储用户数据的数据区域，供所有的块共享	

根据用户程序的需要，用户程序可以由不同的块构成，各种块的相互关系如图 6-1 所示。

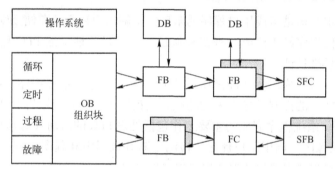

OB—组织块；FB—功能块；FC—功能；SFB—系统功能块；SFC—系统功能；FB—带背景数据块

图 6-1 各种块的关系

在图 6-1 中可以看出，OB 可以调用 SFB、SFC、FB 和 FC。FB 或 FC 也可以调用另外的 FB 或 FC，称为嵌套。SFB 和 FB 使用时需要配有相应的背景数据块（DI）。

2. 用户程序的结构

S7–300/400 PLC 的编程语言是 STEP 7，用块文件的形式管理用户编写的程序及程序运行所需的数据，组成结构化的用户程序。用户程序的结构主要有 3 种：线性程序、分部式程序和结构化程序。

1）线性程序（线性编程） 所谓线性程序结构，就是将整个用户程序放置在循环程序块 OB1（主程序）中，块中的程序按顺序执行，CPU 通过反复执行 OB1 来实现自动化控制任务。这种结构和 PLC 所代替的硬接线继电器控制类似，CPU 逐条地处理指令。事实上，所有的程序都可以用线性结构实现，这种方式的程序结构简单，不涉及功能块（FB）、功能（FC）、数据块（DB）、局部变量和中断等比较复杂的概念，容易入门。

由于所有的指令都在一个块中，即使程序中的某些部分代码在大多数时候并不需要执行，但循环扫描工作方式中每个扫描周期都要扫描执行所有的指令，CPU 额外增加了不必要的负担，没有充分利用。此外，如果要求多次执行相同或类似的操作，线性化编程的方法就需要重复编写相同或类似的程序。

通常不建议用户采用线性化编程的方式，除非是初学者或者程序非常简单。

2) 分部式程序（模块化编程）　　所谓分部式程序，就是将整个程序按任务分成若干个部分，并分别放置在不同的功能（FC）、功能块（FB）及组织块中，在一个块中可以进一步分解成段。在组织块 OB1 中包含按顺序调用其他块的指令，并控制程序执行。被调用的块执行结束后，返回到 OB1 中程序块的调用点，继续执行 OB1。OB1 起着主程序的作用，功能（FC）和功能块（FB）控制着不同的过程任务，相当于子程序。

在分部式程序中，既无数据交换，也不存在重复利用的程序代码。功能（FC）和功能块（FB）不传递也不接收参数。同时控制任务被分成不同的块，易于几个人同时编程，而且相互之间没有冲突，互不影响。此外，将程序分成若干块，以方便程序的设计和故障查找。OB1 中的程序包含有调用不同块的指令，由于每次循环中不是所有的块都执行，只有需要时才调用有关的程序块，这将有助于提高 CPU 的利用效率。

分部式程序结构的编程效率比线性程序有所提高，对程序员的要求也不太高，对不太复杂的控制程序可考虑采用这种程序结构。

3) 结构化程序（结构化编程）　　所谓结构化程序，就是将复杂的自动化任务分解为能够反映过程的工艺、功能或可以反复使用的小任务，将这些小任务通过用户程序编写一些具有相同控制过程，但控制参数不一致的程序段，写在某个可分配参数的 FB 或 FC 中，然后在主程序循环组织中可重复调用该程序块，且调用时可赋予不同的控制参数。

这种程序结构通过传递参数和程序块重复调用，实现复杂的控制任务，并支持多人协同编写大型用户程序，对设计人员的要求较高。它具有以下特点：

☺ 各单个任务块的创建和测试可以相互独立地进行。

☺ 通过使用参数，可将块设计得十分灵活。例如，可以创建一个钻孔程序块，其坐标和钻孔深度可以通过参数传递进来。

☺ 在预先设计的库中，能够提供用于特殊任务的"可重用"块。

☺ 块可以根据需要在不同的地方以不同的参数数据记录进行调用。

☺ 程序结构清晰，可读性更好，更容易理解。

3. 堆栈

堆栈是 CPU 中一块特殊的存储区，它采用"先入后出"的规则存入和取出数据。堆栈中最上面的存储单元称为栈顶，要保存的数据从栈顶"压入"堆栈时，堆栈中原有的数据依次向下移动一个位置，最下面的存储单元中的数据丢失。在取出栈顶的数据后，堆栈中所有的数据依次向上移动一个位置。堆栈的这种"先入后出"的存取规则刚好满足块的调用（包括中断处理时的调用）的要求，因此在计算机的程序设计中得到了广泛应用。

下面介绍 STEP 7 中 3 种不同的堆栈。

1) 局域数据堆栈（L 堆栈）　　局域数据堆栈用来存储块的局域数据区的临时变量、组织块的启动信息、块传递函数的信息和梯形图程序的中间结果。局域数据可以按位、字节、字和双字来存取，如 L1.0、LB10、LW8 和 LD12 等。

各逻辑块均有自己的局域变量表，局域变量仅在它被创建的逻辑块中有效。对组织块编程时，可以声明临时变量（Temp）。临时变量仅在块被执行的时候使用，块执行完后将被别的数据覆盖。

在首次访问局域数据堆栈时，应对局域数据初始化。每个组织块需要 20B 的局域数据来存储它的启动信息。

CPU 分配给当前正在处理的块的临时变量（即局域数据）的存储器容量是有限的，这一存储区（即局域堆栈）的大小与 CPU 的型号有关。CPU 给每一优先级分配了相同数量的局域数据区，这样可以保证不同优先级的 OB 都有它们可以使用的局域数据空间。

在局域数据堆栈中，并非所有的优先级都需要相同数量的存储区。通过在 STEP 7 中设置参数，可以给 S7 - 400 系列 CPU 和 CPU 318 的每一优先级指定不同大小的局域数据区。其余的 S7 - 300 系列 CPU 每一优先级的局域数据区的大小是固定的。

2）块堆栈（B 堆栈）　如果一个块的处理因为调用另外一个块，或被更高优先级的块终止，或者被对错误的服务终止，则 CPU 将在块堆栈（B 堆栈）中存储以下信息：

☺ 被中断的块的类型（OB、FB、FC、SFB、SFC）、编号和返回地址。

☺ 从 DB 和 DI 寄存器中获得的块被中断时打开的共享数据块和背景数据块的编号。

☺ 局域数据堆栈的指针。

利用这些数据，可以在中断任务处理完后恢复被中断的块的处理。在多重调用时，堆栈可以保存参与嵌套调用的几个块的信息。

CPU 处于 STOP 模式时，可以在 STEP 7 中显示 B 堆栈保存的在进入 STOP 模式时没有处理完的所有块，在 B 堆栈中，块按照被处理的顺序排列。每个中断优先级对应的块堆栈中可以储存的数据的字节数与 CPU 的型号有关。

3）中断堆栈（I 堆栈）　如果程序的执行被优先级更高的 OB 中断，操作系统将保存下述寄存器的内容：当前累加器和地址寄存器的内容、数据块寄存器 DB 和 DI 的内容、局域数据的指针、状态字、MCR（主控继电器）寄存器和 B 堆栈的指针。新的 OB 执行完后，操作系统从中断堆栈中读取信息，从被中断的地方开始继续执行程序。

CPU 在 STOP 模式时，可以在 STEP7 中显示 I 堆栈中保存的数据，用户可以由此找出使 CPU 进入 STOP 模式的原因。

6.2　功能和功能块

1）功能块　功能块（FB）是用户编写的有自己的存储区（背景数据块）的块，每次调用功能块时需要提供各种类型的数据给功能块，功能块也要返回变量给调用它的块。这些数据以静态变量（Stat）的形式存放在指定的背景数据块 DI 中，临时变量存储在局域数据堆栈中。功能块执行完后，背景数据块中的数据不会丢失，但是不会保存局域数据堆栈中的数据。

在编写调用 FB 或系统功能块（SFB）的程序时，必须指定 DI 的编号，调用时 DI 被自动打开。在编译 FB 或 SFB 时自动生成背景数据块中的数据。可以在用户程序中或通过 HMI（人机接口）访问这些背景数据。

一个功能块可以有多个背景数据块，使功能块用于不同的被控对象。

可以在 FB 的变量声明表中给形参赋初值，它们被自动写入相应的背景数据块中。在调用块时，CPU 将实参分配给形参的值存储在 DI 中。如果调用块时没有提供实参，将使用上一次存储在背景数据块中的参数。

2）功能　功能（FC）是用户编写的没有固定的存储区的块，其临时变量存储在局域数据堆栈中，功能执行结束后．这些数据就丢失了。可以用共享数据区来存储那些在功能执行结束后需要保存的数据，不能为功能的局域数据分配初始值。

3）系统功能块　系统功能块（SFB）和系统功能是为用户提供的已经编好程序的块，可以在用户程序中调用这些块，但是用户不能修改它们。SFB 作为操作系统的一部分，不占用程序空间。SFB 有存储功能，其变量保存在指定给它的背景数据块中。

4）系统功能　系统功能（SFC）是集成在 S7 CPU 的操作系统中预先编好程序的逻辑块，如时间功能和块传送功能等。SFC 属于操作系统的一部分，可以在用户程序中调用。与 SFB 相比，SFC 没有存储功能。

S7 CPU 提供以下 SFC：

☺ 复制及块功能；

☺ 检查程序；

☺ 处理时钟和运行时间计数器；

☺ 数据传送；

☺ 在多 CPU 模式的 CPU 之间传送事件；

☺ 处理日期时间中断和延时中断；

☺ 处理同步错误、中断错误和异步错误；

☺ 有关静态和动态系统数据的信息；

☺ 过程映像刷新和位域处理；

☺ 模块寻址；

☺ 分布式 I/O；

☺ 全局数据通信；

☺ 非组态连接的通信；

☺ 生成与块相关的信息。

1. 局部变量

1）局部变量声明表（局部数据）　每个功能块前部都有一个变量声明表，称为局部变量声明表，局部变量声明表对当前功能块控制程序所使用的局部变量进行声明。

局部数据分为参数和局部变量两大类，局部变量又包括静态变量和临时变量（暂态变量）两种。参数可以在调用块和被调用块间传递数据，是逻辑块的接口。静态变量和临时变量是仅供功能块本身使用的数据，不能用作不同程序块之间的数据接口，若在功能块中不需要使用的局部数据类型，可以不在变量声明表中声明。局部数据类型见表6-2。

表 6-2　局部数据类型

变 量 名	类 型	说 明
输入参数	IN	由调用逻辑块的块提供数据，输入给逻辑块的指令
输出参数	OUT	向调用逻辑块的块返回参数，即从逻辑块输出结果数据
I/O 参数	IN_OUT	参数的值由调用该块的其他块提供，由逻辑块处理修改，然后返回
静态变量	STAT	静态变量存储在背景数据块中，块调用结束后，其内容被保留
临时变量	TEMP	临时变量存储在 L 堆栈中，块执行结束变量的值因被其他内容覆盖而丢失

2）局部变量的数据类型 在变量声明中，要明确局部变量的数据类型，这样操作系统才能给变量分配确定的存储空间。局部变量可以是基本数据类型或复式数据类型，也可以是专门用于参数传递的所谓的"参数类型"。参数类型包括定时器、计数器、块的地址或指针等，见表6-3。

表6-3 局部变量的数据类型

参数类型	大小/B	说 明
定时器	2	在功能块中定义一个定时器形参，调用时赋予定时器实参
计数器	2	在功能块中定义一个计数器形参，调用时赋予计数器实参
FB、FC、DB、SDB	2	在功能块中定义一个功能块或数据块形参变量，调用时给功能块类或数据块类形参赋予实际的功能块或数据块编号
指针	6	在功能块中定义一个形参，该形参说明的是内存的地址指针。例如，调用时可给形参赋予实参 P#M50.0，以访问内存 M50.0
ANY	10	当实参的数据未知时，可以使用该类型

3）形参、静态变量和临时变量

（1）形参：为保证功能块对同一类设备控制的通用性，应使用这类设备的抽象地址参数，这些抽象参数称为形式参数，简称形参。功能块在运行时将该设备的相应实际存储区地址参数（简称实参）替代形参，从而实现功能块的通用性。

形参需在功能块的变量声明表中定义，实参在调用功能块时给出。在功能块的不同调用处，可为形参提供不同的实参，但实参的数据类型必须与形参一致。

（2）静态变量：静态变量在 PLC 运行期间始终被存储。S7 将静态变量定义在背景数据块中，因此只能为 FB 定义静态变量，功能 FC 不能有静态变量。

（3）临时变量：临时变量仅在逻辑块运行时有效，逻辑块结束时，存储临时变量的内存被操作系统另行分配。S7 将临时变量定义在 L 堆栈中。

对于功能块（FB），操作系统为参数及静态变量分配的存储空间是背景数据块。这样，参数变量在背景数据块中留有运行结果备份。在调用 FB 时，若没有提供实参，则功能块使用背景数据块中的数值。操作系统在 L 堆栈中给 FB 的临时变量分配存储空间。

对于功能（FC），操作系统在 L 堆栈中给 FC 的临时变量分配存储空间。由于没有背景数据块，因而 FC 不能使用静态变量。输入、输出、I/O 参数以指向实参的指针形式存储在操作系统为参数传递而保留的额外空间中。

2. 功能块与功能的调用

1）调用功能块（FB） FB 为具有存储器的逻辑块，可以由 OB、FB 和 FC 调用。FB 根据需要可以具有足够多的输入参数、输出参数和输入/输出参数以及静态和临时变量。

FB 是背景化了的块，可以由其私有数据区域的数据进行赋值，在其私有数据区域中，FB 可以"记住"调用时的过程状态。使用这种"存储区域"，FB 可以执行计数器和定时器功能或者控制过程设备，如过程站、驱动器、锅炉等。特别地，FB 十分适合控制这样的处理设备：其性能特性不仅取决于外部影响，而且也取决于内部状态，如工步、速度、温度等。当控制这种设备时，过程单元的内部状态数据就复制到 FB 的静态变量中。

当调用功能块（FB）时，会有以下事件发生：

☺ 调用块的地址和返回位置存储在块堆栈中，调用块的临时变量压入 L 堆栈。

☺ 数据块 DB 寄存器内容与 DI 寄存器内容交换。

☺ 新的数据块地址装入 DI 寄存器。

☺ 被调用块的实参装入 DB 和 L 堆栈上部。

☺ 当功能块 FB 结束时，先前块的现场信息从块堆栈中弹出，临时变量弹出 L 堆栈。

☺ DB 和 DI 寄存器内容交换。

当调用功能块（FB）时，STEP 7 并不一定要求给 FB 形参赋予实参，除非参数是复式数据类型的 I/O 形参或参数类型形参。如果没有给 FB 的形参赋予实参，则功能块（FB）就调用背景数据块内的数值，该数值是在功能块（FB）的变量声明表或背景数据块内为形参所设置初始数值。

2）调用功能（FC）　FC 是无存储区的、可分配参数的逻辑块。在 STEP 7 中，不同 CPU 提供了足够多的 FC 输入参数、输出参数和输入/输出参数。FC 没有存储区，没有用来存储结果的独立的、永久的数据区域。FC 执行期间所产生的临时结果，只能存储在各自局部数据堆栈的临时变量中。实际上，FC 扩充了处理器的指令集。

FC 主要应用于向调用块返回功能值，如数学功能、使用二进制逻辑操作的信号控制等。

当调用功能（FC）时会有以下事件发生：

☺ 功能（FC）实参的指针存到调用块的 L 堆栈。

☺ 调用块的地址和返回位置存储在块堆栈，调用块的局部数据压入 L 堆栈。

☺ 功能（FC）存储临时变量的 L 堆栈区被推入 L 堆栈上部。

☺ 当被调用功能（FC）结束时，先前块的信息存储在块堆栈中，临时变量弹出 L 堆栈。

因为功能（FC）不用背景数据块，不能分配初始数值给功能（FC）的局部数据，所以必须给功能（FC）提供实参。

3. 系统功能块

那些不能有 STEP7 指令执行的功能（如创建 DB、与其他的 PLC 通信等功能）可以借助于系统功能（SFC）或系统功能块（SFB）在 STEP 7 中实现。

SFC（系统功能）和 SFB（系统功能块）是预先编好的可供用户调用的程序块，它们已经固化在 S7 PLC 的 CPU 中，其功能和参数已经确定。因此，在从 CPU 读取一个 SFB 或 SFC 时，实际的指令部分并没有发送，而只发送了 SFC 或者 SFB 的声明部分。借助于 STL/LAD/FBD 程序编辑器，可打开读出的块并且显示其声明部分。

在用户程序中，可以使用 CALL 指令像调用 FB 一样调用 SFC 和 SFB，因此对于 SFB 来说，必须将用户 DB 指定为 SFB 的背景 DB。

一台 PLC 具有哪些 SFC 和 SFB 功能，是由 CPU 型号决定的，具体信息可查阅 CPU 的相关技术手册。通常，SFC 和 SFB 提供一些系统级的功能调用。比如：

SFC 39 "DIS_IRT" 用来禁止中断和异步错误处理，可以禁止所有的中断、有选择地禁止某些范围的中断和某个中断。

SFC 40 "EN_IRT" 用来激活新的中断和异步错误处理，可以全部允许所有的中断和有选择地允许某些中断。

SFC 41 "DIS_AIRT" 延迟处理比当前优先级高的中断和异步错误，直到用 SFC 42 "EN

_AIRT" 允许处理中断或当前的 OB 执行完毕。

SFC 42 "EN_AIRT" 用来允许处理被 SFC 41 "DIS_AIRT" 暂时禁止的中断和异步错误，SFC 42 "EN_AIRT" 和 SFC 41 "DIS_AIRT" 配对使用。

SFB 38 "HSC_A_B" 为处理高速计数器的系统功能块、SFB 41 "CONT_C" 处理 PID 控制的系统功能块等等。

> 在调用 SFB 时，需要用户指定其背景数据块（CPU 中不包含其背景数据块），并确定将背景数据块下载到 PLC 中。

6.3 数据块

对于 S7 - 300/400 PLC，除逻辑块外，用户程序还包括数据，这些数据是所存储的过程状态和信号的信息，所存储的数据在用户程序中进行处理。数据块定义在 S7 CPU 的存储器中，用户可在存储器中建立一个或多个数据块。每个数据块可大可小，但 CPU 对数据块数量及数据总量有限制。数据块（DB）可用来存储用户程序中逻辑块的变量数据（如数值）。与临时数据不同，当逻辑块执行结束或数据块关闭时，数据块中的数据保持不变。用户程序可以位、字节、字或双字操作访问数据块中的数据，可以使用符号或绝对地址。

1. 数据块的类型

数据块（DB）有 3 种类型，即共享数据块、背景数据块和用户定义数据块。

1）共享数据块　共享数据块又称全局数据块，用于存储全局数据，所有逻辑块（OB、FC、FB）都可以访问共享数据块存储的信息。CPU 可以同时打开一个共享数据块和一个背景数据块。如果某个逻辑块被调用，它可以使用它的临时局域数据区（即 L 堆栈）。逻辑块执行结束后，其局域数据区中的数据丢失，但是共享数据块中的数据不会被删除。

2）背景数据块　背景数据块被用作"私有存储器区"，即用作功能块（FB）的"存储器"。FB 的参数和静态变量安排在它的背景数据块中。背景数据块不是由用户编辑的，而是由编辑器生成的。背景数据块只能被指定的功能块访问。应首先生成功能块，然后生成它的背景数据块。在生成背景数据块时，应说明它的类型为背景数据块，并指明它的功能块的编号，如 FB2。背景数据块的功能块被执行完后，背景数据块中存储的数据不会丢失。在调用功能块时使用不同的背景数据块，可以控制多个同类的对象。

3）用户定义数据块（DB of Type）　用户定义数据块是以 UDT 为模板所生成的数据块。创建用户定义数据块（DB of Type）之前，必须先创建一个用户定义数据类型，如 UDT1，并在 STL/FBD/LAD S7 程序编辑器内定义。

CPU 有两个数据块寄存器：DB 寄存器和 DI 寄存器。这样，可以同时打开两个数据块。

2. 数据块中的数据类型

在 STEP 7 中数据块的数据类型可以采用基本数据类型、复杂数据类型或用户定义数据类型（UDT）。

1）基本数据类型　基本数据类型根据 IEC 1131—3 定义，长度不超过 32 位，可利用 STEP 7 基本指令处理，能完全装入 S7 处理器的累加器中。基本数据类型包括以下几种。

（1）位数据类型：BOOL、BYTE、WORD、DWORD、CHAR；

（2）数字数据类型：INT、DINT、REAL；

（3）定时器类型：S5TIME、TIME、DATE、TIME_OF_DAY。

2）复杂数据类型　复杂数据类型只能结合共享数据块的变量声明使用。复杂数据类型可大于 32 位，用装入指令不能把复杂数据类型完全装入累加器，一般利用库中的标准块（"IEC" S7 程序）处理复杂数据类型。复杂数据类型包括：

（1）日期 - 时间（DATE_AND_TIME）类型；

（2）数组（ARRAY）类型；

（3）结构（STRUCT）类型；

（4）字符串（STRING）类型。

复杂数据类型的名称、类型和说明见表 6-4。

表 6-4　复杂数据类型

名　称	类　型	说　明
日期 - 时间	DATE_AND_TIME	长度为 8B（64bit）。按 BCD 码格式顺序存储：年、月、日、小时、分、秒、毫秒、星期
数组	ARRAY	由一种数据类型组成的数据集合，数据类型可以是基本数据类型或复式数据类型。可定义到 6 维数组
结构	STRUCT	由多种数据类型组成的数据集合
字符串	STRING	字符串是一组 ASCII 码，一个串内可定义最多 254 个字符，占用 256B 内存

3）用户定义数据类型　STEP 7 允许利用数据块编辑器，将基本数据类型和复杂数据类型组合成长度大于 32 位用户定义数据类型（User - Defined dataType，UDT）。用户定义数据类型不能存储在 PLC 中，只能存放在硬盘上的 UDT 块中。可以用用户定义数据类型作"模板"建立数据块，以节省录入时间。可用于建立结构化数据块、建立包含几个相同单元的矩阵、在带有给定结构的 FC 和 FB 中建立局部变量。

3. 数据块的建立

在 STEP 7 中，为了避免出现系统错误，在使用数据块之前，必须先建立数据块，并在块中定义变量（包括变量符号名、数据类型以及初始值等）。数据块中变量的顺序及类型决定了数据块的数据结构，变量的数量决定了数据块的大小。数据块建立后，还必须同程序块一起下载到 CPU 中，才能被程序块访问。

1）建立数据块　假设用 SIMATIC 管理器创建一个名称为 DB1 的共享数据块，具体步骤如下。

（1）在 SIMATIC 管理器中选择 S7 项目的 S7 程序的"块"文件夹；然后执行菜单命令"插入→S7 块→数据块"，如图 6-2 所示。

（2）在弹出的数据块属性对话框内，可设置以下要建立的数据块属性。

☺数据块名称：如 DB1、DB2 等；

☺ 数据块符号名：为可选项；

☺ 符号注释：为可选项；

☺ 数据块类型：共享数据块、背景数据块或用户定义数据块。

（3）设置完毕后单击"确定"按钮确认。

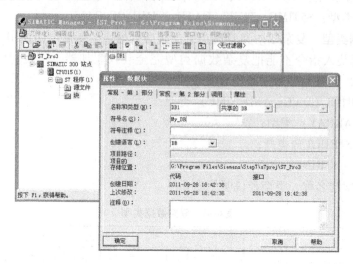

图 6-2　SIMATIC 管理器创建数据块

2）定义变量并下载数据块　共享数据块建立以后，可以在 S7 的块文件夹内双击块图标，启动 LAD/STL/FBD S7 编辑器，并打开数据块。如图 6-3 所示。数据块编辑窗口与 UDT1 的编辑窗口相似，因此可按相同的方法输入需要的变量。

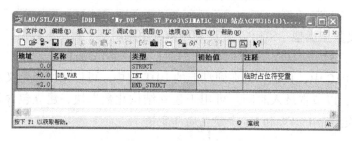

图 6-3　编辑数据块

4. 访问数据块

在用户程序中可能存在多个数据块，而每个数据块的数据结构并不完全相同，因此在访问数据块时，必须指明数据块的编号、数据类型与位置。如果访问不存在的数据单元或数据块，而且没有编写错误处理 OB 块，则 CPU 将进入 STOP 模式。

1）寻址数据块　数据块中的数据单元按字节寻址，S7 - 300 的最大块长度是 8KB。可以装载数据字节、数据字、双字。当使用数据字时，需要指定第一个字节地址，如 DBW2，按该地址装入 2B。使用双字时，按该地址装入 4B，如图 6-4 所示。

2）访问数据块　在 STEP 7 中可以采用传统访问方式，即先打开后访问，也可以采用完全表示的直接访问方式。

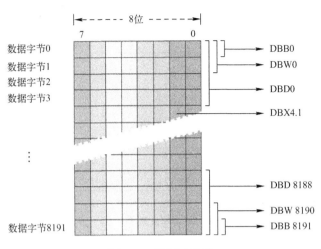

图 6-4　数据块寻址

用指令"OPN　DB…"打开共享数据块（自动关闭之前打开的共享数据块），如果 DB 已经打开，则可用装入（L）或传送（T）指令访问数据块。

3）直接访问数据块　所谓直接访问数据块，就是在指令中同时给出数据块的编号和数据在数据块中的地址。可以用绝对地址，也可以用符号地址直接访问数据块。

6.4　组织块与中断处理

组织块（OB）是指 CPU 的操作系统与用户程序之间的接口。OB 用于执行特定的程序段，包括启动 CPU 时、在循环或定时执行过程中、出错时和发生硬件中断时。

1. 中断的基本概念

启动事件触发 OB 调用称为中断。中断处理用来实现对特殊内部事件或外部事件的快速响应。CPU 检测到中断请求时，立即响应中断，调用中断源对应的中断程序（OB）。执行完中断程序后，返回被中断的程序。

中断源主要有 I/O 模块的硬件中断和软件中断（如日期时间中断、延时中断、循环中断和编程错误引起的中断等）。

表 6-5 显示了 STEP 7 中的中断类型以及分配给这些中断的组织块的优先级，不同的 PLC 所支持的组织块的个数和类型有所不同，因此用户只能编写 PLC 支持的组织块。

表 6-5　组织块的启动事件和对应优先级

OB 号	启 动 事 件	默认优先级	说　　明
OB1	启动或上一次循环结束时执行 OB1	1	主程序循环
OB10 ~ OB17	日期时间中断 0 ~ 7	2	在设置的日期时间启动
OB20 ~ OB23	时间延时中断 0 ~ 3	3 ~ 6	延时后启动
OB30 ~ OB38	循环中断 0 ~ 8： 时间间隔分别为 5s、2s、1s、500ms、200ms、100ms、50ms、20ms 和 10ms	7 ~ 15	以设定的时间为周期运行

OB 号	启 动 事 件	默认优先级	说　明
OB40 ~ OB47	硬件中断 0 ~ 7	16 ~ 23	检测外部中断请求时启动
OB55	状态中断	2	DPVI 中断（PROFIBUS - DP）
OB56	刷新中断	2	
OB57	制造厂特殊中断	2	
OB60	多处理中断，调用 SFC35 时启动	25	多处理中断的同步操作
OB61 ~ OB64	同步循环中断 1 ~ 4	25	同步循环中断
OB70	I/O 冗余错误中断	25	冗余故障中断只用于 H 系列的 CPU
OB72	CPU 冗余错误中断，例如一个 CPU 发生故障	28	
OB73	通行冗余错误中断，如冗余连接的冗余丢失	25	
OB80	时间错误	26 启动为 28	异步错误中断
OB81	电源故障	27 启动为 28	
OB82	诊断中断	28 启动为 28	
OB83	插入/拔出模块中断	29 启动为 28	
OB84	CPU 硬件故障	30 启动为 28	
OB85	优先级错误	31 启动为 28	
OB86	扩展机架、DP 主站系统或分布式 I/O 站故障	32 启动为 28	
OB87	通行故障	33 启动为 28	
OB88	过程中断	34 启动为 28	
OB90	冷、热启动，删除或背景循环	29	背景循环
OB100	暖启动	27	启动
OB101	热启动（S7 - 300 和 S7 - 400H 不具备）	27	
OB102	冷启动	27	
OB121	编程错误	与引起中断的 OB 相同	同步错误中断
OB122	I/O 访问错误		

2. 组织块

组织块（OB）是操作系统与用户程序之间的接口。用户程序一般由启动程序、主程序和各种中断响应程序等模块组成，这些模块就是组织块。组织块由操作系统调用，控制循环、中断、驱动的程序执行，PLC 启动特性和错误处理等。可以对组织块进行编程来确定 CPU 的工作特性。不同型号的 CPU 支持不同的 OB。

3. 循环处理的主程序 OB1

OB1 是循环扫描的主程序，它的优先级最低。其循环时间被监控，即除 OB90 以外，其他所有的 OB 均可中断 OB1 的执行。以下两个事件可以导致操作系统调用 OB1。

☺ CPU 启动完毕。

☺OB1 执行到上一个循环周期结束。

OB1 执行完毕后，操作系统发送全局数据。再次启动 OB1 之前，操作系统会将输出映像区数据写入输出模板，刷新输入映像区并接收全局数据。S7 监视最长循环时间，保证最长的响应时间，最长循环时间默认设置为 150ms。可以通过设一个新值或 SFC43 "RE-TRI-GR" 重新启动时间监视功能，如果程序超过了 OB1 最长循环时间，操作系统将调用 OB80（时间故障 OB）；如果 OB80 不存在，则 CPU 停机。除了监视最长循环时间，还可以保证最短循环时间，操作系统将延长下一个新循环（将输出映像区数据传送到输出模板）直到最短循环时间到。参数"最长"、"最短"循环时间的范围可以运用 STEP 7 软件更改参数设置。表 6-6 描述了 OB1 的临时变量（TEMP），变量名是 OB1 的默认名称。

表 6-6　OB1 的临时变量

变 量 名	类 型	说 明
OB1_EV_CLASS	BYTE	事件等级和标识符：B#16#1：OB1 激活
OB1_SCAN1	BYTE	B#16#01：完成暖重启； B#16#02：完成热重启； B#16#03：完成主循环； B#16#04：完成冷重启； B#16#05：主站——保留站切换和"停止"上一主站之后新主站 CPU 的首个 OB1 循环
OB1_PRIORITY	BYTE	优先级 1
OB1_OB_NUMBER	BYTE	OB 编号（01）
OB1_RESERVED_1	BYTE	保留
OB1_RESERVED_2	BYTE	保留
OB1_PREV_CYCLE	INT	上一次扫描的运行时间（ms）
OB1_MIN_CYCLE	INT	自上次启动后的最小周期（ms）
OB1_MAX_CYCLE	INT	自上次启动后的最大周期（ms）
OB1_DATE_TIME	DATE_AND_TIME	调用 OB 时的 DATE_AND_TIME

4. 日期时间中断组织块 OB10 ~ OB17

日期时间中断组织块有 OB10 ~ OB17，共计 8 个。CPU318 只能使用 OB10 和 OB11，其余的 S7 - 300 CPU 只能使用 OB10。S7 - 400 可以使用的日期时间中断 OB（OB10 ~ OB17）的个数与 CPU 的型号有关。

日期时间中断可以在某一特定的日期和时间执行一次，也可以从设定的日期时间开始，周期性地重复执行，如每分钟、每小时、每天甚至每年执行一次。可以用 SFC 28 ~ SFC 30 取消、重新设置或激活日期时间中断。

1）设置和启动日期时间中断

（1）用 SFC 28 "SET_TINT" 和 SFC 30 "ACT_TINT" 设置和激活日期时间中断。

（2）在硬件组态工具中设置和激活。在 STEP 7 中打开硬件组态工具，双击机架中的 CPU 模块所在的行，打开设置 CPU 属性的对话框，单击 "Time - Of - Day Interrupts" 选项卡，设置启动日期时间中断的日期和时间，选中 "Active"（激活）复选框，在 "Execution"

列表框中选择执行方式。将硬件组态数据下载到 CPU 中，可以实现日期时间中断的自动启动。

（3）用上述方法设置日期时间中断的参数，但不选中"Active"，而是在用户程序中用 SFC 30 "ACT_TINT" 激活日期时间中断。

2）查询日期时间中断　要想查询设置了哪些日期时间中断以及这些中断什么事件发生，可以调用 SFC 31 "QRY_TINT" 查询日期时间中断。SFC 31 输出的状态字节（STATUS）见表 6-7。

表 6-7　SFC 31 输出的状态字节

位	取　值	意　义
0	0	日期时间中断已被激活
1	0	允许新的日期时间中断
2	0	日期时间中断未被激活或时间已过去
3	0	
4	0	没有装载日期时间中断组织块
5	0	日期时间中断组织块的执行没有被激活的测试功能禁止
6	0	以基准时间为日期时间中断的基准
7	1	以本地时间为日期时间中断的基准

3）禁止和激活日期时间中断　用 SFC 29 "CAN_TINT" 取消（禁止）禁止和激活日期时间中断，用 SFC 28 "SET_TINT" 重新设置那些被禁用的日期时间中断，用 SFC 30 "ACT_TINT" 重新激活日期时间中断。

在调用 SFC 28 时，参数 "OB10_PERIOD_EXE" 为十六进制数 W#16#0000、W#16#0201、W#16#0401、W#16#1001、W#16#1201、W#16#1401、W#16#1801 和 W#16#2001 时，分别表示执行一次，每分钟、每小时、每天、每周、每月、每年和月末执行一次。

5. 时间延时中断组织块 OB20～OB23

PLC 中的普通定时器的工作与扫描工作方式有关，其定时精度受到不断变化的循环周期的影响。使用时间延时中断可以获得精度较高的延时，延时中断以 ms 为单位定时。

S7 提供了 4 个时间延时中断 OB（OB20～OB23），CPU 可以使用的延时中断 OB 的个数与 CPU 的型号有关，S7-300（不包含 CPU318）只能使用 OB20。用 SFC 32 "SRT_DINT" 启动，经过设定的时间触发中断，调用 SFC 32 指定的 OB。延时中断可以用 SFC 33 "CAN_DINT" 取消，用 SFC 34 "QRY_DINT" 查询延时中断的状态，它输出的状态字节（STATUS）见表 6-8。

6. 循环中断组织块 OB30～OB38

循环中断组织块用于按一定时间间隔循环执行中断程序，例如，周期性地定时执行某段程序，间隔时间从 STOP 切换到 RUN 模式时开始计算。

表 6-8　SFC 34 输出的状态字节

位	取 值	意 义
0	0	时间延时中断已被允许
1	0	未拒绝新的时间延时中断
2	0	时间延时中断未被激活或已完成
3	0	
4	0	没有装载时间延时中断组织块
5	0	时间延时中断组织块的执行没有被激活的测试功能禁止

循环中断组织块 OB30～OB38 默认的时间间隔和中断优先级见表 6-9 所示。CPU318 只能使用 OB32 和 OB35，其余的 S7 - 300 CPU 只能使用 OB35。S7 - 400 CPU 可以使用的循环中断 OB 的个数与 CPU 型号有关。

表 6-9　循环 OB 默认的参数

OB 号	时 间 间 隔	优 先 级	OB 号	时 间 间 隔	优 先 级
OB30	5 s	7	OB35	100ms	12
OB31	2 s	8	OB36	50ms	13
OB32	1 s	9	OB37	20ms	14
OB33	500ms	10	OB38	10ms	15
OB34	200ms	11			

如果两个 OB 的时间间隔成整数倍，则不同的循环中断 OB 可以同时请求中断，造成处理循环中断程序超过指定的循环时间。为了避免出现这样的错误，用户可以定义一个相位偏移。相位偏移用于在循环时间间隔到达时，延时一定的时间后再执行循环中断，相位偏移时间要小于循环的时间间隔。

设 OB38 和 OB37 的时间间隔分别为 10ms 和 20ms，它们的相位偏移分别为 0ms 和 3ms，则 OB38 分别在 $t = 10$ms、20ms、…、60ms 时产生中断，而 OB37 分别在 $t = 23$ms、43ms、…、63ms 时产生中断。

可以用 SFC 40 和 SFC 39 来激活和禁止循环中断。SFC 40 "EN_IRT" 是用于激活新的中断和异步错误的系统功能，其参数 MODE 为 0 时激活所有的中断和异步错误，为 1 时激活部分中断和错误，为 2 时激活指定的 OB 对应的中断和错误。SFC 39 "DIS_IRT" 是禁止新的中断和异步错误的系统功能，MODE 为 2 时禁止指定的 OB 对应的中断和错误，MODE 必须用十六进制数来设置。

7. 硬件中断组织块 OB40～0B47

硬件中断组织块（OB40～0847）用于快速响应信号模块（SM，即输入/输出模块）、通信处理器（CP）和功能模块（FM）的信号变化。具有中断能力的信号模块将中断信号传送到 CPU 时，或者当功能模块产生一个中断信号时，将触发硬件中断。

CPU318 只能使用 OB40 和 OB41，其余的 S7 - 300 CPU 只能使用 OB40。S7 - 400 CPU 可以使用的硬件中断 OB 的个数与 CPU 的型号有关。

用户可以用 STEP 7 的硬件组态功能来决定信号模块哪个通道在什么条件下产生硬件中断，将执行哪个硬件中断 OB，OB40 被默认于执行所有的中断。对于 CP 和 FM，可以在对话框中设置相应的参数来启动 OB。

硬件中断被模块触发后，操作系统将自动识别是哪个槽的模块和模块中哪个通道产生的硬件中断，硬件中断 OB 执行完后，将发送通道确认信号。

如果正在处理某一中断事件，又出现了同一模块同一通道产生的完全相同的中断时间，则新的中断事件将丢失。如果正在处理某一中断信号时同一模块中其他通道或其他模块产生了中断事件，则当前已激活的硬件中断执行完后，再处理暂存的中断。

8. 背景组织块 OB90

CPU 可以保证设置的最短扫描循环时间，如果它比实际的扫描循环时间长，则在循环程序结束后 CPU 处于空闲的时间内可以执行背景组织块（OB90）。背景 OB 的优先级为 29（最低）。

9. 启动组织块 OB100/OB101/OB102

当 CPU 上电或者操作模式由停止状态改变为运行状态时，CPU 首先执行启动组织块，只执行一次，然后开始循环执行主程序组织块 OB1。

 启动组织块只在 PLC 启动的瞬间执行，而且只执行一次。

S7 系列 PLC 的启动组织块有 3 个，分别为 OB100、OB101 和 OB102。这 3 个启动组织块对应不同的启动方式。至于 PLC 采取哪种启动方式，是与 CPU 的型号以及启动模式有关的。

1）暖启动（Warm Restart）组织块 OB100　启动时，过程映像区和不保持的标志存储器、定时器及计数器被清零，保持的标志存储器、定时器和计数器以及数据块的当前值保持原状态。执行 OB100，然后开始执行循环程序 OB1。一般 S7-300 PLC 都采用此种启动方式。

2）热启动（Hot Restart）组织块 OB101　启动时，所有数据（无论是保持型或非保持型）都将保持原状态，并且将 OB101 中的程序执行一次。然后程序从断点处开始执行。剩余循环执行完以后开始执行循环程序。一般只有 S7-400 PLC 具有此功能。

3）冷启动（Cold Restart）组织块 OB102　冷启动时，所有过程映像区和标志存储器、定时器和计数器（无论是保持型还是非保持型）都将被清零，而且数据块的当前值被装载存储器的原始值覆盖。然后将 OB102 中的程序执行一次后执行循环程序。

10. 故障处理组织块 OB70~OB87/OB121~OB122

S7-300/400 有很强的错误（或称故障）检测和处理能力。PLC 内部的功能性错误或编程错误，而不是外部设备的故障。CPU 检测到错误后，操作系统调用对应的组织块，用户可以在组织块中编程，对发生的错误采取相应的措施。对于大多数错误，如果没有给组织块编程，出现错误时，CPU 将进入 STOP 模式。

为避免发生某种错误时 CPU 进入停机状态，可以在 CPU 中建立一个对应的空的组织块。

被 S7 CPU 检测到且用户可以通过组织块对其进行处理的错误分为以下两个基本类型。

1）异步错误　异步错误是与 PLC 的硬件或操作系统密切相关的错误，与程序执行无关，后果严重。异步错误 OB 具有最高等级的优先级，其他 OB 不能中断它们。同时有多个相同优先级的异步错误 OB 出现，将按出现的顺序处理。

处理异步错误的组织块有以下几个。

（1）时间错误处理组织块（OB80）：循环监控时间的默认值为 150ms，时间错误包括实际循环时间超过设置的循环时间、因为向前修改时间而跳过日期时间中断、处理优先级时延迟太多等。

（2）电源故障处理组织块（OB81）：电源故障包括后备电池失效或未安装，S7－400 的 CPU 机架或扩展机架上的 DC 24V 电源故障。电源故障出现和消失时操作系统都要调用 OB81。

（3）诊断中断处理组织块（OB82）：OB82 在下列情况时被调用：有诊断功能的模块的断线故障，模拟量输入模块的电源故障，输入信号超过模拟量模块的测量范围等。错误出现和消失时，操作系统都会调用 OB82。用 SFC 51 "RDSYSST" 可以读出模块的诊断数据。

（4）插入/拔出模块中断组织块（OB83）：S7－400 可以在 RUN，STOP 或 STARTUP 模式下带电拔出和插入模块，但是不包括 CPU 模块、电源模块、接口模块和带适配器的 S5 模块，上述操作将会产生插入/拔出模块中断。

（5）CPU 硬件故障处理组织块（OB84）：当 CPU 检测到 MPI 网络的接口故障、通信总线的接口故障或分布式 I/O 网卡的接口故障时，操作系统调用 OB84。故障消除时也会调用该 OB 块。

（6）优先级错误处理组织块（OB85）：在以下情况下将会触发优先级错误中断。

☺ 产生了一个中断事件，但是对应的 OB 块没有下载到 CPU。

☺ 访问一个系统功能块的背景数据块时出错。

☺ 刷新过程映像表时 I/O 访问出错，模块不存在或有故障。

（7）机架故障组织块（OB86）：在以下情况下将会触发机架故障中断。

☺ 机架故障，如找不到接口模块或接口模块损坏，或者连接电缆断线。

☺ 机架上的分布式电源故障。

☺ 在 SINEC L2－DP 总线系统的主系统中有一个 DP 从站有故障。

（8）通信错误组织块（OB87）：在以下情况下将会触发通信错误中断。

☺ 接收全局数据时，检测到不正确的帧标识符（ID）。

☺ 全局数据通信的状态信息数据块不存在或太短。

☺ 接收到非法的全局数据包编号。

2）同步错误　同步错误是与程序执行有关的错误，其 OB 的优先级与出现错误时被中断的块的优先级相同，即同步错误 OB 中的程序可以访问块被中断时累加器和状态寄存器中的内容。对错误进行处理后，可以将处理结果返回被中断的块。

处理同步错误的组织块有以下几个。

（1）错误组织块（OB121）：出现编程错误时，CPU 的操作系统将调用 OB121。局域变量 OB121_SW_FLT 给出了错误代码,可以查看《S7 - 300/400 的系统软件和标准功能》中 OB121 部分的错误代码表。

(2) I/O 访问错误组织块(OB122):STEP 7 指令访问有故障的模块,例如直接访问 I/O 错误(模块损坏或找不到),或者访问了一个 CPU 不能识别的 I/O 地址,此时 CPU 的操作系统将会调用 OB122。

6.5　编程举例

下面通过 3 个实例来讲解不同的程序结构和程序设计。

6.5.1　编辑并调用无参功能——分部程序设计

所谓无参功能(FC),是指在编辑功能(FC)时,在局部变量声明表不进行形式参数的定义,在功能(FC)中直接使用绝对地址完成控制程序的编程。这种方式一般应用于分部式结构的程序编写,每个功能(FC)实现整个控制任务的一部分,不重复调用。

【例 6-1】搅拌控制系统程序设计——使用开关量。

如图 6-5 所示为一搅拌控制系统,由 3 个开关量液位传感器,分别检测液位的高、中和低。现要求对 A、B 两种液体原料按等比例混合,请编写控制程序。要求如下:

按"启动"按钮后系统自动运行;首先打开进料泵 1,开始加入液料 A→中液位传感器动作后,关闭进料泵 1,打开进料泵 2,开始加入液料 B→高液位传感器动作后,关闭进料泵 2,启动搅拌器→搅拌 10s 后,关闭搅拌器,开启放料泵→当低液位传感器动作后,延时 5s 后关闭放料泵;按"停止"按钮,系统应立即停止运行。

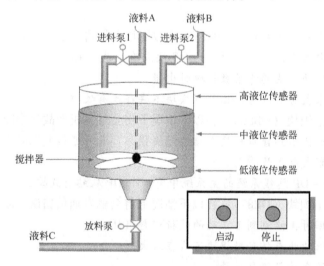

图 6-5　搅拌控制系统

编辑并调用无参功能,具体操作步骤如下。

1. 编辑无参功能(FC)

1)创建 S7 项目　按照前面所介绍的方法,创建 S7 项目,并命名为"无参 FC",项目包含组织块 OB1 和 OB100。

2) **硬件配置**　在"无参 FC"项目内打开"SIMATIC 300 站点"文件夹，打开硬件配置窗口，并完成硬件配置，如图 6-6 所示。

插槽	模块	...	订货号	...	固件	MPI 地址	I 地址	Q 地址	注释
1	PS 307 5A		6ES7 307-1EA00-0AA0						
2	CPU315(1)		6ES7 315-1AF03-0AB0			2			
3									
4	DI32xDC24V		6ES7 321-1BL00-0AA0				0...3		
5	DO32xDC24V/0.5A		6ES7 322-1BL00-0AA0					4...7	

图 6-6　硬件配置

3) **编辑符号表**　打开 S7 程序文件夹，双击 符号 图标打开符号编辑器，编辑符号表，如图 6-7 所示。

	状态	符号	地址		数据类型	注释
1		液料A控制	FC	1	FC 1	液料A进料控制
2		液料B控制	FC	2	FC 2	液料B进料控制
3		搅拌器控制	FC	3	FC 3	搅拌器控制
4		出料控制	FC	4	FC 4	出料泵控制
5		启动	I	0.0	BOOL	
6		停止	I	0.1	BOOL	
7		高液位检测	I	0.2	BOOL	有液料时为"1"
8		中液位检测	I	0.3	BOOL	有液料时为"1"
9		低液位检测	I	0.4	BOOL	有液料时为"1"
10		原始标志	M	0.0	BOOL	表示进料泵、放料泵及搅拌器均处于停机状态
11		最低液位标志	M	0.1	BOOL	表示液料即将放空
12		进料泵1	Q	4.0	BOOL	"1" 有效
13		进料泵2	Q	4.1	BOOL	"1" 有效
14		搅拌器M	Q	4.2	BOOL	"1" 有效
15		放料泵	Q	4.3	BOOL	"1" 有效
16		搅拌定时器	T	1	TIMER	SD定时器，搅拌10s
17		排空定时器	T	2	TIMER	SD定时器，搅拌5s

图 6-7　搅拌控制系统符号表

4) **规划程序结构**　按分部结构设计控制程序，如图 6-8 所示。分部结构的控制程序由以下 6 个逻辑块构成：OB1 为主循环组织块、OB100 为初始化程序、FC1 为液料 A 控制程序、FC2 为液料 B 控制程序、FC3 为搅拌控制程序、FC4 为出料程序。

5) **编辑功能（FC）**　在"无参 FC"项目内选择"块"文件夹，然后反复执行菜单命令"插入→S7 块→功能"，分别创建 4 个功能（FC）：FC1、FC2、FC3 和 FC4。由于在符号表内已经为 FC1 ~ FC4 定义了符号，因此在创建 FC 的属性对话框内系统会自动添加符号表。再插入一个组织块 OB100。

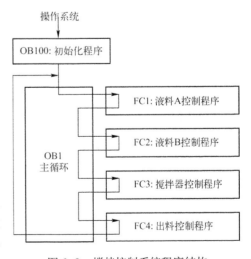

图 6-8　搅拌控制系统程序结构

在项目内选择"块"文件夹，依次双击 FC1、FC2、FC3、FC4 和 OB100，分别打开各块的 S7 程序编辑器，完成下列逻辑块的编辑。

（1）编辑 FC1：FC1 实现液料 A 的进料控制，由 1 个程序段组成，控制程序如图 6-9 所示。

（2）编辑 FC2：FC2 实现液料 B 的进料控制，由 1 个程序段组成，控制程序如图 6-10 所示。

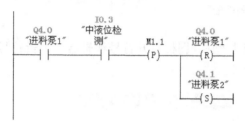

图 6-9　FC1 程序　　　　　　　　　图 6-10　FC2 程序

（3）编辑 FC3：FC3 实现搅拌器的控制，由 2 个程序段组成，控制程序如图 6-11 所示。

（4）编辑 FC4：FC4 实现出料控制，由 3 个程序段组成，控制程序如图 6-12 所示。

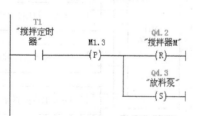

图 6-11　FC3 程序　　　　　　　　　图 6-12　FC4 程序

（5）编辑 OB100：OB100 为启动组织块，该组织块中的程序在 PLC 启动时执行一次，程序如图 6-13 所示。

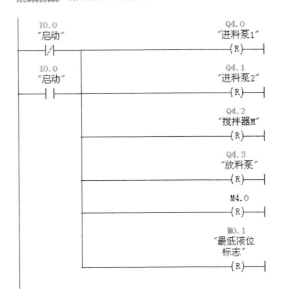

图 6-13　OB100 程序

2. 在 OB1 中调用无参功能（FC）

在"无参 FC"项目内选择"块"文件夹，打开 OB1。当 FC1 ~ FC4 编辑完成以后，在程序元素的 FC 块目录中就会出现可调用的 FC1、FC2、FC3 和 FC4，在 LAD 和 FBD 语言环境下可以块图的形式调用，如图 6-14 所示。

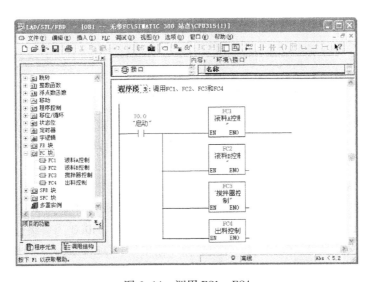

图 6-14　调用 FC1 ~ FC4

主循环组织块 OB1 的程序如图 6-15 所示。

OB1：〝分布式结构的搅拌器控制程序——主循环组织块〞

程序段 1：设置原始标志

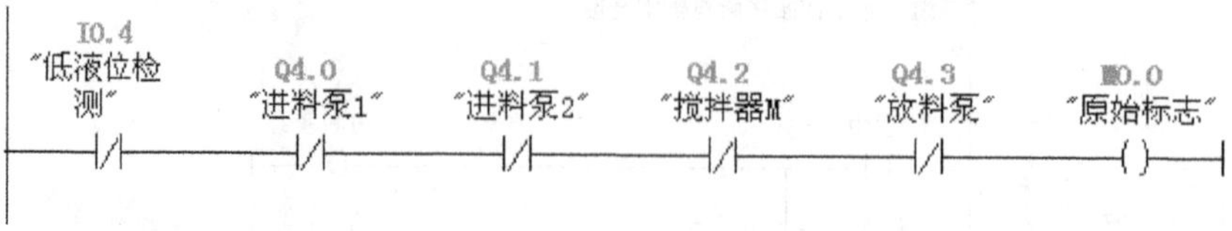

程序段 2：启动进料泵1

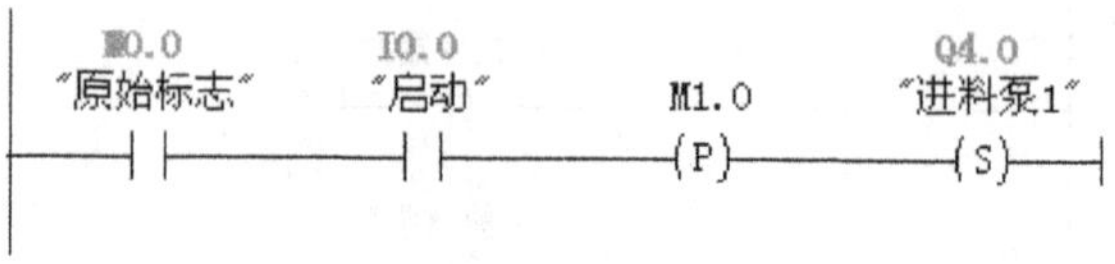

程序段 3：调用FC1、FC2、FC3和FC4

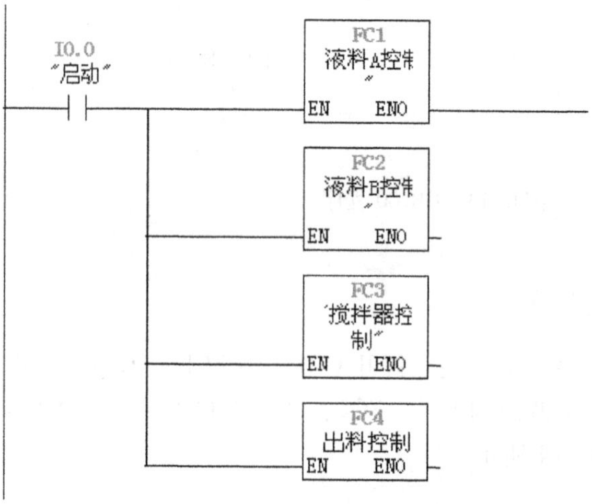

图 6-15　OB1 程序

6.5.2　编辑并调用有参功能——结构化程序设计

所谓有参功能（FC），是指编辑功能（FC）时，在局部变量声明表内定义了形式参数，在功能（FC）中使用了虚拟的符号地址完成控制程序的编程，以便在其他块中能重复调用有参功能（FC）。这种方式一般应用于结构化程序编写。

【例 6-2】 多级分频器控制程序设计。

本例拟在功能 FC1 中编写 2 分频器控制程序，然后在 OB1 中通过调用 FC1 实现多级分频器的功能。多级分频器的时序关系如图 6-16 所示。其中，I0.0 为多级分频器的脉冲输入端；Q4.0～Q4.3 分别为 2、4、8、16 分频的脉冲输出端；Q4.4～Q4.7 分别为 2、4、8、16 分频指示灯驱动输出端。

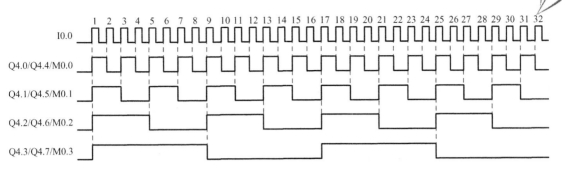

图 6-16　多级分频时序图

编辑并调用有参功能，具体操作步骤如下。

1. 编辑有参功能（FC）

1）创建多级分频器的 S7 项目　创建 S7 项目，并命名为“有参 FC”。

2）硬件配置　在“有参 FC”项目内打开“SIMATIC 300 站点”文件夹，打开硬件配置窗口，并完成硬件配置，如图 6-17 所示。

(0)　UR

插槽	模块	订货号	固件	MPI 地址	I 地址	Q 地址	注释
1	PS 307 5A	6ES7 307-1EA00-0AA0					
2	CPU315(1)	6ES7 315-1AF03-0AB0		2			
3							
4	DI32xDC24V	6ES7 321-1BL00-0AA0			0...3		
5	DO32xDC24V/0.5A	6ES7 322-1BL00-0AA0				4...7	

图 6-17　硬件配置

3）编辑符号表　打开 S7 程序文件夹，双击符号图标打开符号编辑器，编辑符号表，如图 6-18 所示。

符号编辑器 - [S7 程序(1) (符号) -- 有参FC\SIMATIC 300 站点...]

符号表(S)　编辑(E)　插入(I)　视图(V)　选项(O)　窗口(W)　帮助(H)

全部符号

	状态	符号	地址	数据类型	注释
1		二分频器	FC 1	FC 1	对输入信号二分频
2		In_port	I 0.0	BOOL	脉冲信号输入端
3		F_P2	M 0.0	BOOL	2分频器上升沿检测标志
4		F_P4	M 0.1	BOOL	4分频器上升沿检测标志
5		F_P8	M 0.2	BOOL	8分频器上升沿检测标志
6		F_P16	M 0.3	BOOL	16分频器上升沿检测标志
7		Cycle Execution	OB 1	OB 1	主循环组织块
8		Out_Port2	Q 4.0	BOOL	2分频器脉冲信号输出端
9		Out_Port4	Q 4.1	BOOL	4分频器脉冲信号输出端
10		Out_Port8	Q 4.2	BOOL	8分频器脉冲信号输出端
11		Out_Port16	Q 4.3	BOOL	16分频器脉冲信号输出端
12		LED2	Q 4.4	BOOL	2分频信号指示灯
13		LED4	Q 4.5	BOOL	4分频信号指示灯
14		LED8	Q 4.6	BOOL	8分频信号指示灯
15		LED16	Q 4.7	BOOL	16分频信号指示灯

按下 F1 获取帮助。　CAPS　NUM

图 6-18　多级分频器符号表

4）规划程序结构　按结构化方式设计控制程序，如图 6-19 所示，结构化的控制程序由两个逻辑块构成，其中 OB1 为主循环组织块，FC1 为 2 分频器控制程序。

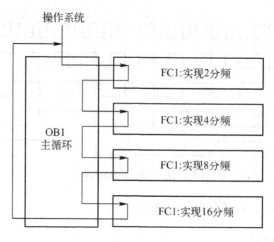

图6-19 多级分频器程序结构

5）创建有参 FC1 选择"有参 FC"项目的"块"文件夹，然后执行菜单命令"插入→S7 块→功能"，在块文件夹内创建一个功能，并命名为"FC1"。由于在符号表内已经为 FC1 定义了符号，因此在创建 FC 的属性对话框内系统会自动添加符号表。

（1）编辑 FC1 的变量声明表：在 FC1 的变量声明表内，声明 4 个参数，见表6-10。

表6-10 FC1 变量声明表

接 口 类 型	变 量 名	数 据 类 型	注 释
In	S_IN	BOOL	脉冲输入信号
Out	S_OUT	BOOL	脉冲输出信号
Out	LED	BOOL	输出状态指示
In_Out	F_P	BOOL	上跳沿检测标志

（2）编辑 FC1 的控制程序：2 分频器的时序如图6-20 所示，可以看到，输入信号每出现一个上升沿，输出便改变一次状态，据此可采用上跳沿检测指令实现。

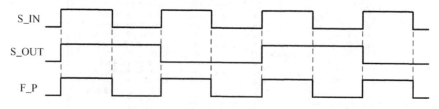

图6-20 2 分频器时序图

如果输入信号 S_IN 出现上升沿，则对 S_OUT 取反，然后将 S_OUT 的信号状态送 LED 显示；否则，程序直接跳转到 LP1，将 S_OUT 的信号状态送 LED 显示。

在项目内选择"块"文件夹，双击 FC1，编写 2 分频的控制程序，如图6-21 所示。

FC1 : 2分频程序
程序段 1：2分频程序

程序段 2：上升沿检测标志

```
  #S_OUT                                              #S_OUT
───┤/├────────────────────────────────────────────────( )────┤
```

程序段 3：标题：

```
┌──────────┐
│   LP1    │
└──────────┘

  #S_OUT                                               #LED
───┤/├─────────────────────────────────────────────────( )───┤
```

图 6-21 FC1 控制程序

2. 在 OB1 中调用有参功能（FC）

在 "有参 FC" 项目内选择 "块" 文件夹，打开 OB1。在 LAD 语言环境下可以块图的形式调用 FC1，如图 6-22 所示。

OB1 : "多级分频器主循环组织块"
程序段 1：调用FC1实现2分频

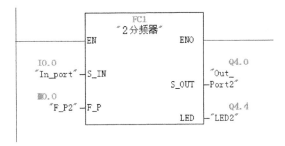

程序段 2：调用FC1实现4分频

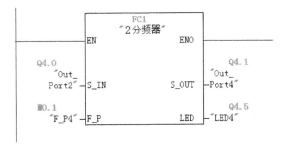

图 6-22 OB1 程序

程序段 3：调用FC1实现8分频

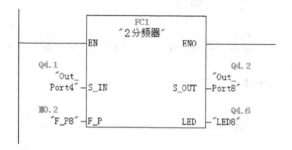

程序段 4：调用FC1实现16分频

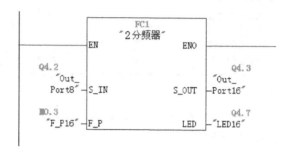

图 6-22 OB1 程序（续）

6.5.3 使用多重背景——结构化程序设计

使用多重背景可以有效地减少数据块的数量，其编程思想是创建一个比 FB1 级别更高的功能块，如 FB10，将未做任何修改的 FB1 作为一个"局部背景"，在 FB10 中调用。对于 FB1 的每个调用，都将数据存储在 FB10 的背景数据块 DB10 中。

【例 6-3】发动机组控制系统设计——使用多重背景。

1. 创建多重背景的 S7 项目

1）创建 S7 项目 创建发动机组控制系统的 S7 项目，并命名为"多重背景"。CPU 选择 CPU 315-2DP，项目包含组织块 OB1。

2）硬件配置 在"多重背景"项目内打开"SIMATIC 300 站点"文件夹，打开硬件配置窗口，并完成硬件配置，如图 6-23 所示。

插	模块	订货号	固件	MPI 地址	I 地址	Q 地址	注释
1	PS 307 5A	6ES7 307-1EA00-0AA0					
2	CPU315-2 DP (1)	6ES7 315-2AG10-0AB0	V2.0	2			
X2	DP				2047*		
3							
4	DI32xDC24V	6ES7 321-1BL80-0AA0			0...3		
5	DO32xDC24V/0.5A	6ES7 322-1BL00-0AA0				4...7	

图 6-23 硬件配置

3）编辑符号表　编辑好的符号表如图 6-24 所示。

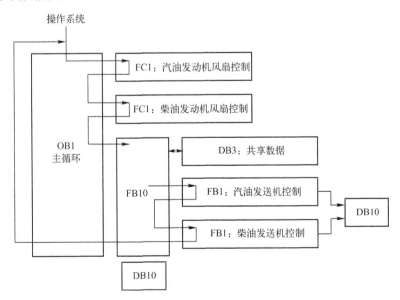

图 6-24　发动机组控制系统符号表

4）规划程序结构　程序结构如图 6-25 所示。FB10 为上层功能块，它把 FB1 作为其"局部实例"，通过二次调用本地实例，分别实现对汽油机和柴油机的控制。这种调用不占用数据块 DB1 和 DB2，它将每次调用（对于每个调用实例）的数据存储到体系的上层功能块 FB10 的背景数据块 DB10 中。

操作系统

```
FC1：汽油发动机风扇控制
FC1：柴油发动机风扇控制
OB1
主循环          DB3：共享数据
FB10      FB1：汽油发送机控制
          FB1：柴油发送机控制        DB10
DB10
```

图 6-25　发动机组控制系统程序结构

2. 编辑功能（FC）

FC1 用来实现发动机（汽油机或柴油机）的风扇控制，按照控制要求，当发动机启动时，风扇应立即启动；当发动机停机后，风扇应延时关闭。因此，FC1 需要 1 个发动机启动信号、1 个风扇控制信号和 1 个延时定时器。

1）定义局部变量声明表　局部变量声明表见表 6-11，表中包含 3 个变量，其中有 2 个 In 型变量、1 个 Out 型变量。

表 6-11　FC1 变量声明表

接口类型	变量名	数据类型	注　释
In	Engine_On	BOOL	发动机的启动信号
In	Timer_Off	Timer	用于关闭延迟的定时器功能
Out	Fan_On	BOOL	风扇控制信号

2）编辑 FC1 的控制程序　FC1 所实现的控制要求：发动机启动时风扇启动，当发动机再次关闭后，风扇继续运行 4s，然后停止。定时器采用断电延时定时器，控制程序如图 6-26 所示。

FC1：风扇控制功能
程序段 1：控制风扇

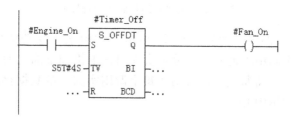

图 6-26　FC1 控制程序

3. 编辑共享数据块

共享数据块 DB3 可为 FB10 保存发动机（汽油机和柴油机）的实际转速，当发动机转速都达到预设速度时，还可以保存该状态的标志数据，如图 6-27 所示。

图 6-27　共享数据块 DB3

4. 编辑功能块（FB）

在该系统的程序结构内有 2 个功能块：FB1 和 FB10。FB1 为底层功能块，所以应首先创建并编辑；FB10 为上层功能块，可以调用 FB1。

1）编辑底层功能块 FB1　在"多重背景"项目内创建 FB1，符号名为"Engine"。FB1 的变量声明表见表 6–12。

表 6–12　FB1 的变量声明表

接口类型	变量名	数据类型	地址	初始值	注释
IN	Switch_On	BOOL	0.0	FALSE	启动发动机
	Switch_Off	BOOL	0.1	FALSE	关闭发动机
	Failure	BOOL	0.2	FALSE	发动机故障，导致发动机关闭
	Actual_Speed	INT	2.0	0	发动机的实际转速
OUT	Engine_On	BOOL	4.0	FALSE	发动机已启动
	Preset_Speed_Reached	BOOL	4.1	FALSE	达到预置的转速
STAT	Preset_Speed	INT	6.0	1500	要求的发动机转速

FB1 主要实现发动机的启停控制及速度监视功能，其控制程序如图 6–28 所示。

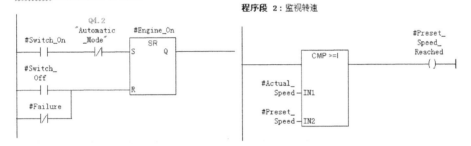

图 6–28　FB1 程序

2）编辑上层功能块 FB10　在"多重背景"项目内创建 FB10，符号名为"Engines"。在 FB10 的属性对话框内激活"多情景标题（M）"选项，如图 6–29 所示。

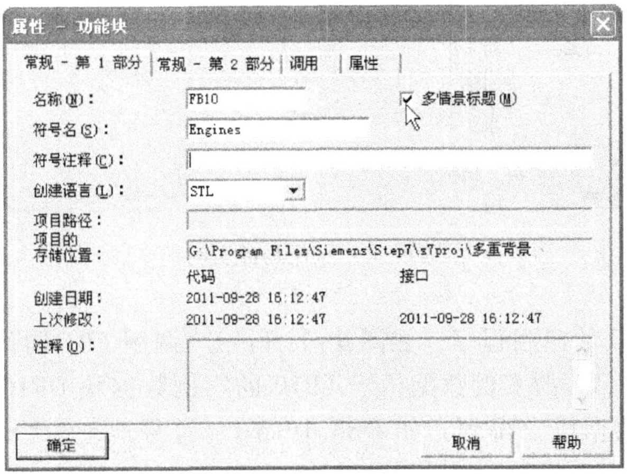

图 6–29　将 FB10 设置成使用多重背景的功能块

要将 FB1 作为 FB10 的一个"局部背景"调用，需要在 FB10 的变量声明表中为 FB1 的调用声明不同名称的静态变量，数据类型为 FB1（或使用符号名"Engine"），见表 6-13。

表 6-13　FB10 的变量声明表

接口类型	变量名	数据类型	地 址	初 始 值	注 释
OUT	Preset_Speed_Reached	BOOL	0.0	FALSE	两个发动机都已经到达预置的转速
STAT	Petrol_Engine	FB1	2.0	—	FB1 "Engine" 的第一个局部实例
	Diesel_Engine	FB1	10.0	—	FB1 "Engine" 的第二个局部实例
TEMP	PE_Preset_Speed_Reached	BOOL	0.0	FALSE	达到预置的转速（汽油发动机）
	DE_Preset_Speed_Reached	BOOL	0.1	FALSE	达到预置的转速（柴油发动机）

在变量声明表内完成 FB1 类型的局部实例："Petrol_Engine"和"Diesel_Engine"的声明以后，在程序元素目录的"Multiple Instances"目录中就会出现所声明的多重实例，如图 6-30 所示。接下来可在 FB10 的代码区调用 FB1 的"局部实例"。

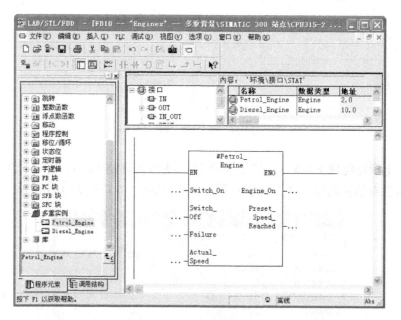

图 6-30　调用局部实例

编写功能块 FB10 的控制程序，如图 6-31 所示。调用 FB1 局部实例时，不再使用独立的背景数据块，FB1 的实例数据位于 FB10 的实例数据块 DB10 中。发动机的实际转速可直接从共享数据块中得到，如 DB3.DBW0（符号地址为"S_Data".DE_Actual_Speed）。

FB10：多重背景

程序段 1：启动汽油发动机　　　　　　　　　　程序段 2：启动柴油发动机

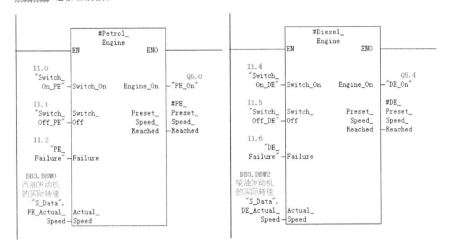

程序段 3：两台发动机均已达到设定转速

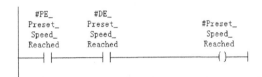

图 6-31　FB10 的控制程序

5. 生成多重背景数据块 DB10

在"多重背景"项目内创建一个与 FB10 相关联的多重背景数据块 DB10，符号名为"Engine_Data"，如图 6-32 所示。

地址	声明	名称	类型	初始值	实际值	备注
1	0.0	out	Preset_Speed_Reached	BOOL	FALSE	FALSE	两个发动机都已经达到预置的转速
2	2.0	stat:in	Petrol_Engine.Switch_On	BOOL	FALSE	FALSE	启动发动机
3	2.1	stat:in	Petrol_Engine.Switch_Off	BOOL	FALSE	FALSE	关闭发动机
4	2.2	stat:in	Petrol_Engine.Failure	BOOL	FALSE	FALSE	发动机故障，导致发动机关闭
5	4.0	stat:in	Petrol_Engine.Actual_Speed	INT	0	0	发动机的实际转速
6	6.0	stat:out	Petrol_Engine.Engine_On	BOOL	FALSE	FALSE	发动机已开启
7	6.1	stat:out	Petrol_Engine.Preset_Speed_Reached	BOOL	FALSE	FALSE	达到预置的转速
8	8.0	stat	Petrol_Engine.Preset_Speed	INT	0	0	要求的发动机转速
9	10.0	stat:in	Diesel_Engine.Switch_On	BOOL	FALSE	FALSE	启动发动机
10	10.1	stat:in	Diesel_Engine.Switch_Off	BOOL	FALSE	FALSE	关闭发动机
11	10.2	stat:in	Diesel_Engine.Failure	BOOL	FALSE	FALSE	发动机故障，导致发动机关闭
12	12.0	stat:in	Diesel_Engine.Actual_Speed	INT	0	0	发动机的实际转速
13	14.0	stat:out	Diesel_Engine.Engine_On	BOOL	FALSE	FALSE	发动机已开启
14	14.1	stat:out	Diesel_Engine.Preset_Speed_Reached	BOOL	FALSE	FALSE	达到预置的转速
15	16.0	stat	Diesel_Engine.Preset_Speed	INT	0		要求的发动机转速

图 6-32　DB10 的数据结构

6. 在 OB1 中调用功能（FC）及上层功能块（FB）

OB1 控制程序如图 6-33 所示，程序段 4 中调用了 FB10。

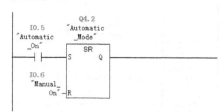
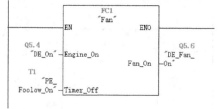
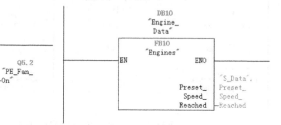

图 6-33 OB1 控制程序

思考与练习

6-1 STEP 7 的程序结构可分为哪几类？

6-2 简述数据块的作用。

6-3 逻辑块由哪几部分组成？

6-4 用 I0.0 控制接在 Q4.0～Q4.7 上的 8 个彩灯循环移位，用 T37 定时，每 0.5s 移 1 位，首次扫描时给 Q4.0～Q4.7 置初值，用 I0.1 控制彩灯移位的方向，试设计梯形图程序。

6-5 在按钮 I4.0 按下后，Q4.0 变为"1"状态并自保持，I0.1 输入 3 个脉冲后（用 C1 计数）T37 开始定时，5s 后 Q4.0 变为"0"状态，同时 C1 被复位，在可编程序控制器刚开始执行用户程序时，C1 也被复位，试设计梯形图程序。

6-6 设计一个程序，完成对 3 台电动机的控制：1 号电动机可以自由启动，2 号电动机在 1 号电动机启动后才可以启动，3 号电动机在 2 号电动机启动后才可以启动。3 号电动机可以自由停止。若 3 号电动机不停止，则 2 号电动机也不能停止。若 2 号电动机不停止，则 1 号电动机也不能停止。

第7章　S7-300/400 PLC 的通信及网络

随着计算机通信及网络技术的飞速发展和工业自动化程度要求的不断提高，自动控制系统正在从传统的集中式控制向多级分布式控制方向发展。这就要求控制系统的核心部件 PLC 必须具备通信和网络的功能，能够进行远程通信和构成网络。强烈的市场需求促使 PLC 各生产厂家纷纷为所推出的产品增加通信及联网功能，研制开发各自的 PLC 网络产品。PLC 通信及网络技术的内容十分丰富，各生产厂家的 PLC 网络也各不相同。本章主要介绍西门子 S7-300/400 PLC 的通信及网络技术。

7.1　网络通信概述

在实际工作中，无论是计算机之间还是计算机的 CPU 与外部设备之间，都常常要进行数据交换。不同的独立系统由传输线路互相交换数据就是通信，构成整个通信的线路称为网络。通信的独立系统可以是计算机、PLC 或其他的有数据通信功能的数字设备，称为数据终端。传输线路的介质可以是双绞线、同轴电缆、光纤或无线电波。

PLC 通信包含了 PLC 之间及 PLC 与其他智能设备之间的数据交换。在工业自动化网络中，PLC 通信对象可以是网络中的任何单元或模块，如自动化系统（AS）中的中央模块或通信模块，或者 PC 的通信处理器，或者其他类型的智能节点，其交换数据可满足完全不同的用途。通信必须遵守一定的规则，即通信协议。通信协议是指通信双方对数据传送控制的一种约定，其内容包括对数据格式、同步方式、传送速率、传送步骤、检/纠错方式以及控制字符定义等问题的统一规定。

1. 基本概念和术语

1）并行通信和串行通信

（1）并行通信：在多个信道同时传送构成一个字（Word）或字节（Byte）的多位二进制数据的方式称为并行通信方式，传输过程如图 7-1（a）所示。

是以字（16 位）或字节（8 位）为单位的数据传输方式，除了 8 根或 16 根数据线外，还需 1 根公共线和 1 根控制线。并行通信方式一般发生在内部各元件之间、基本单元与扩展模块或近距离智能模块之间。它的数据传输速率很快，常用于近距离传输，如 PLC 各模块之间的数据传送。

（2）串行通信：数据在一个信道上，以二进制的位（bit）为单位按顺序发送或接收的数据传输方式，称为串行通信方式，传输过程如图 7-1（b）所示。

数据一位位地按顺序传送，一次只能传送一位，最少只需要两根线就可以连接多台设备，组成控制网络，实现容易，但传输速度慢，通常用于远程通信。与线路接口处需要有

"并-串"或"串-并"转换器。串行通信模式一般发生在基本单元与外围设备之间。

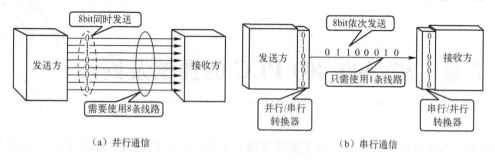

图 7-1　并行通信和串行通信

2）异步通信和同步通信　在串行通信中，发送端和接收端的同步问题是数据通信中的重要问题。发送和接收的传输速率应该相同，但实际上二者之间往往有微小的区别。如果不能很好地解决同步问题，将导致误码增加，甚至整个系统无法正常工作，因此必须使发送过程和接收过程同步。按照采用的同步技术的不同，可将串行通信分为异步通信和同步通信。

（1）异步通信：异步通信又称起止式通信，其信息格式如图 7-2（a）所示。异步通信中数据传输的单位通常为字符，每个字符作为一个独立的整体进行传输。发送的数据字符由 1 个起始位、7~8 个数据位、1 个奇偶校验位（可以没有）和 1 个停止位组成。奇偶校验位用来检测接收到的数据是否出错。如果指定的是偶校验，则发送方发送的每个字符的数据位和奇偶校验位中"1"的个数为偶数，接收方对接收到的每个字符的奇偶性进行校验，就可以检验出传送过程中的错误。

发送方和接收方需对双方所采用的信息格式和数据的传输速率进行相同的约定。

异步传输方式并不要求发送方和接收方的时钟完全一样，字符与字符间的传输是异步的。异步通信传送效率低，主要应用于中、低速通信场合。PLC 一般使用串行异步通信。

（2）同步通信：同步通信就是把每个完整的数据块（帧）作为整体来传输，其信息格式如图 7-2（b）所示。同步传输时，用 1~2 个同步字符"SYN"表示传输过程的开始，接着是 n 个字符的数据块，最后是帧结束字符，由定时信号（时钟）来实现收发端同步。时钟信息可以通过 1 根独立的信号线进行传输，也可以通过将信息中的时钟代码化来实现，如曼彻斯特编码方法。

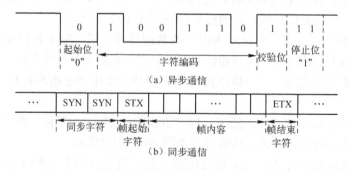

图 7-2　异步通信与同步通信

同步传输方式中发送方和接收方的时钟是统一的、字符与字符间的传输是同步无间隔的。同步通信传输效率高，对软、硬件的要求高，一般只用于近距离的高速通信场合，通常在传输速率要求较高的系统中采用。

3）线路通信方式　数据在通信线路上传输有方向性，按照信号传输方向与时间的关系，线路通信方式可分为单工通信、半双工通信和全双工通信。

（1）单工通信方式：单工通信是指信息的传送始终保持同一个方向，而不能进行反向传送，发送端 A 和接收端 B 是固定的，如图 7-3（a）所示。

（2）半双工通信方式：半双工通信是指信息流可以在两个方向上传送，但同一时刻只限于一个方向传送，必须交替收发，如图 7-3（b）所示，通信双方 A 和 B 都可以作为发送端或接收端。

（3）全双工通信方式：全双工通信能在两个方向上同时发送和接收，如图 7-3（c）所示，A 站和 B 站双方都可以一边发送数据，一边接收数据。

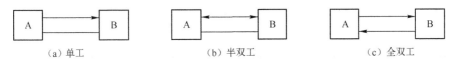

图 7-3　线路通信方式

由于半双工和全双工可实现双向数据传输，所以在 PLC 中使用比较广泛。

4）数据传输速率　数据的传输速率是指单位时间内传输的信息量。在串行通信中，传输速率也称为波特率，是每秒传送的二进制位数，其单位是 bit/s。传输速率是评价通信速率的重要指标，常用的标准波特率有 300bit/s、600bit/s、1200bit/s、2400bit/s、4800bit/s、9600bit/s 和 19200bit/s 等。

2. 差错控制方式和校验码

由于通信设备部分可以达到较高的可靠性，因此一般认为数据通信的差错主要来自于数据传输信道。以下将简单介绍差错控制的常用方式和编码。

1）差错控制方式　是对传输的数据信号进行检测误差和纠正错误，有以下 3 种。

（1）自动检错重传（ARQ）：发送方将检错码与数据一起发送，接收方依据检错码进行差错检测，有错则重发，直到接收方正确接收到信息为止。这种体制称为 ARQ（Automatic Repeat Request）。这种方式使接收方能发现出错，但不知错在何处。

（2）前向纠错（FEC）：发送方将纠错码随数据一起发送，接收方依据纠错码检验并纠正错误。

（3）混合纠错（HEC）：将 ARQ 与 FEC 结合起来，发送方发送同时具有检错和纠错能力的编码，接收方收到后，检查错误情况，如果错误小于自己的纠错能力，就纠正；如果错误超出自己的纠错能力，就经反向信道要求发方重发。

2）常用的几种校验码

（1）奇偶校验码：它是以字符为单位的校验方法。1 个字符一般由 8 位组成，低 7 位是信息字符的 ASCII 代码，最高位是奇偶校验位。奇偶校验码的功能是能检测奇数个错码，不能检测偶数个错码，其依据是具有模 2 加运算关系的监督方程。

由于奇偶校验码只需附加 1 位奇偶校验位编码，效率较高，因而得到了广泛的应用。

（2）循环冗余校验（CRC）码：采用 CRC 码时，通常在信息长度为 k 位的二进制序列之后，附加上 $r = n - k$ 位监督位，组成一个码长为 n 的循环码。它是利用除法及余数的原理来做错误侦测的。实际应用时，发送方计算出 CRC 值并随数据一同发送给接收方，接收方对收到的数据重新计算 CRC 并与收到的 CRC 相比较，若两个 CRC 值不同，则说明数据通信出现错误。

CRC 是给信息码加上几位校验码，以增加整个编码系统的码距和查错纠错能力。串行通信中广泛采用循环冗余校验码。

3. 传输介质

目前，普遍使用的传输介质有同轴电缆、双绞线、光缆，其他介质如无线电、红外线、微波等在 PLC 网络中应用很少。

双绞线是把一对绝缘的铜导线按一定密度互相绞在一起，每根铜线的直径大约为 1mm。两根铜导线在传输中辐射的电波会相互抵消，从而降低信号干扰的程度。使用金属网加以屏蔽时，其抗干扰能力更强。双绞线在一定的距离内可以保证相当高的传输速率。双绞线具有成本低、安装简单等优点，RS-485 接口通常采用双绞线进行通信。

同轴电缆有 4 层，最内层为中心导体，中心导体的外层为绝缘层，包着中心体。绝缘外层为屏蔽层，同轴电缆的最外层为表面的保护皮。同轴电缆可用于基带传输，也可用于宽带数据传输，与双绞线相比，具有传输速率高、距离远和抗干扰能力强等优点，但是其成本比双绞线要高。

光缆有全塑料光缆、塑料护套光缆和硬塑料护套光缆等类型，其中，硬塑料护套光缆的数据传输距离最远，全塑料光缆的数据传输距离最短。光缆与同轴电缆相比，具有抗干扰能力强和传输距离远等优点，但是其价格高、维修复杂。

双绞线、同轴电缆和光缆的具体性能比较见表 7-1。

表 7-1 传输介质性能比较

性 能	传输介质		
	双 绞 线	同 轴 电 缆	光 缆
传输速率	$9.6\mathrm{kbit/s} \sim 2\mathrm{Mbit/s}$	$1 \sim 450\mathrm{Mbit/s}$	$10 \sim 500\mathrm{Mbit/s}$
连接方法	点对点 多点 1.5km 不用中继器	点对点 多点 10km 不用中继（宽带） 1~3km 不用中继（基带）	点对点 50km 不用中继
传输信号	数字调制信号、纯模拟信号（基带）	调制信号、数字（基带）数字、声音、图像（宽带）	调制信号（基带）数字、声音、图像（宽带）
支持网络	星形、环形、小型交换机	总线型、环形	总线型、环形
抗干扰	好（需外屏蔽）	很好	极好
抗恶劣环境	好（需外屏蔽）	好，但必须将电缆与腐蚀物隔开	极好，耐高温和其他恶劣环境

4. 串行通信接口标准

PLC 通信主要采用异步串行通信, 其常用的通信接口包括 RS-232C、RS-422A 和 RS-485 等。

1) RS-232C 串行接口标准 RS-232 是美国电子工业协会于 1962 年制定的物理接口标准,"RS"是英文"推荐标准"一词的缩写,"232"是标识号,"C"表示此标准修改的次数。它既是一种协议标准, 又是一种电气标准。PLC 与上位计算机之间的通信是通过 RS-232C 标准接口来实现的。

(1) 接口的机械特性: RS-232C 只能进行一对一的通信, RS-232C 的标准接插件是 25 针的 D 形连接器, 顶行针编号从左到右为 1~13, 底行针编号从左到右为 14~25。最简单的通信只需 3 根引线, 最多的也不过用到 22 根。所以在上位计算机与 PLC 的通信中, 使用的连接器有 25 针的, 也有 9 针的。PLC 一般使用 9 针的连接器, 若距离较近, 则只需 3 根传输线, 如图 7-4 所示。

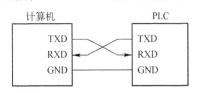

图 7-4 RS-232C 的近距离连接

(2) 接口的电气特性: RS-232C 采用负逻辑, 规定逻辑"1"电平在 -15~-5V 范围内, 逻辑"0"在 +5~+15V 范围内。这样在线路上传送的电平可高达 ±12V, 较之小于 +5V 的 TTL 电平来说有更强的抗干扰性能。最大传送距离为 15m (实际上可达约 30m), 最高传输速率为 20kbit/s。

(3) RS-232C 的不足之处: 尽管 RS-232C 是目前广泛应用的串行通信的接口, 然而 RS-232C 还存在着一系列不足之处。

☺ 数据传输速率慢, 一般低于 20kbit/s。

☺ 传送距离短, 一般局限于 15m, 即使采用较好的器件及优质同轴电缆, 最大距离也不应超过 60m。

☺ 没有规定标准的连接器, 因而产生了 25 针及 9 针等多种设计方案。

☺ 信号传输电路为单端电路, 共模抑制比较小, 抗干扰能力较差。

RS-232C 使用单端驱动、单端接收的电路, 其不能和 TTL 电平直接相连, 使用时必须进行电平转换, 否则将烧坏 TTL 电路, 因其容易受到公共地线上的电位差和外部引入的干扰信号的影响, 实际使用时常用 MAX232 电平转换电路。

2) RS-449 及 RS-423A/422A 标准 为了解决 RS-232C 标准中的不足, 1977 年制定了 RS-449 标准。

RS-449 标准定义了 RS-232C 中所没有的 10 种电路功能, 规定用 37 针的连接器。实际上, RS-449 将 3 种标准集于一身。RS-423A 和 RS-422A 实际上是 RS-449 标准的子集。

RS-423A 与 RS-232C 兼容, 单端输出驱动, 双端差分接收。正信号逻辑电平为 +200mV~+6V, 负信号逻辑电平为 -200mV~-6V。差分接收提高了总线的抗干扰能力, 从而在传输速率和传输距离上都优于 RS-232C。

RS-422A 与 RS-232C 不兼容, 双端平衡输出驱动, 双端差分接收。从而使抗共模干扰的能力更强, 传输速率和传输距离比 RS-423A 更进一步。RS-422A 在最大传输速率

（10Mbit/s）时，允许的最大通信距离为 12m。传输速率为 100kbit/s 时，最大通信距离为 1200m。

RS – 423A 和 RS – 422A 带负载能力较强，一台驱动器可以连接 10 台接收器。

RS – 423A 和 RS – 422A 的电路连接如图 7-5 所示。

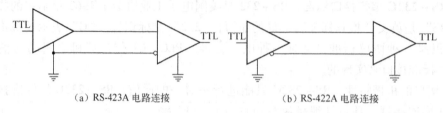

（a）RS-423A 电路连接　　　　（b）RS-422A 电路连接

图 7-5　RS – 423A 和 RS – 422A 的电路连接

3）RS – 485 接口标准　在许多工业环境中，要求用最少的信号连线来完成通信任务。目前广泛应用的 RS – 485 串行接口总线正是适应这种需要而出现的，它几乎已经在所有新设计的装置或仪表中出现。RS – 485 实际上是 RS – 422A 的简化变形，它与 RS – 422A 的不同之处在于，RS – 422A 支持全双工通信，RS – 485 仅支持半双工通信。RS – 485 与 RS – 422 一样，其最大通信距离为 1200m，最大传输速率为 10Mbit/s。平衡双绞线的长度与传输速率成反比，在 100kbit/s 时，才可能使用规定最长的电缆长度。

RS – 485 是面向网络的一种借口标准，采用差分信号负逻辑，– 6 ~ – 2V 表示 "1"，+2 ~ +6V 表示 "0"。RS – 485 需要两个终接电阻，接在传输总线的两端，其阻值要求等于传输电缆的特性阻抗。在短距离传输时可不需终接电阻，即一般在 300m 以内不需终接电阻。

将 RS – 422A 的 SDA 和 RDA 连接在一起，SDB 和 RDB 连接在一起即可构成 RS – 485 接口，如图 7-6 所示。

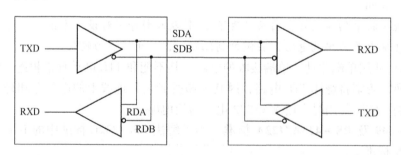

图 7-6　RS – 485 电路连接

由于 PC 只带有 RS – 232 接口，可通过以下方法得到 PC 上位机的 RS – 485 电路：

（1）通过 RS – 232/RS – 485 转换电路将 PC 串口 RS – 232 信号转换成 RS – 485 信号。如果是情况比较复杂的工业环境，则最好是选用防浪涌、带隔离栅的产品。

（2）通过 PCI 多串口卡，直接选用输出信号为 RS – 485 类型的扩展卡。RS – 485 串行口在 PLC 局域网中应用很普遍，如西门子 S7 系列 PLC 采用的就是 RS – 485 串行口。

7.2　计算机通信网络及拓扑结构

将地理位置不同的具有独立功能的多台计算机及其外部设备连接起来，在网络操作系统、网络管理软件及网络通信协议的管理和协调下，实现资源共享和信息传递的计算机系统称为计算机网络。PLC 与计算机之间或多台 PLC 之间也可以构成网络，实现信息交换。各 PLC 或远程 I/O 模块按功能各自放置在生产现场进行分散控制，通过网络实现互联，形成分布式网络，具有适应性强、扩展性好、维护简单等特点，得到了广泛的应用。

1. 网络的拓扑结构

网络中各节点之间连接方式的几何抽象称为网络拓扑（Topology）。常用的拓扑结构有 3 种类型：星形、环形和总线型，如图 7-7 所示。

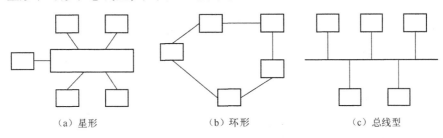

（a）星形　　　　　　　（b）环形　　　　　　　（c）总线型

图 7-7　网络拓扑结构图

1）星形结构　星形结构以中央节点为中心与各节点连接组成，网络中任何两个节点进行通信都必须经过中央节点控制。星形网络具有结构简单、管理控制容易、数据流向明确、便于程序集中开发和资源共享等优点，但是电缆长度和安装工作量可观，中央节点负担较重，存在"瓶颈阻塞"和"危险集中"问题，各站点分布处理能力较低，通信线路利用率不高。星形结构常采用双绞线作为传输介质，在小系统、通信不频繁的场合可以使用。例如，上位计算机通过点对点的方式与各下位机进行通信就是星形结构。

2）环形结构　环形网络中各节点通过环路通信接口或适配器首尾相连，形成闭合环形通信线路。环形网络中的数据主要是单向传输，也可以是双向传输。环路上的任何节点均可以请示发送信息，请求一旦被批准，便可以向环路发送信息。由于环线公用，节点发出的信息必须穿越所有环路接口，若信息中的目的地址与某节点地址相符合，则其环路接口接收数据信息，但信息还将继续向下一节点传输，直至流回发送信息的环路节点。其特点为：结构简单，增加或减少节点操作容易，安装费用低；由于环形网络数据信息流动方向固定，大大简化了路径选择控制；节点发生故障时，可自动旁路，系统可靠性较高；但节点过多时，会影响传输效率，导致网络响应时间变长。

3）总线型结构　利用总线把所有节点连接起来，节点共享总线，对总线有同等访问权。总线型网络采用广播方式传播数据，任何节点发出的信息经过通信接口后，沿总线向相反两个方向传输，所有节点均可收到，节点接收目的地址与本站地址的信息。所以，总线型网络无须进行集中控制和路径选择，其结构和通信协议较简单。

在总线上，任何时刻都只能有一个节点发送信息，在不使用通信指挥器的分散通信控制方式中，需规定一定的防冲突通信协议，常用令牌总线网（Token - passing - bus）和冲突检测载波监听多路存取控制规约（Carrier Sense Multiple Access with Collision Detection，CSMA/CD）。两节点间通过总线直接通信，速度快、延迟开销小。某节点发生故障时，对系统影响不大，但若总线发生故障，则整个通信系统将会瘫痪。通信介质常使用同轴电缆或光纤，特别适合于工业控制领域，是工业控制领域中常用的拓扑结构。

2. 计算机通信标准

通信网络是由各种数字设备和终端设备等通过通信线路连接起来而构成的复合系统，由于接到网络上的设备可能出自不同的制造商，所以采用的通信线路类型和连接方式等都可能不同，给网络各节点之间的通信带来很大的不便。为了确保数据通信双方能正确地进行通信，一个网络必须有一套全网"成员"共同遵守的约定，以便实现彼此通信和资源共享，通常把这种约定称为网络协议。通信协议是一套语义和语法规则，用来规定有关功能部件在通信中的操作。

自 1980 年以来，许多国家和国际标准化机构都在积极进行网络的标准化工作，如果没有一套通用的计算机网络通信标准，则要实现不同厂家生产的职能设备之间的通信会付出昂贵的代价。下面介绍两种常用的计算机通信标准。

1979 年，国际标准化组织（ISO）提出了开放系统互联参考模型（Open System Interconnection/Reference Model，OSI/R），作为通信网络国际标准化的参考模型。该模型按系统功能分为 7 层，每层都有相对的独立功能，相对的两层之间有清晰的接口，因而系统层次分明，便于设计、实现和修改补充。

7 层模型分为两类，一类是面向用户的第 5 ~ 7 层；另一类是面向网络的第 1 ~ 4 层。前者给用户提供适当的方式去访问网络系统，后者描述数据怎样从一个地方传输到另一个地方。OSI 参考模型如图 7-8 所示。凡遵守该标准的系统，相互间都可以互相连接使用，不用对相应的信息交换和通信进行任何控制。

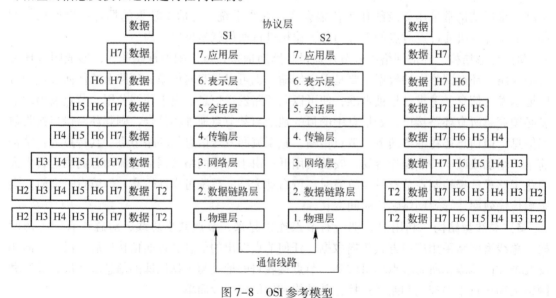

图 7-8　OSI 参考模型

（1）物理层：物理层的下面是物理媒体，如双绞线和同轴电缆等。物理层的作用是在信道上传输未经处理的信息，该层协议涉及通信双方的机械、电气和连接规程，如接插件型号、最大数据传输率说明、表示信号状态的电压和电流识别，以及为用户提供建立、保持和断开物理连接等功能，RS – 232C、RS – 422A 和 RS – 485 等就是物理层标准的例子。

（2）数据链路层：数据链路层包括介质访问控制子层和逻辑链路控制子层，它把输入的数据组成数据帧，以帧为单位传送，每帧包含一定数量的数据和必要的控制信息，如同步信息、地址信息、差错控制和流量控制信息。数据链路层负责在两个相邻节点间的链路上，实现差错控制、数据成帧和同步控制等。

（3）网络层：网络层的主要功能是报文包的分段、报文包阻塞的处理和通信子网中路径的选择，为数据从源点到终点建立物理和逻辑的连接。

（4）传输层：传输层的信息传送单位是报文（Message），它的主要功能是流量控制、差错控制、连接支持，传输层向上一层提供一个可靠的端到端（End – to – End）数据传送服务。

（5）会话层：会话层的功能是支持通信管理和实现最终用户应用进程之间的同步，按正确的顺序收发数据，进行各种对话，会话层还利用在数据中插入检验点来实现数据的同步。

（6）表示层：表示层用于应用层信息内容的形式变换，如数据加密/解密、信息压缩/解压和数据兼容，把应用层提供的信息变成能够共同理解的形式。

（7）应用层：应用层作为 OSI 的最高层，为用户的应用服务提供信息交换，为应用接口提供操作标准。

上 3 层总称为应用层，用来控制软件方面；下 4 层总称为数据流层，用来管理硬件。数据发送时，从第 7 层传到第 1 层，接收时则相反。OSI 参考模型仅为各通信协议提供了一种主体结构，以供选择，不是所有的通信协议都需要 OSI 参考模型中的全部 7 层，例如，有的现场总线通信协议只采用了 7 层协议中的第 1、2 和 7 层。

3. 现场总线及其通信标准

在传统的自动化工厂中，当位于生产现场的设备和装置相距较远、分布较广时，人们迫切需要一种可靠、快速、能经受工业现场环境的低廉的通信总线，将分散于现场的各种设备连接起来，对其实施监控。现场总线（Field Bus）就是在这样的背景下产生的。现场总线是当前工业自动化研究的热点之一，是近年来迅速发展的工业数据总线。

IEC（国际电工委员会）对现场总线的定义是"安装在制造和过程区域的现场装置与控制室内的自动控制装置之间的数字式、串行、多点通信的数据总线称为现场总线"。

现场总线使用简单、可靠、经济实用，受到各自动化制造商和用户的关注。PLC 生产厂商将现场总线技术应用于产品之中并构成工业局域网的最底层，给传统的工业控制带来革命性的突破。

现场总线以开放的、独立的、全数字化的双向多变量通信代替 4～20mA 现场仪表信号。现场总线的 I/O 集检测、数据处理、通信为一体，能够代替变送器、调节器等，成本大大降低，能够与 PLC 组成廉价的 DCS。目前，比较著名的现场总线包括基金会现场总线（Foundation Fieldbus，FF）、PROFIBUS 现场总线（Process Fieldbus）、LonWorks 现场总线和 CAN 现场总线。

1）基金会现场总线 基金会现场总线由现场总线基金会开发，1996 年颁布了低速总线标准 H1。现场总线基金会不依附于某个公司或企业团体，是非商业化的国际标准化组织，致力于建立国际上统一的现场总线协议。基金会现场总线是为适应自动化系统，特别是过程自动化系统专门设计的，它可以工作在工业生产的现场环境，能适应本质安全防爆的要求，可通过传输数据的总线为现场设备提供工作电源。基金会现场总线标准无专利许可要求，任何生产厂家都可使用。

2）LonWorks 现场总线 LonWorks 现场总线是美国 Echelon 公司 1992 年推出的局部操作网络，最初主要用于楼宇自动化，但很快发展到工业现场网络。LonWorks 技术为设计和实现可互操作的控制网络提供了一套完整、开放、成品化的解决途径。

LonWorks 技术的核心是神经元芯片（Neuron Chip），该芯片内部装有 3 个微处理器：MAC 处理器，完成介质访问控制；网络处理器，完成 OSI 的 3 ~ 6 层网络协议；应用处理器，完成用户现场控制应用。它们之间通过公用存储器传递数据。

神经元芯片设有 11 个 I/O 口，可根据需求的不同来灵活配置与外部设备的接口，如 RS -232、并口、定时/计数等，还有 1 个时间计数器，能完成 Watchdog、多任务调度和定时功能。Lonwoks 技术能够提供完整的建网工具 LonBuild，集开发环境和编译于一体，具备 C 语言调试器，可在多个仿真器上调试应用程序，并具备网络协议分析和通信分析的功能。LonWorks 现场总线的通信协议为 LonTalk，固化在神经元芯片内，是直接面向对象的网络协议。由于硬件芯片的支持，使它实现了实时性和接口的直观、简洁等现场总线的应用要求。

3）CAN 现场总线 CAN 总线由德国 BOSCH 公司开发，被 ISO 制定为国际标准 ISO 11898 和 ISO 11519。由于其具有的高可靠性和良好的错误检测能力而受到重视，被广泛应用于汽车计算机控制系统和环境恶劣、电磁辐射强、振动大的工业环境。

另外，CAN 总线同时是 IEC 62026 -3 设备网络和 IEC 62026 -5 灵巧配电系统的物理层，是 IEC 62026 最主要的技术基础。

4）PROFIBUS 现场总线 PROFIBUS 在世界市场上所占的份额高达 21.5%，居于所有现场总线之首。

PROFIBUS 是一种开放式的现场总线标准，由主站和从站组成，主站能够控制总线，当主站获得总线控制权后，可以主动发送信息。从站通常为传感器、执行器、驱动器和变送器。它们可以接收信号并给予响应，但没有控制总线的权力。当主站发出请求时，从站回送给主站相应的信息。PROFIBUS 除了支持这种主从模式外，还支持多主多从的模式。

由于历史的原因，现在多种现场总线并存，IEC 的现场总线 IEC 61158 是迄今为止制订时间最长、意见分歧最大的国际标准之一。其制定时间长达 12 年，经过 9 次投票，在 1999 年底获得通过。IEC 61158 最后容纳了以下 8 种互不兼容的协议：

类型 1：原 IEC 61158 技术报告，即现场总线基金会（FF）的 H1；

类型 2：Control Net（美国 Rockwell 公司支持）；

类型 3：PROFIBUS（德国西门子公司支持）；

类型 4：P -Net（丹麦 Process Data 公司支持）；

类型 5：FF 的 HSE（原 FF 的 H2，高速以太网，美国 Fisher Rosemount 公司支持）；

类型 6：Swift Net（美国波音公司支持）；

类型 7：WorldFIP（法国 Alstom 公司支持）；

类型 8：Interbus（德国 Phoenix Contact 公司支持）。

各类型将自己的行规纳入 IEC 61158，且遵循以下两个原则。

（1）不改变 IEC 61158 技术报告的内容。

（2）不改变各行规的技术内容，各组织按 IEC 技术报告（类型 1）的框架组织各自的行规，并提供对类型 1 的网关或连接器。

用户在使用各种类型时仍需要使用各自的行规，因此 IEC61158 标准不能完全代替各行规，除非出现完整的现场总线标准。IEC 标准的 8 种类型都是平等的，类型 2 ~ 8 都对类型 1 提供接口，标准并不要求类型 2 ~ 8 之间提供接口。

7.3　S7－300/400 PLC 的通信网络

1. 工业自动化网络结构

目前大型工业企业中，一般采用多级网络结构形式，如图 7-9 所示，主要包括现场设备层、单元层和工厂管理层。现场设备层负责现场检测和控制，单元层负责生产过程的监控和优化，工厂管理层负责生产管理。

1）现场设备层　现场设备层的主要功能是连接现场设备，如分布式 I/O、传感器、驱动器、执行机构和开关设备等，完成现场设备控制及设备间的联锁控制。主站（PLC、PC 或其他控制器）负责总线通信管理及与从站的通信。总线上所有设备生产工艺控制程序存储在主站中，并由主站执行。

图 7-9　工业自动化多级网络结构示意图

西门子的 SIMATIC NET 网络系统将执行器和传感器单独分为一层，主要使用 AS－i（执行器－传感器接口）网络。

2）单元层　单元层又称车间监控层，用来完成车间主生产设备之间的连接，实现车间级设备的监控，包括生产设备状态的在线监控、设备故障报警及维护等，通常还具有生产统计、生产调度等车间级生产管理功能。单元层监控网络可采用 PROFIBUS－FMS 或工业以太网，PROFIBUS－FMS 是一个多主网络，这一级数据传输速度不是最重要的，但是应能传送大容量的信息。

3）工厂管理层　车间操作员工作站通过集线器与车间办公管理网连接，将车间生产数据传送到车间管理层。车间管理网作为工厂主网的一个子网，连接到厂区骨干网，将车间数据集成到工厂管理层。

工厂管理层通常采用符合 IEC 802.3 标准的以太网，即 TCP/IP 标准。厂区骨干网可以根据工厂实际情况，采用 FDDI 或 ATM 等网络。

2. S7-300/400 PLC 的通信功能

S7-300/400 PLC 有很强的通信功能，CPU 模块集成有 MPI 和 DP 通信接口，有 PROFI-BUS－DP 和工业以太网的通信模块，以及点对点通信模块。通过 PROFIBUS－DP 或 AS－i 现场总线，CPU 与分布式 I/O 模块之间可以周期性自动交换数据。在自动化系统之间，PLC 与计算机和 HMI 站之间，均可交换数据。西门子 PLC 具有的通信功能可通过图 7-10 所示的网络结构来展示。

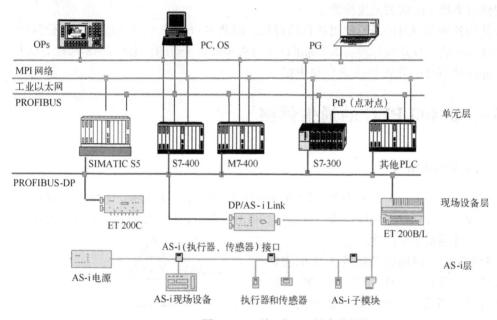

图 7-10 西门子 PLC 的网络结构

1) MPI MPI 是多点接口（Multi Point Interface）的简称，用于小范围、小点数的现场级通信。S7-300/400 CPU 都集成了 MPI 通信协议，MPI 的物理层是 RS－485，最大传输速率为 12Mbit/s。MPI 是为 S7 系统提供的多点接口，可用于编程设备的接口，也可以用来在少数 CPU 之间传递少量数据。通过 MPI 接口能同时连接运行 STEP 7 的编程器、计算机、人机界面（HMI）及其他 SIMATIC S7、M7 和 C7，可实现全局数据（GD）服务，周期性地进行数据交换。每个 CPU 可以使用的 MPI 连接总数与 CPU 的型号有关，为 6～64 个。

2) PROFIBUS PROFIBUS 符合国际标准 IEC 61158，是目前国际上通用的现场总线标准之一，是网络连接节点最多的现场总线。S7-300/400 PLC 可以通过通信处理器或集成在 CPU 上的 PROFIBUS－DP 接口连接到 PROFIBUS－DP 网络上。带有 PROFIBUS－DP 主战/从站接口的 CPU 能够实现高速和使用方便的分布式 I/O 控制。对于用户来说，处理分布式 I/O 就像处理集中式 I/O 一样，系统组态和编程的方法完全相同。

PROFIBUS 的物理层是 RS－485，最大传输速率为 12Mbit/s，最多可以与 127 个网络上的节点进行数据交换。网络中最多可以串接 10 个中继器来延长通信距离。使用光纤作为通信介质，通信距离可达 90km。

如果 PROFIBUS 网络采用 FMS 协议，工业以太网采用 TCP/IP 或 ISO 协议，S7-300 PLC 可以与其他公司的设备实现数据交换。可以通过 CP342/343 通信处理器将 SIMATIC S7-300 PLC 与 PROFIBUS - DP 或工业以太网总线系统连接。

3）工业以太网　工业以太网是用于工厂管理层和车间监督层的通信系统，符合 IEEE 802.3 国际标准，是功能强大的区域和单元网络，主要用于对时间要求不太严格且需要传送大量数据的通信场合，可通过网关来连接远程网络。它支持广域的开放型网络模型。可以采用多种传输媒体。通信速率为 10Mbit/s 或 100Mbit/s，最多 1024 个网络节点，网络的最大范围为 150km。

西门子公司的 S7 和 S5 这两代 PLC 通过 PROFIBUS（FDL 协议）或工业以太网 ISO 协议，可以利用 S5 和 S7 的通信服务进行数据交换。

4）点对点连接　点对点连接（Point - to - Point Connections）可以连接 S7 PLC 和其他串口设备，如计算机、打印机、机器人控制系统、扫描仪和条形码阅读器等非西门子设备，使用 CP 340、CP 341、CP 440、CP 441 通信处理模块或 CPU 31xC - 2PtP 集成的通信接口，接口有 20mA（TTY）、RS - 232C 和 RS - 422A/RS - 485，通信协议有 ASCII 驱动器、3964（R）和 RK512（只适用于部分 CPU）。

全双工模式（RS - 232C）的最高传输速率为 19.2kbit/s，半双工模式（RS - 485）的最高传输速率为 38.4kbit/s。使用西门子公司的通信软件和 PC/MPI 适配器，通过 PLC 的 MPI 编程接口，可以很方便地实现计算机与 S7-300/400 PLC 的通信。

5）AS - i 接口　AS - i 是执行器 - 传感器接口（Actuator Sensor Interface）的简称，位于最底层，专门用来连接二进制的传感器和执行器，只能传送少量的数据，如开关的状态等。AS - i 每个网段只能有一个主站。AS - i 所有分支电路的最大总长度为 100m，可以用中继器延长。可以用屏蔽的或非屏蔽的两芯电缆，支持总线供电。

DP/AS - i 网关（Gateway）用来连接 PROFIBUS - DP 和 AS - i 网络。CP 342 - 2 最多可以连接 62 个数字量或 31 个模拟量 AS - i 从站。通过 AS - i 接口最多可以访问 248 个 DI 和 186 个 DO。能够通过内部集成的模拟量处理程序，可以像处理数字量那样非常容易地处理模拟量值。

西门子的"LOGO!"微型控制器可以接入 AS - i 网络，西门子提供多种 AS - i 产品。

3. S7 通信的分类

S7 通信可以分为全局数据通信、基本通信和扩展通信 3 类，如图 7-11 所示。

1）全局数据通信　全局数据通信通过 MPI 接口在 CPU 间循环交换数据，用全局数据表来设置各 CPU 之间需要交换的数据存放的地址区和通信的速率，通信是自动实现的，不需要用户编程。当过程映像被刷新时，在循环扫描检测点进行数据交换。S7-400 PLC 的全局数据通信可以用 SFC 来启动。全局数据可以是输入、输出、位存储区、定时器、计数器和数据块。

S7-300 CPU 每次最多可以交换 4 个包含 22B

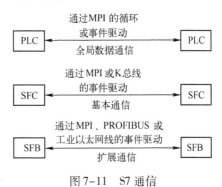

图 7-11　S7 通信

的数据包，最多可以有 16 个 CPU 参与数据交换。S7-400 CPU 可以同时建立最多 64 个站的连接。MPI 网络最多 32 个节点。任意两个 MPI 节点之间可以串联 10 个中继器，以增加通信的距离。每次程序循环最多传送 64B，最多 16 个 GD 数据包。在 CR2 机架中，两个 CPU 可以通过 K 总线用 GD 数据包进行通信。

通过全局数据通信，一个 CPU 可以访问另一个 CPU 的数据块、存储器位和过程映像等。全局通信用 STEP7 中的 GD 表进行组态。对 S7 和 C7 的通信服务可以用系统功能块来建立。

2）基本通信（非配置的连接） 这种通信可以用于所有的 S7-300/400 CPU，通过 MPI 或站内的 K 总线（通信总线）来传送最多 76B 数据。在用户程序中用系统功能（SFC）来传送数据。在调用 SFC 时，通信连接被动态地建立，CPU 需要一个自由的连接。

3）扩展通信（配置的通信） 这种通信可以用于所有的 S7-300/400 CPU，通过 MPI、PROFIBUS 和工业以太网最多可以传送 64KB 数据。通信是通过系统功能块（SFB）来实现的，支持有应答的通信。在 S7-300 PLC 中可以用 SFB15"PUT"和 SFB14"GET"来写出或读入远端 CPU 的数据。

扩展的通信功能还能执行控制功能，如控制通信对象的启动和停机。这种通信方式需要用连接表配置连接，被配置的连接在站启动时建立并一直保持。

7.4 MPI 网络

7.4.1 MPI 概述

MPI（Multi Point Interface）是多点接口的简称，是当通信速率要求不高、通信数据量不大时可以采用的一种简单经济的通信方式。通过它可组成小型 PLC 通信网络，实现 PLC 之间的少量数据交换，它不需要额外的硬件和软件就能网络化。通过 MPI，PLC 可以同时与多个设备建立通信连接，这些设备包括编程器 PG 或运行 STEP7 的 PC、人机界面（HMI）及其他 SIMATIC S7、M7 和 C7，同时连接的通信对象的个数与 CPU 的型号有关。

在 SIMATIC S7/M7/C7 PLC 上都集成有 MPI 接口，MPI 的基本功能是 S7 的编程接口，还可以进行 S7-300/400 PLC 之间，S7-300/400 PLC 与 S7-200 PLC 之间的小数据量的通信。MPI 物理接口符合 PROFIBUS RS-485（EN 50170）接口标准。MPI 网络的通信速率为 19.2kbit/s~12Mbit/s，S7-200 只能选择 19.2kbit/s 的通信速率，S7-300 通常默认设置为 187.5kbit/s，只有能够设置为 PROFIBUS 接口的 MPI 网络才支持 12Mbit/s 的通信速率。

接入到 MPI 网的设备称为一个节点，不分段的 MPI 网（无 RS-485 中继器的 MPI 网）最多可以有 32 个网络节点。两个相邻节点的最大传输距离为 50m，加中继后为 1000m，使用光纤和星形连接时最长为 23.8km。

仅用 MPI 构成的网络，称为 MPI 网。MPI 网上的每个节点都有一个网络地址，称为 MPI 地址。节点地址号不能大于给出的最高 MPI 地址。S7 设备在出厂时对一些装置给出了默认的 MPI 地址，见表 7-2。

表 7-2　MPI 网络设备的默认地址

节点（MPI 设备）	默认 MPI 地址	最高 MPI 地址
PG/PC	0	15
OP/TP	1	15
CPU	2	15

7.4.2　MPI 网络的组建

1. 网络结构

两个或多个 MPI 分支网络由路由器或网间连接器连接起来，能构成较复杂的网络结构，实现更大范围的设备互联，MPI 网络结构如图 7-12 所示，图中的分支虚线表示只在启动或维护时才接到 MPI 网的 PG 或 OP。

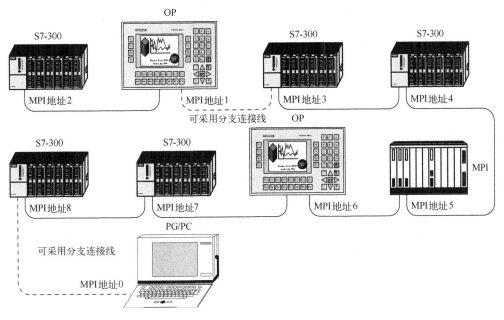

图 7-12　MPI 网络结构示意图

为了适应网络系统的变化，可以为一台维护用的 PG 预留 MPI 地址为 0，为一个维护用的 OP 预留地址 1。用 STEP 7 软件包中的组态功能为每个网络节点分配一个 MPI 地址和最高地址，最好标在节点外壳上，然后对 PG、OP、CPU、CP、FM 等包括的所有节点进行地址排序。

在 S7-300 PLC 中，MPI 总线在 PLC 中与 K 总线（通信总线）连接在一起，S7-300 PLC 机架上 K 总线的每个节点（功能块 FM 和通信处理器 CP）都是 MPI 的一个节点，并拥有自己的 MPI 地址。

在 S7-400 PLC 中，MPI（187.5kbit/s）通信模式被转换为内部 K 总线（10.5kbit/s）。S7-400 系列 PLC 只有 CPU 有 MPI 地址，其他智能模块没有独立的 MPI 地址。

通过 MPI 接口，CPU 可以自动广播其总线参数组态，自动检索正确的参数，并连接至一个 MPI 子网。

2. MPI 网络连接部件

连接 MPI 网络时常用到两个网络部件：网络连接器和网络中继器。

网络连接器采用 PROFIBUS RS–485 总线连接器，连接器插头分两种，一种带 PG 接口，另一种不带 PG 接口，如图 7-13 所示。为了保证网络通信质量，总线连接器或中继器上都设计了终端匹配电阻。组建通信网络时，在网络拓扑分支的末端节点需要接入浪涌匹配电阻。

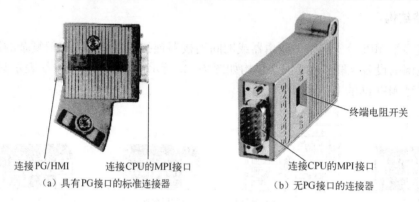

连接 PG/HMI 连接CPU的MPI接口 终端电阻开关
（a）具有PG接口的标准连接器 连接CPU的MPI接口
（b）无PG接口的连接器

图 7-13 网络连接器

对于 MPI 网络，节点间的连接距离是有限制的，从第一个节点到最后一个节点最长距离为 50m。对于一个要求较大区域的信号传输或分散控制的系统，采用中继器可以将两个节点的距离增大到 1000m，通过 OLM 光纤可扩展到 100km 以上，但两个节点之间不应再有其他节点，如图 7-14 所示。

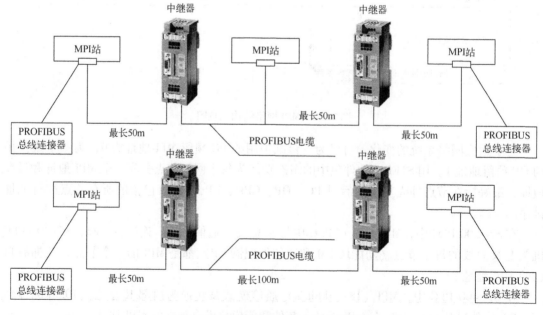

图 7-14 利用中继器延长网络连接距离

3. MPI 网络连接规则

（1）MPI 可连接的节点。凡能接入 MPI 网络的设备均称为 MPI 网络的节点，可接入的设备有编程装置（PG/PC）、操作员界面（OP）、S7/M7 PLC。

（2）为了保证网络通信质量，组建网络时在一根电缆的末端必须接入浪涌匹配电阻，也就是一个网络的第一个和最后一个节点处应接通终端电阻（一般西门子公司专用连接器中都自带终端匹配电阻）。

（3）两个终端电阻之间的总线电缆称为段（Segments），每个段最多可有 32 个节点（默认值为 16），每段最长为 50m（从第一个节点到最后一个节点的最长距离）。

（4）如果覆盖节点距离大于 50m，可采用 RS – 485 中继器来扩展节点间的连接距离。

（5）如果总线电缆不直接连接到总线连接器（网络插头）而必须采用分支线电缆时，分支线的长度是与分支线的数量有关的，一根分支线最大长度可以是 10m，分支线最多为 6 根，其长度限定在 5m。

（6）只有在启动或维护时需要用的那些编程装置采用分支线把它们接到 MPI 网络上。

（7）在将一个新的节点接入 MPI 网络之前，必须关掉电源。

7.4.3　MPI 通信方式

通过 MPI 可实现 S7 PLC 之间的 3 种通信方式：全局数据包通信、无组态连接通信和组态连接通信。

1. 全局数据包通信方式

全局数据（GD）通信方式是以 MPI 网为基础而设计的。在 S7 中，利用全局数据可以建立分布式 PLC 间的通信联系，不需要在用户程序中编写任何语句。S7 程序中的 FB、FC、OB 都能用绝对地址或符号地址来访问全局数据。最多可以在一个项目中的 15 个 CPU 之间建立全局数据通信。

1）GD 通信原理　在 MPI 分支网上实现全局数据共享的两个或多个 CPU 中，至少有一个是数据的发送方，有一个或多个是数据的接收方。发送或接收的数据称为全局数据，或称全局数。具有相同 Sender/Receiver（发送者/接收者）的全局数据，可以集合成一个全局数据包（GD Packet）一起发送。每个数据包用数据包号码（GD Packet Number）来标识，其中的变量用变量号码（Variable Number）来标识。参与全局数据包交换的 CPU 构成了全局数据环（GD Circle）。每个全局数据环用数据环号码来标识（GD Circle Number）。

例如，GD 2.1.3 表示 2 号全局数据环、1 号全局数据包中的 3 号数据。

在 PLC 操作系统的作用下，发送 CPU 在它的一个扫描循环结束时发送全局数据，接收 CPU 在它的一个扫描循环开始时接收 GD。这样，发送全局数据包中的数据，对于接收方来说是"透明的"。也就是说，发送全局数据包中的信号状态会自动影响接收数据包；接收方对接收数据包的访问，相当于对发送数据包的访问。

2）GD 通信的数据结构　全局数据可以由位、字节、字、双字或相关数组组成，它们被称为全局数据的元素。一个全局数据包由一个或几个 GD 元素组成，最多不能超过 24B。在全局数据包中，相关数组、双字、字、字节、位等元素的字节数见表 7-3。

表 7-3 GD 元素的字节数

数 据 类 型	类型所占存储字节数	在 GD 中类型设置的最大数量
相关数组	字节数 + 两个头部说明字节	一个相关的 22 个字节数组
单独的双字	6B	4 个单独的双字
单独的字	4B	6 个单独的双字
单独的字节	3B	8 个单独的双字
单独的位	3B	8 个单独的双字

3）全局数据环 全局数据环中的每个 CPU 都可以发送数据到另一个 CPU 或从另一个 CPU 接收。全局数据环有以下 2 种。

（1）环内包含 2 个以上的 CPU，其中一个发送数据包，其他 CPU 接收数据。

（2）环内只有 2 个 CPU，每个 CPU 都既可发送数据又可接收数据。

S7-300 PLC 的每个 CPU 可以参与最多 4 个不同的数据环，在一个 MPI 网上最多可以有 15 个 CPU 通过全局数据通信来交换数据。

其实，MPI 网络进行 GD 通信的内在方式有两种：一种是一对一方式，当 GD 环中仅有 2 个 CPU 时，可以采用类全双工点对点方式，不能有其他 CPU 参与，只有两者独享；另一种为一对多（最多 4 个）广播方式，一个发送，其他接收。

4）GD 通信应用 应用 GD 通信，就要在 CPU 中定义全局数据块，这一过程也称全局数据通信组态。在对全局数据进行组态前，需要先执行下列任务。

（1）定义项目和 CPU 程序名。

（2）用 PG 单独配置项目中的每个 CPU，确定其分支网络号、MPI 地址、最大 MPI 地址等参数。

在用 STEP 7 开发软件包进行 GD 通信组态时，由系统菜单"选项"中的"定义全局数据"程序进行 GD 表组态。具体组态步骤如下。

（1）在 GD 空表中输入参与 GD 通信的 CPU 代号。

（2）为每个 CPU 定义并输入全局数据，指定发送 GD。

（3）第一次存储并编译全局数据表，检查输入信息语法是否为正确数据类型，是否一致。

（4）设定扫描速率，定义 GD 通信状态双字。

（5）第二次存储并编译全局数据表。

2. 无组态连接通信方式

无组态连接的 MPI 通信适合在 S7-300 与 S7-400、S7-200 之间进行，调用 SFC65、SFC66、SFC67、SFC68 或 SFC69 来实现。值得注意的是，无组态连接通信方式不能与全局数据包通信方式混合使用。无组态连接的 MPI 通信又分两种：双边编程通信方式与单边编程通信方式。

双边编程通信方式：就是本地与远程两方都要编写通信程序，发送方使用 SFC65 来发送数据，接收方用 SFC66 来接收数据，这些系统功能只有 S7-300/400 才有，因此双边编程通信方式只能在 S7-300/400 之间进行，不能与 S7-200 通信。

单边编程通信方式：只在一方编写程序，好像客户机与服务器的访问模式，编写程序一方就像客户机，不编写程序一方就像是服务器。这种通信方式符合 S7-200 与 S7-300/400 之间的通信，如果是 S7-200CPU，那就只能作服务器。使用 SFC67 系统功能来读取对方指定的地址数据到本地机指定的地方存放，使用 SFC68 系统功能来将本地机指定的数据发送到对方指定的地址区域存放。

3. 组态连接通信方式

如果交换的信息量较大时，可以选择组态连接通信方式，这种通信方式只能在 S7-300 与 S7-400 或 S7-400 与 S7-400 之间进行。在 S7-300 与 S7-400 之间通信时，S7-300 只能作服务器，S7-400 只能作客户机；在 S7-400 与 S7-400 之间进行通信时，任意一个 CPU 都可以作服务器或客户机。

7.4.4　MPI 通信的组态

下面以全局数据包通信为例来介绍 MPI 网络的组态。本例通过 MPI 网络配置，实现 2 个 CPU315 – 2DP 之间的全局数据通信。组态步骤如下。

1. 生成 MPI 硬件工作站

打开 STEP 7，首先执行菜单命令"文件→新建"，创建一个 S7 项目，并命名为"全局数据"。选中"全局数据"项目名，然后执行菜单命令"插入→站点→SIMATIC 300 站点"，在此项目下插入 2 个 S7-300 的 PLC 站，如图 7-15 所示。

图 7-15　新建"全局数据"项目

在"全局数据"项目结构窗口中单击"SIMATIC 300(1)"，然后在对象窗口中双击"硬件"，进入 SIMATIC 300(1) 的 HW Config 界面。在此界面中拖入机架（Rail）、电源（PS 307 2A）和 CPU（CPU 315 – 2 DP），完成硬件组态。用同样的方法完成 SIMATIC 300(2) 的硬件组态，如图 7-16 所示。

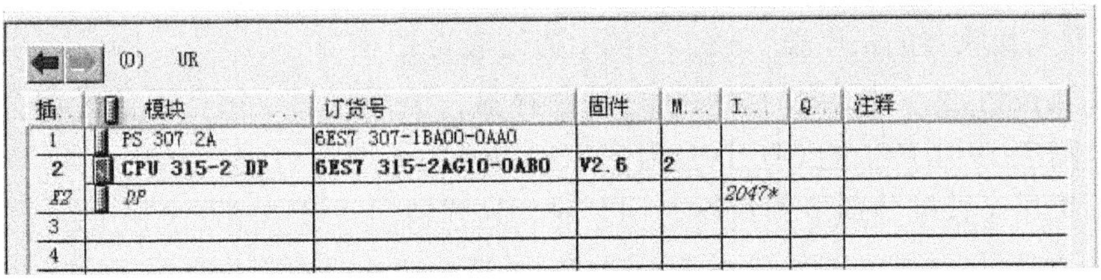

插		模块	订货号	固件	M..	I..	Q..	注释
1		PS 307 2A	6ES7 307-1BA00-0AA0					
2		CPU 315-2 DP	6ES7 315-2AG10-0AB0	V2.6	2			
X2		DP				2047*		
3								
4								

图 7-16　SIMATIC 300 的硬件组态

2. 设置 MPI 地址

单击 CPU 315－2 DP，配置 MPI 地址和通信速率，两个站点的 MPI 地址分别设置为 2 号和 4 号，通信速率为 187.5kbit/s，如图 7－17 所示。完成后单击"确定"按钮，保存并编译硬件组态。最后将硬件组态数据下载到相应的 CPU。

3. 连接网络

用 PROFIBUS 电缆连接 MPI 节点，接着就可以与所有的 CPU 建立在线连接。可以用 SIMATIC 管理器中"组态网络"功能来测试它。

4. 生成全局数据表

单击工具图标 ，打开"NetPro"窗口，如图 7－18 所示。

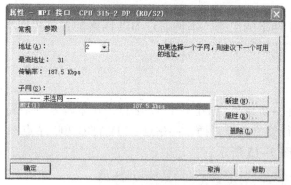

图 7-17　设置 MPI 地址和通信速率

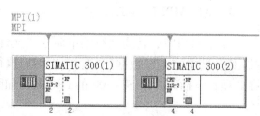

图 7-18　NetPro 窗口

在"NetPro"窗口中右击 MPI 网络线，在弹出的窗口中执行菜单命令"定义全局数据"，进入全局数据组态画面。

双击 GD ID 右边的灰色区域，从弹出的对话框内选择需要通信的 CPU。CPU 栏共有 15 列，意味着最多可以有 15 个 CPU 参与通信。

在每个 CPU 栏底下填上数据的发送区和接收区，例如，SIMATIC 300(1) 站发送区为 DB1. DBB0 ~ DB1. DBB20，可以填写为 DB1. DBB0:20，然后单击工具按钮 ，选择 SIMAT-IC 300(1) 站为发送器。

而 SIMATIC 300(2) 站的接收区为 DB1. DBB0 ~ DB1. DBB20，可以填写为 DB1. DBB0:20，并自动设为接收器。

地址区可以为 DB、M、I、Q 区，对于 S7-300 最大长度为 22B，S7-400 最大长度为 54B。发送器与接收器的长度要一致，本例中通信区为 21B。

单击工具按钮 ，对所做的组态执行编译存盘，编译以后，每行通信区都会自动产生 GD ID 号，图 7-19 中产生的 GD ID 号为"GD 1.1.1"。

最后，把组态数据分别下载到各个 CPU 中，这样数据就可以相互交换了。

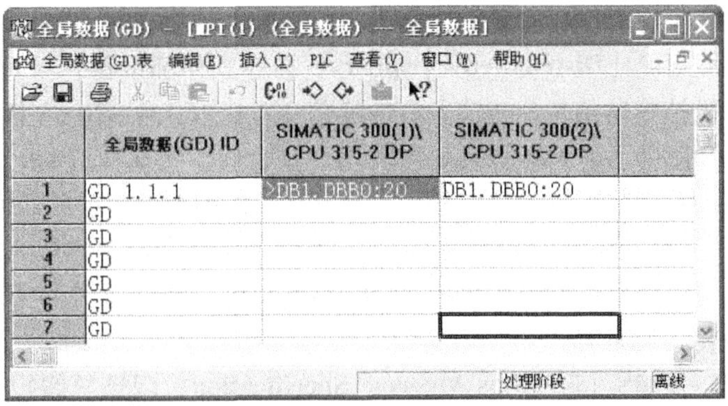

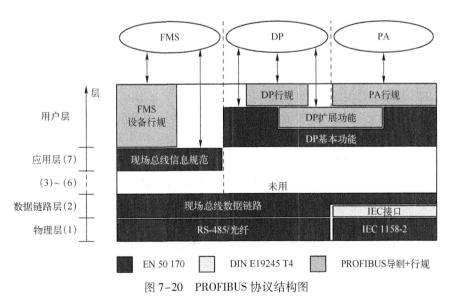

图 7-19　全局数据组态

7.5　PROFIBUS 通信

PROFIBUS 是目前国际上通用的现场总线标准之一，是不依赖生产厂家的、开放式的现场总线，各种自动化设备均可以通过同样的接口交换信息。PROFIBUS 可以用于分布式 I/O 设备、传动装置、PLC 以及基于 PC 的自动化系统等。目前，全球自动化和流程自动化应用系统所安装的 PROFIBUS 节点设备已远远超过其他现场总线。

7.5.1　PROFIBUS 协议

1. PROFIBUS 的组成

PROFIBUS 协议结构以 ISO/OSI 参考模型为基础，其协议结构如图 7-20 所示。第 1 层为物理层，定义了物理的传输特性；第 2 层为数据链路层；第 3~6 层 PROFIBUS 未使用；第 7 层为应用层，定义了应用的功能。

图 7-20　PROFIBUS 协议结构图

PROFIBUS 包括以下 3 个相互兼容的部分。

1）PROFIBUS – DP（Distributed Periphery，分布式外部设备）　PROFIBUS – DP 用于自动化系统中单元级控制设备与分布式 I/O 的通信，可以取代 4 ~ 20mA 模拟信号传输。

PROFIBUS – DP 使用了第 1 层、第 2 层和用户接口层。第 3 ~ 7 层未使用，这种精简的结构高速数据传输。直接数据链路映像程序（DDLM）提供对第 2 层的访问，在用户接口中规定了 PROFIBUS – DP 设备的应用功能以及各种类型的系统和设备的行为特征。

这种为了高速传输用户数据而优化的 PROFIBUS 协议，特别适用于可编程序控制器与现场分散的 I/O 设备之间的通信。

2）PROFIBUS – FMS（Fieldbus Message Specification，现场总线报文规范）　PROFIBUS – FMS 使用了第 1、2 和 7 层。应用层（第 7 层）包括 FMS（现场总线报文规范）和 LLI（低层接口），FMS 包含应用协议和提供的通信服务，LLI 建立各种类型的通信关系，并给 FMS 提供不依赖于设备的对第 2 层的访问途径。

FMS 主要用于系统级和车间级的不同供应商的自动化系统之间的数据传输，处理单元级（PLC 和 PC）的多主站数据通信。功能强大的 FMS 服务可在广泛的应用领域内使用，并为解决复杂通信任务提供了很大的灵活性。

PROFIBUS – DP 和 PROFIBUS – FMS 使用相同的传输技术和总线存取协议。因此，它们可以在同一根电缆上同时运行。

3）PROFIBUS – PA（Process Automation，过程自动化）　PROFIBUS – PA 用于过程自动化的现场传感器和执行器的低速数据传输，使用扩展的 PROFIBUS – DP 进行数据传输。此外，它执行规定现场设备特性的 PA 设备行规。传输技术依据 IEC 61158 – 2 ［7］标准，确保本质安全和通过总线对现场设备供电。使用段耦合器可将 PROFIBUS – PA 设备很容易地集成到 PROFIBUS – DP 网络之中。

PROFIBUS – PA 是为过程自动化工程中的高速、可靠的通信要求而特别设计的。用 PROFIBUS – PA 可以把传感器和执行器连接到普通的现场总线段上，即使在防爆区域的传感器和执行器也可如此。

PROFIBUS – PA 使用屏蔽双绞线电缆，由总线提供电源。在危险区域每个 DP/PA 链路可以连接 15 个现场设备，在非危险区域每个 DP/PA 链路可以连接 31 个现场设备。

2. PROFIBUS – DP 的功能

PROFIBUS 现场总线中，PROFIBUS – DP 的应用最广。DP 主要用于 PLC 与分布式 I/O 和现场设备的高速数据通信。典型的 DP 配置是单主站结构，也可以是多主站结构。DP 的功能包括 DP – V0、DP – V1 和 DP – V2 三个版本。

1）基本功能（DP – V0）

（1）总线存取方法：各主站间为令牌传送，主站与从站间为主从循环传送，支持单主站或多主站系统，总线上最多 126 个站。可以采用点对点用户数据通信、广播（控制指令）方式和循环主从用户数据通信。

（2）循环数据交换：DP – V0 可以实现主站与从站间的快速循环数据交换，主站发出请求保文，从站收到后返回响应报文。总线循环时间应小于主站的循环时间，DP 的传送时间与网络中站得数量和传输速率有关。

（3）诊断功能：经过扩展的 PROFIBUS - DP 诊断，能对站级、模块级、通道级三级故障进行诊断和快速定位，诊断信息在总线上传输并由主站采集。

（4）保护功能：只有授权的主站才能直接访问从站。从站用监控定时器监视与从站的通信。从站用监控定时器检测与主站的数据传输。

（5）基于网络的组态功能与控制功能：可以实现下列功能：动态激活或关闭从站，对主站进行配置，可以设置站点的数目、从站的地址、输入/输出数据的格式、诊断报文的格式等，还可以检查从站的组态等。

（6）同步与锁定功能：主站可以发送命令给一个从站或同时发送给一组从站。接收到从站的同步命令后，从站进入同步模式，这些从站的输出被锁定在当前状态。

锁定（FREEZE）命令使指定的从站组进入锁定模式，即将各从站的输入数据锁定在当前状态，直到主站发送下一个锁定命令时才可以刷新。

此外，还支持主站与从站或系统组态设备之间的循环数据传输。

2）DP - V1 的扩展功能

（1）非循环数据交换：除 DP - V0 的功能外，DP - V1 最主要的特征是具有主站与从站之间的非循环数据交换功能，可以用它来进行参数设置、诊断和报警处理。非循环数据交换与循环数据交换是并行执行的，但是优先级较低。

（2）工程内部集成 EDD 与 FDT：在工业自动化中，GSD（电子设备数据）文件适用于较简单的应用；EDD（Electronic Device Description，电子设备描述）适用于中等复杂程序的应用；FDT/DTM（Field Device Tool/Device Type Manager，现场设备工具/设备类型管理）是独立于现场总线的"万能"接口，适用于复杂的应用场合。

（3）基于 IEC 61131 - 3 的软件功能块：为了实现与制造商无关的系统行规，应为现存的通信平台提供应用程序接口（API），PNO（PROFIBUS 用户组织）推出了"基于 IEC 61131 - 3 的通信与代理（Proxy）功能块"。

（4）故障 - 安全通信（PROFIsafe 考虑了在串行总线通信中可能发生的故障，如数据的延迟、丢失、重复，不正确的时序、地址和数据的损坏等。

（5）扩展的诊断功能：DP 从站通过诊断报文将突发事件（报警信息）传送给主站，主站收到后发送确认报文给从站。从站收到后只能发送新的报警信息，这样可以防止多次重复发送同一报警报文。状态报文由从站发送给主站，不需要主站确认。

3）DP - V2 的扩展功能

（1）从站与从站之间的通信：广播式数据交换实现了从站之间的通信，从站作为出版者（Publisher），不经过主站直接将信息发送给作为订户（Subscribers）的从站。

（2）同步（Isochronous）模式功能：同步功能激活主站与从站之间的同步，误差小于1ms。通过"全局控制"广播报文，所有有关的设备被周期性的同步到总线主站的循环。

（3）时钟控制与时间标记（Time Stamps）：通过用于时钟同步的新的连接 MS3，主站将时间标记发送给所有的从站，将从站的时钟同步到系统时间，误差小于1ms。利用这一功能可以实现高精度的事件追踪。在有大量主站的网络中，对于获取定时功能特别有用。主站与从站之间的时钟控制通过 MS3 服务来进行。

（4）HARTonDP：HARTonDP 是一种应用较广的现场总线。HART 规范将 HART 的客户 - 主机 - 服务器模型映射到 PROFIBUS。

（5）上载与下载：此功能允许用少量的命令装载任意现场设备中任意大小的数据区，如不需要人工装载就可以更新程序或更换设备。

（6）功能请求（Function Invocation）：功能请求服务用于 DP 从站的程序控制（启动、停止、返回或重新启动）和功能调用。

（7）从站冗余：在很多应用场合，要求现场设备的通信有冗余功能。冗余的从站有两个 PROFIBUS 接口，一个是主接口，另一个是备用接口。它们可能是单独的设备，也可能分散在两个设备中。冗余从站设备可以在一条 PROFIBUS 总线或两条冗余的 PROFIBUS 总线上运行。

7.5.2 PROFIBUS 的硬件

1. PROFIBUS 的物理层

PROFIBUS 可以适用多种通信介质，包括电、光、红外、导轨以及混合方式等。传输速率为 9.6kbit/s ~ 12Mbit/s，每个 DP 从站的输入数据和输出数据最多为 244B。使用屏蔽双绞线电缆时最长通信距离为 9.6km，使用光缆时最长 90km，最多可以接 127 个从站。

PROFIBUS 可以使用灵活的拓扑结构，支持线形、树形、环形结构以及冗余的通信模型。支持基于总线的驱动技术和符合 IEC 61508 的总线安全通信技术。

1）DP/FMS 的 RS – 485 传输 PROFIBUS – DP 和 PROFIBUS – FMS 使用相同的传输技术和统一的总线存取协议，可以在同一根电缆上同时运行。DP/FMS 符合 EIA RS – 485 标准（也称 H2），采用价格便宜的屏蔽双绞线电缆，电磁兼容性条件较好时也可以使用不带屏蔽的双绞线电缆。一个总线段的两端各有一套有源的总线终端电阻。传输速率为 9.6kbit/s ~ 12Mbit/s，所选的传输速率适用于连接到总线段上的所有设备，每个网段电缆的最大长度与传输速率有关。一个总线段最多 32 个站，带中继器最多 127 个站，串联的中继器一般不超过 3 个。中继器没有站地址，但是被计算在每段的最多站数中。

如果用屏蔽编织线和屏蔽箔，应在两端与保护接地连接，数据线必须与高压线隔离。

RS – 485 采用半双工、异步的传输方式，1 个字符帧由 8 个数据位、1 个起始位、1 个停止位和 1 个奇偶校验位（共 11 位）组成。

2）D 形总线连接器 PROFIBUS 标准推荐站与总线的相互连接使用 9 针 D 形连接器。D 形连接器的插座与总线站相连接，而 D 形连接器的插头与总线电缆相连接。在传输期间，A、B 线上的波形相反。信号为"1"时 B 线为高电平，A 线为低电平。各报文间的空闲（Idle）状态对应于二进制数"1"信号。

3）总线终端器 在数据线 A 和 B 的两端均应加接总线终端器。总线终端器的下拉电阻与数据基准电位相连，上拉电阻与供电正电压相连。总线上没有站发送数据时，这两个电阻确保总线上有一个确定的空闲电位。几乎所有标准的 PROFIBUS 总线连接器上都集成了总线终端器，可以由跳接器或开关来选择是否使用它。

传输速率大于 1500kbit/s 时，由于连接的站的电容性负载引起导线反射，因此必须使用附加有轴向电感的总线连接插头。

4）DP/FMS 的光缆传输 PROFIBUS 的一种物理层通过光纤中光的传输来传送数据。单芯玻璃光纤的最大连接距离为 15km，价格低廉的塑料光纤为 80m。光缆对电磁干扰不敏感，并能确保站之间的电气隔离。近年来，由于光纤的连接技术已大大简化，这种传输技术已经广泛地用于现场设备的数据通信。

光链路模块（OLM）用来实现单光纤和冗余的双光纤环。在单光纤环中，OLM 通过单工光缆相互连接，如果光缆断线或 OLM 出现故障，则整个环路将崩溃。在冗余的双光纤环中，OLM 通过两根双工光缆相互连接，如果两根光缆中的一根出了故障，则总线系统将自动地切换为线性结构。光纤导线中的故障排除后，总线系统即返回到正常的冗余环状态。许多厂商提供专用总线插头来转换 RS – 485 信号和光纤导体信号。

5）PA 的 IEO 1158 – 2 传输 PROFIBUS – PA 采用符合 IEC 1158 – 2 标准的传输技术，这种技术确保本质安全，并通过总线直接给现场设备供电，能满足石油化工业的要求。传输速率为 31.25kbit/s。传输介质为屏蔽或非屏蔽的双绞线，允许使用线性、树形和星形网络。总线段的两端用一个无源的 RC 线终端器（100Ω 电阻与 1μF 电容的串联电路）来终止。在一个 PA 总线段上最多可以连接 32 个站，总数最多为 126 个，最多可以扩展 4 台中继器。最大的总线段长度取决于供电装置、导线类型和所连接的站的电流消耗。

为了增加系统的可靠性，总线段可以用冗余总线段作备份。段耦合器或 DP/PA 链接器用于 PA 总线段与 DP 总线段的连接。

2. PROFIBUS – DP 设备

PROFIBUS – DP 设备可以分为以下 3 种不同类型的设备。

1）1 类 DP 主站 1 类 DP 主站（DPM1）是系统得中央控制器，DPM1 在预定的周期内与从站循环地交换信息，并对总线通信进行控制和管理。DPM1 可以发送参数给从站，读取从站的诊断信息，用全局控制命令将它的运行状态告知给各从站等。此外，还可以将控制命令发送给个别从站或从站组，以实现输出数据和输入数据的同步。下列设备可以作 1 类 DP 主站。

（1）集成了 DP 接口的 PLC，如 CPU315 – 2DP、CPU313C – 2DP 等。

（2）没有集成 DP 接口的 CPU 加上支持 DP 主站功能的通信处理器（CP）。

（3）插有 PROFIBUS 网卡（如 CP5411、CP5511、CP5611 和 CP5613 等）的 PC，如 WinAC 控制器等。可以设置选择 PC 作 1 类主站或者作编程监控的 2 类主站。

（4）IE/PB 链路模块。

（5）ET200S/ET200X 的主站模块。

2）2 类 DP 主站 2 类 DP 主站（DPM2）是 DP 网络中的编程、诊断和管理设备。DPM2 除了具有 1 类主站的功能外，在与 1 类 DP 主站进行数据通信的同时，可以读取 DP 从站的输入/输出数据和当前的组态数据，可以给 DP 从站分配新的总线地址。下列设备可以作 2 类 DP 主站。

（1）以 PC 为硬件平台的 2 类主站。PC 加 PROFIBUS 网卡可作 2 类主站，PC 和 STEP 7 编程软件来做编程设备，PC 和 WinCC 组态软件做监控操作站。

（2）操作员面板/触摸屏（OP/TP）。操作员面板和触摸屏用于操作人员对系统得控制和操作，如参数的设置与修改、设备的启动和停机以及在线监视设备的运行状态等。

3）DP 从站 DP 从站是进行输入信息采集和输出信息发送的外部设备，只与组态它的 DP 主站交换用户数据，可以向该主站报告本地诊断中断和过程中断。下列设备可以作 DP

从站：

（1）分布式 I/O。分布式 I/O（非智能型 I/O）具有 PROFIBUS - DP 通信接口，但没有程序存储和程序执行功能，通信适配器用来接收主站指令，按主站指令驱动 I/O，并将 I/O 输入及故障诊断等信息返回给主站。ET200 系列是西门子典型的分布式 I/O，有 ET200M/L/S/is/B 等多种类型，ET200B 为紧凑型的分布式 I/O，ET200M 为模块型的分布式 I/O。

（2）PLC 智能 DP 从站。某些型号的 PLC 可以作 PROFIBUS 的从站，称为智能型从站。PLC 的 CPU 通过用户程序驱动 I/O，在 PLC 的存储器中有一片特定区域作为主站通信的共享数据区，主站通过通信间接控制从站 PLC 的 I/O。

（3）具有 PROFIBUS DP 接口的其他现场设备。西门子的 SINUMERIK 数控系统、SITRANS 现场仪表、MicroMaster 变频器、SIMOREG DC MASTER 直流传动装置以及 AIMO-VERT 交流传动装置都有 PROFIBUS - DP 接口或可选的 DP 接口，可以作 DP 从站。其他公司支持 DP 接口的输入/输出、传感器、执行器或其他智能设备也可以接入 PROFIBUS - DP 网络。

4）DP 组合设备 可以将 1 类、2 类 DP 主站或 DP 从站组合在一个设备中，形成一个 DP 组合设备，如第 1 类 DP 主站与第 2 类 DP 主站的组合，DP 从站与第 1 类 DP 主站的组合等。

5）PROFIBUS 网络部件 网络部件包括通信介质（电缆）、总线部件（总线连接器、中继器、耦合器、链路）和网络转接器，后者包括 PROFIBUS 与串行通信、以太网、AS - i 和 EIB 通信网络的转接器等。

3. PROFIBUS 通信处理器

1）CP342 -5 通信处理器 CP342 -5 通信处理器是将 S7-300 PLC 连接到 PROFIBUS - DP 总线的低成本的 DP 主站接口模块，减轻了 CPU 的通信负担，通过 FOC 接口可以直接连接到光纤 PROFIBUS 网络。通过接口模块 IM360/361，CP342 -5 也可以工作在扩展机架上。

CP342 -5 提供下列通信服务：PROFIBUS - DP、S7 通信、S5 兼容通信功能和 PG/OP 通信，通过 PROFIBUS 进行配置和编程。

CP342 -5 作为 DP 主站自动处理数据传输，通过它将 DP 从站连接到 S7-300 PLC 上。CP342 -5 提供 SYNC（同步）、FREEZE（锁定）和共享输入/输出功能。CP342 -5 也可以作为 DP 从站，允许 S7-300 PLC 与其他 PROFIBUS 主站交换数据。这样可以进行 S5/S7、PC、ET200 和其他现场设备的混合配置。

通过 STEP7 的网络组态编辑器 NCM 对 CP342 -5 进行配置，CP 模块的配置数据存放在 CPU 中，CPU 启动后自动地将配置参数传送到 CP 模块。

2）CP342 -5 FO 通信处理器 CP342 -5FO 是带光纤接口的 PROFIBUS - DP 主站或从站模块，用于将 S7-300 PLC 连接到 PROFIBUS。通过内置的 FOC 光缆接口直接连接到光纤 PROFIBUS 网络，即使有强烈的电磁干扰也能正常工作。模块的其他性能与 CP342 -5 相同。

S7-300 PLC 和 C7 可以与下列部件进行通信。

（1）带集成光纤接口的 ET200I/O。

（2）带 CP5613 FO/5614 FO 的 PC。

（3）使用 IM467 FO 和 CP325 - 5FO 可以进行 S7-300 和 S7-400 之间的通信。

（4）使用光纤总线端子（OBT）可与其他 PROFIBUS 节点通信。

3）CP443 - 5 通信处理器　CP443 - 5 是 S7-400 PLC 用于 PROFIBUS - DP 总线的通信处理器，它提供下列通信服务：S7 通信，S5 兼容通信，与计算机、PG/OP 的通信和 PROFI-BUS - FMS。可以通过 PROFIBUS 进行配置和远程编程，实现实时钟的同步，在 H 系统中实现冗余的 S7 通信或 DP 主站通信。通过 S7 路由器可在网络间进行通信。

CP443 - 5 分为基本型和扩展型，扩展型作为 DP 主站运行，支持 SYNC 和 FREEZE 功能、从站到从站的直接通信和通过 PROFIBUS - DP 发送数据记录等。

4）用于 PC/PG 的通信处理器　用于 PC/PG 的通信处理器将计算机/编程器连接到 PROFIBUS 网络中，具体见表 7-4，支持标准 S7 通信、S5 兼容通信、PG/OP 通信和 PROFI-BUS - FMS，OPC 服务器随通信软件供货。

表 7-4　用于 PC/PG 的通信处理器

	CP5613/CP5613FO	CP5614/CP5614FO	CP5611
可以连接的 DP 从站数	122	122	60
可以并行处理的 FDL 任务数	120	120	100
PG/PC 和 S7 的连接数	50	50	8
FMS 的连接数	40	40	

表 7-4 中，CP5613 是带微处理器的 PCI 卡，有一个 PROFIBUS 接口，仅支持 DP 主站；CP5614 用于将计算机连接到 PROFIBUS，有两个 PROFIBUS 接口，可以将两个 PROFIBUS 网络连接到 PC，网络间可以交换数据，可以作 DP 主站或 DP 从站；CP5613 FO/CP5614FO 有光纤接口，用于将 PC/PG 连接到光纤 PROFIBUS 网络；CP5611 用于将带 PCMCIA 插槽的笔记本电脑连接到 PROFIBUS 和 S7 的 MPI 接口，有一个 PROFIBUS 接口，支持 PROFIBUS 主站和从站。

4. GSD 电子设备数据文件

GSD 是可读的 ASCII 码文本文件，包括通用的和与设备有关的通信的技术规范。为了将不同厂家生产的 PROFIBUS 产品集成在一起，生产厂家必须以 GSD 文件（电子设备数据库文件）方式提供这些产品的功能参数，如 I/O 点数、诊断信息、传输速率、时间监视等。

1）总规范　包括生产厂商和设备名称、硬件和软件版本、传输速率、监视时间间隔、总线插头指定信号。

2）主站规范　包括适用于主站的各项参数，如最大可以连接的从站个数和上载下载的选项。

3）与 DP 从站有关的规范　如输入/输出通道个数、类型和诊断数据等。

在 STEP7 硬件组态编辑器中通过菜单命令"选项→安装 GSD 文件"安装制造商提供的 GSD 电子设备数据文件，之后在硬件目录中将会找到相应的设备。

5. PROFIBUS 网络的配置方案

根据现场设备是否具有 PROFIBUS 接口可以分为以下 3 种类型。

（1）现场设备不具备 PROFIBUS 接口，则可以通过分布式 I/O 连接到 PROFIBUS 上。如果现场设备可以分为相对集中的若干组，则将可以更好地发挥现场总线技术的优点。

（2）现场设备都有 PROFIBUS 接口，可以通过现场总线技术实现完全的分布式结构。

（3）只有部分现场设备有 PROFIBUS 接口，应采用有 PROFIBUS 接口的现场设备与分布式 I/O 混合使用的办法。

由上，PROFIBUS - DP 网络的配置方案通常有下列结构类型。

（1）PLC 作 1 类主站，不设监控站，在调试阶段配置一台编程设备。由 PLC 完成总线通信管理、从站数据读/写、从站远程参数设置工作。

（2）PLC 作 1 类主站，监控站通过串口与 PLC 一对一的连接。因为监控站不在 PROFI-BUS 网上，不是 2 类主站，不能直接读取从站数据和完成远程组态工作。监控站所需的从站数据只能通过串口从 PLC 中读取。

（3）用 PLC 或其他控制器作 1 类主站，监控站（2 类主站）连接在 PROFIBUS 总线上。可以完成远程编程、组态以及在线监控功能。

（4）用配备了 PROFIBUS 网卡的 PC 作 1 类主站，监控站与 1 类主站一体化。这是一个低成本方案，但 PC 应选用具有高可靠性、能长时间连续运行的工业级 PC。对于这种结构类型，PC 的故障将导致整个系统瘫痪。另外，通信厂商通常只提供模块的驱动程序，总线控制程序、从站控制程序和监控程序可能要由用户开发，因此开发工作量较大。

（5）工业控制 PC + PROFIBUS 网卡 + SOFTPLC 的结构形式。SOFTPLC 是将通用型 PC 改造成一台由软件实现的 PLC。这种软件将符合 IEC 61131 标准的 PLC 的编程、应用程序运行功能、操作员监控站的图形监控开发和在线监控功能等集成到一台 PC 上，形成一个 PLC 与监控站一体化的控制器工作站。

7.6 工业以太网

工业以太网遵循 IEEE 802.3 标准，一般应用于企业的管理级的网络，是为工业控制专门设计的局域网。工业以太网通信数据量大、距离长。原有的工业以太网数据交换不能保证通信的实时性。最新开发的基于工业以太网的 PROFINET 的实时性能很好，它可以直接连接现场设备，采用组件化的设计，支持分布式的自动化控制方式，使用 PROFINET CBA，相当于主站间的通信，使用 PROFINET 技术，可以使工业以太网"一网到底"。

1. 概述

随着计算机与网络技术的日益发展，工业自动化控制技术也随之产生了深刻的变革，控制系统的网络化、开放性的发展方向已成为当今自动化控制技术发展的主要潮流。以太网（Ethernet）作为目前应用最为广泛的局域网技术，在工业自动化和过程控制领域得到了越来越多的应用。同时，依靠以太网和 Internet 技术实现信息共享，能给办公自动化带来很大的变革，也必将对控制系统产生深远的影响。

由于世界上现有的现场总线产品种类较多（约 40 种，其中有 8 种符合 IEC 61158 现场总线标准），且技术参差不齐，通用性、兼容性极差，使得现场总线技术的发展速度大大放慢。为了解决这一问题，人们开始寻求新的出路，即将现场总线转向 Ethernet，用以太网作为高速现场总线框架，这样就可以使现场总线技术和计算机网络技术的主流技术很好地融合起来。

工业以太网技术是普通以太网技术在控制网络延伸的产物。前者源于后者又不同于后者。以太网技术经过多年发展，特别是它在 Internet 中的广泛应用，使得它的技术更为成熟，并得到了广大开发商与用户的认同。因此无论从技术上还是产品价格上，以太网较之其他类型网络技术都具有明显的优势。另外，随着技术的发展，工业控制网络与普通计算机网络、Internet 的联系更为密切。工业控制网络技术需要考虑与计算机网络连接的一致性，需要提高对现场设备通信性能的要求，这些都是工业控制网络设备的开发者与制造商把目光转向以太网技术的重要原因。

为了促进以太网在工业领域的应用与发展，国际上成立了工业以太网协会（Industrial Ethernet Association，IEA），以及工业自动化开放网络联盟（Industrial Automation Network Alliance，IAONA）等组织，目标是在世界范围内推进工业以太网技术的发展、教育和标准化管理，在工业应用领域的各个层次运用以太网。这些组织还致力于促进以太网进入工业自动化的现场级，推动以太网技术在工业自动化领域和嵌入式系统的应用。

西门子公司在工业以太网领域有着非常丰富的经验和领先的解决方案。其中 SIMATIC NET 工业以太网基于经过现场验证的技术，符合 IEEE 802.3 标准并提供 10Mbit/s 以及 100Mbit/s 快速以太网技术。经过多年的实践，SIMATIC NET 工业以太网的应用已多于 400000 个节点，遍布世界各地，用于严酷的工业环境，并包括有高强度电磁干扰的地区。

工业以太网的通信特性见表 7-5。

表 7-5　工业以太网的通信特性

项　　目		特　　性
标准		IEEE 802.3
通信站的数量		多于 1 000
网络访问方式		CSMA/CD
传输速率		100Mbit/s
传输介质	电气网络	2 芯屏蔽同轴电缆 ITP
	光纤网络	光缆
最大长度/km	电气网络	1.5
	光纤网络	4.5
网络拓扑		总线型、树形、环形和星形
通信服务		PD/OP； S7 通信； S5 兼容通信：ISO Transport、ISO - on - TCP 和 UDP； 标准通信； MMS 服务，MAP3.0

工业以太网是为工业应用专门设计的局域网，已经广泛地应用于工业网络的管理层，并且有向中间层和现场层发展的趋势。工业以太网产品的设计制造必须充分考虑并满足工业网

络应用的需要，工业现场对网络的要求包括以下内容。

☺ 工业生产现场环境的高温、潮湿、空气污浊及腐蚀性气体的存在，要求工业级的产品具有气候环境适应性，并要耐腐蚀、防尘和防水。

☺ 工业生产现场的粉尘、易燃易爆和有毒性气体的存在，需要采取防爆措施以保证生产安全。

☺ 工业现场的振动、电磁干扰大，工业控制网络必须具有机械环境适应性（耐振动、耐冲击）、电磁环境适应性或电磁兼容性等。

☺ 工业网络器件的供电通常是采用柜内低压直流电源标准，大多数工业环境中控制柜内所需电源为低压 DC 24V。

☺ 采用标准导轨安装，维护方便，适用于工业环境安装的要求。工业网络器件要能方便地安装在工业现场控制柜内，并容易更换。

工业以太网由于其应用的广泛性和技术的先进性，已逐渐垄断了商用计算机通信领域和过程控制领域中上层的信息管理与通信，并且有进一步直接应用到工业现场的趋势。与目前的现场总线相比，工业以太网具有以下优点。

☺ 应用广泛。工业以太网是目前应用最为广泛的计算机网络技术，得到了广泛的技术支持。几乎所有的编程语言都支持以太网的应用开发，并受到软件开发商的高度重视，具有很好的发展前景。

☺ 通信速率高。目前通信速率为 10Mbit/s、1000Mbit/s 的以太网技术逐渐成熟，10Gbit/s 的以太网正在研究，其速率比目前的现场总线快很多，可以满足对速度有更高要求的场合。

☺ 成本低廉。由于以太网的应用最为广泛，受到硬件开发与生产厂商的高度重视与广泛支持。已有多种硬件产品可供用户选择，而且硬件价格也相对低廉。目前以太网网卡的价格只有 PROFIBUS、FF 等现场总线卡的 1/10，而且随着集成电路技术的发展，其价格还会进一步下降。

☺ 资源共享能力强。随着 Internet/Intranet 的发展，以太网已渗透到各个角落，网络上的用户已解除了资源地理位置上的束缚，在连入互联网的任何一台计算机上都能浏览工业控制现场的数据，实现"控管一体化"，这是其他任何现场总线都无法比拟的。

☺ 可持续发展潜力大。以太网的引入将为控制系统得后续发展提供可能性，用户在技术升级方面不需要独自的研究投入。对于这一点，任何现有的现场总线技术都是无法比拟的。同时，机器人技术、智能技术的发展都要求通信网络具有更高的带宽和性能，通信协议有更高的灵活性，这些要求以太网都能很好地满足。

2. 工业以太网的网络部件

典型的工业以太网由 4 类网络部件组成：连接部件、通信介质、用于连接 PLC 的通信处理器和用来连接 PG/PC 的工业以太网网卡。

1）连接部件　包括 FC 快速链接插座、电气链接模块（ELM）、电气交换模块（ESM）、光纤交换模块（OSM）和光纤电气转换模块（MC TP11）。

电气交换模块（ESM）与光纤交换模块（OSM）用来构建 10Mbit/s、100Mbit/s 交换网络，能低成本、高效率地在现场建成具有交换功能的总线型结构或星形结构的工业以太网。利用 ESM 或 OSM 中的网络冗余管理器，可以构建环形冗余工业以太网，最长的网络重构时间为 0.3s。

ELM 模块有 3 个 ITP 接口和 1 个 AUI 接口，通过 AUI 接口可以将网络设备连接至 LAN 上，速度为 10Mbit/s。

2）通信介质　可以采用工业快速连接双绞线、工业屏蔽双绞线、光纤和无线通信方式。

（1）工业快速连接双绞线（IEFCTP）：工业快速连接双绞线配合西门子公司的 FC FP RJ－45 接头可快捷、方便地将 DTE（数据终端设备）连接到工业以太网上。使用 FC 双绞线从 DTE 到 DTE、DTE 到交换机、交换机之间最长通信距离为 100m，主干网使用 FC 4×2 电缆可以达到 1000m。通信速率为 100Mbit/s，DTE 到 DTE 之间需要交叉连接，DTE 到交换机之间需要直通连接。西门子公司的交换机由于采用了自适应技术，可以自动检测线序，故通信交换机可以采用任意一种方式进行连接。普通 RJ－45 接头不带信号屏蔽，为了保证数据传输的可靠性，最长通信距离为 10m。

（2）工业屏蔽双绞线（ITP）：工业屏蔽双绞线电缆预装配 9/15 针 SUB D 接头，连接通信处理器 CP 的 ITP 接口，适合恶劣的工业环境，ITP 电缆最长为 100m，已逐渐被 IEFCTP 连接电缆替代。

（3）光纤：光纤适合于抗干扰、长距离的通信，西门子公司的交换机间或交换机与 DTE 之间可以使用 POF 光纤（最长 50m）、PCF 光纤（最长 100m）连接；使用多模光纤（西门子公司的交换机之间通信速率为 100Mbit/s 时，最长距离为 3000m；通信速率为 1000Mbit/s 时，最长距离为 750m）、单模光纤（西门子公司的交换机之间通信速率为 100Mbit/s 时，最长距离为 26km；通信速率为 1000Mbit/s 时，最长距离为 10km）适合西门子公司的交换机之间的连接。

（4）无线通信：使用无线以太网收发器相互连接，通信距离与通信标准及天线有关。

3）S7－300/400 PLC 的工业以太网通信处理器　用于将 PLC 连接到工业以太网。

（1）CP343－1/CP443－1 通信处理器。它是用于 S7－300 和 S7－400 的全双工以太网通信处理器，通信速率为 10Mbit/s 或 100Mbit/s。CP343－1 的 15 针 D 形插座用于连接工业以太网，允许 AUI 和双绞线接口之间的自动转换。RJ－45 插座用于工业以太网的快速连接，可以使用电话线通过 ISDN 连接互联网。CP443－1 有 ITP、RJ－45 和 AUI 接口。CP343－1/CP443－1 在工业以太网上独立处理数据通信，有自己的处理器，可以使 S7－300/400 与编程器、计算机、人机界面装置和其他 S7 和 S5PLC 进行通信。

（2）CP343－1 IT/CP443－1 IT 通信处理器。它用于 S7－300 和 S7－400，除了具有 CP343－1/CP443－1 的特性和功能外，还可以实现高优先级的生产通信和 IT 通信。

（3）CP444 通信处理器。它将 S7－400 连接到工业以太网，根据 MAP3.0（制造自动化协议）标准提供 MMS（制造业信息规范）服务，包括环境管理（启动、停止和紧急退出）、VMD（设备监控）和变量存取服务，可以减轻 CPU 的通信负担，实现深层的连接。

4）用于 PC 的工业以太网网卡　用于将 PG/PC 连接到工业以太网网卡有如下几种。

（1）CP1612 PCI 以太网卡和 CP 1512 PCMCIA 以太网卡提供 RJ－45 接口，与配套的软

件包一起支持以下通信服务：传输协议 ISO 和 TCP/IP、PG/OP 通信、S7 通信、S5 兼容通信，支持 OPC 通信。

（2）CP515 是符合 IEEE 802.11b 的无线通信网卡，应用于 RLM（无线链路模块）和可移动计算机。

（3）CP1613 是带微处理器的 PCI 以太网卡，使用 AUL/ITP 或 RJ-45 接口，可以将 PG/PG 连接到以太网络。用 CP1613 可以实现时钟的网络同步。与有关的软件一起，CP1613 支持以下通信服务：ISO 和 TCP/IP、PG/OP 通信、S7 通信、S5 兼容通信和 TF 协议，支持 OPC 通信。

由于集成了微处理器，CP1613 有恒定的数据吞吐量，支持"即插即用"和自适应（10Mbit/s 或 100Mbit/s）功能，支持运行大型的网络配置，可以用于冗余通信，支持 OPC 通信。

3. 工业以太网的拓扑结构

SIMATIC NET 工业以太网的拓扑结构包括总线型、环形以及环网冗余型等。

1）总线型拓扑结构　在 OLM 或 ELM 的总线拓扑结构中，DTE 设备可以通过 ITP 电缆及接口连接在 OLM 或 ELM 上。每个 OLM 或 ELM 有 3 个 ITP 接口。OLM 之间可以通过光缆进行连接，最多可以级联 11 个。而在 ELM 之间可以通过 ITP XP 标准电缆进行连接，最多可以级联 13 个。ESM 可以通过 TP/ITP 电缆相连组成总线型网络。任一个端口都可以作为级联的端口使用。两个 ESM 之间的距离不能超过 100m，整个网络最多可以连接 50 个 ESM。总线型拓扑结构如图 7-21 所示。

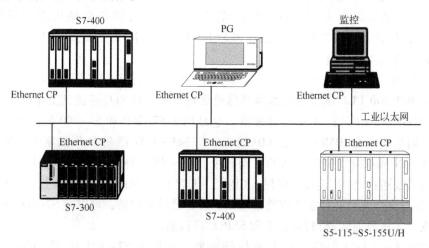

图 7-21　工业以太网的总线型拓扑结构

2）环形拓扑结构　OLM 可以通过光缆将总线型网络首尾相连，从而构成环形网络。整个网络上最多可以级联 11 个 OLM，与总线型网络相比，增加了数据交换的可靠性。而 OSM/ESM 也能够构成环网拓扑结构，具有网络冗余管理功能。它们通过 DIP 开关可以设置网络中的任何一个 OSM/ESM 作为冗余管理器，因而可以组成冗余的环网，其中 OSM/ESM 上的 7、8 口作为环网的光缆级连接口。作为冗余管理器的 OSM 监测 7、8 口的状态，一旦检测到网络中断，将重新构建整个网络，将网络切换到备份的通道上，保证数据交换不会中断。

3）环网冗余型结构 在西门子工业以太网中，每个 OSM/ESM 上（除 OSM TP22 和 ESM TP40）都有 Standby - Sync 接口。使用一对 OSM/ESM，通过 DIP 开关设置备用（Standby）主站和备用从站。用 ITP XP 标准电缆，将备用接口连接起来，则该对 OSM/ESM 可以用来冗余连接另一个环网。备用主站和从站之间通过 ITP XP9/9 标准电缆连接。当备用主站通道出现故障时，备用从站连接通道工作；当备用主站通道恢复正常时，备用主站会通知备用从站，备用的从站将停止工作，整个网络重构的时间小于 0.3s。

4. 工业以太网的网络方案

根据网络所使用的传输介质不同，工业以太网可以采用同轴电缆网络、双绞线网络、光纤网络和快速工业以太网这 4 种方案。

1）三同轴电缆网络 三同轴电缆网络是以三同轴电缆作为传输介质，通过 ELM 连接的工业以太网。

三同轴电缆网络由若干条总线段组成，每段的最大长度为 500m。一条总线段最多可连接 100 个收发器，总线段长度不够时，可通过中继器进行增加。三同轴电缆网络为总线型网络，网络传输速率为 10Mbit/s，因为采用了无源设计和一致性接地的设计，极其坚固耐用。

三同轴电缆网络可以混合使用电气网络和光纤网络，使二者的优势互补，网络的分段改善了网络的性能。

三同轴电缆网络分别带有一个或两个终端设备接口的收发器，中继器用来将最长 500m 的分支网段接入网络中。

2）双绞线网络 双绞线网络是以双绞线作为基本传输介质，通过 ELM、ESM 与工业双绞线等部件组成的工业以太网网络。

双绞线网络可以采用总线型、星形、环形拓扑结构，网络传输速率为 10Mbit/s 或 100Mbit/s，使用 ELM、ESM 进行连接。

双绞线网络的传输距离与使用的传输介质（如 ITP 标准电缆、FC 电缆或 FC TP 快速连接电缆等）有关。若使用 Sub - D 连接器与 ITP 电缆时，网络的最大传输距离为 100m；若使用 TP 双绞线时，网络的最大传输距离为 50m；若使用 FC TP 电缆时，网络的最大传输距离为 100m。

3）光纤网络 光纤网络是以光纤为传输介质，通过 Mini OTDE 光收发器、OLM、OSM 或 SCALANCE 光纤交换机、ASGE 集线器与光缆等部件组成的工业以太网。

光纤网络可以采用总线型、星形、环形拓扑结构，光纤网络的传输距离与网络控制模块有关。若使用 OLM 时，最大传输距离为 4500m；若使用 OSM 时，最大传输距离为 150000m。

4）快速以太网 在某些场合，工业以太网有时也称为普通以太网（一般直接称为以太网）和快速以太网两种。

快速以太网符合 IEEE 802.3U（100 BaseT）标准协议，传输速率为 100Mbit/s，使用 OSM 或 ESM。普通以太网和快速以太网采用相同的数据格式、CSMA/CD 访问方法，并使用相同的电缆，在网络中均采用中继器。

普通以太网和快速以太网的区别在于以下几点。

☺ 它们各自的网络范围不同。

☺ 对于同轴或三线电缆及 727-1 连接电缆而言，不能应用到快速以太网中。

☺ 快速以太网具有自动识别传输速率的自动侦听功能，并支持全双工的工作模式。

7.7 点对点通信

点对点（Point to Point）通信简称 PtP 通信，使用带有 PtP 通信功能的 CPU 或通信处理器，可以与 PLC、计算机或其他带串口的设备，如打印机、机器人控制器、调制解调器、扫描仪和条形码阅读器等通信。

1. 点对点通信的硬件

集成了 PtP 串口功能的 CPU 可以通过集成的 PtP 接口实现点对点通信，没有集成 PtP 串口功能的 S7-300 CPU 模块用通信处理器 CP340 或 CP341 实现点对点通信，S7-400 CPU 模块用 CP440 和 CP441 实现点对点通信。

1) S7-300C 集成的 PtP 通信接口

（1）接口的功能：CPU313C -2PtP/CPU314C -2PtP 集成的串行接口可以通过 X27（RS -422/RS -485）接口进行通信访问，具有以下功能：

☺ CPU313C -2PtP：可使用 ASCII、3964（R）通信协议。

☺ CPU314C -2PtP：可使用 ASCII、3964（R）和 RK512 通信协议。

它们都有诊断中断功能。通过参数赋值工具，可以组态通信模式，最多可以传输 1024B。全双工的传输速率为 19.2kbit/s，半双工的传输速率为 310.4kbit/s。

（2）接口的属性：X27（RS -422/RS -485）接口是一种与 X27 标准兼容的串行数据传输差分电压接口。在 RS -422 模式，数据通过 4 根导线传送（4 线操作）。有 2 根电缆（差分信号）用于发送，有 2 根电缆用于接收，这就意味着可以同时发送和接收数据（全双工操作）。在 RS -485 模式，数据通过 2 根导线传送（双线操作）。有 2 根电缆（差分信号）用于发送，有 2 根电缆用于接收，这就意味着，一次只能发送或接收数据（半双工操作）。在发送操作后，电缆将立即切换为接收模式（变送器切换为高阻抗）。

2) 通信处理器

（1）CP340 通信处理器：CP340 通信处理器是串行通信较经济的解决方案，用于 S7-300 和 ET200M（S7 作为主站）的点对点串行通信，它有 1 个通信接口，有 4 种不同的型号，都有中断功能。一种模块的通信接口为 RS -232C（V.24），可以使用通信协议 ASCII 和 3964（R），另外三种模块的通信协议有 ASCII、3964（R）和打印机驱动软件。

（2）CP341 通信处理器：CP341 是点对点的快速、功能强大的串行通信处理器模块，有一个通信接口，用于 S7-300 和 ET200M（S7 作为主站），可以减轻 CPU 的负担。CP341 有 6 种不同的型号，可以使用的通信协议包括 ASC II、3964（R）、RK512 协议和可装载的驱动程序，包括 MODB US 主站协议、MODBUS 从站协议和 Data Highway（DFl 协议），RK512 协议用于连接计算机。

CP 341 有 3 种不同的传输接口：RS - 232C（V. 24）、20mA（TTY）和 RS - 422/RS - 485（X. 27）。每种通信接口分别有两种类型的模块，其区别在于一种有中断功能，而另一种则没有。RS - 232C（V. 24）和 RS - 422/RS - 485（X. 27）接口的传输速率提高到 76.8kbit/s，20mA（TTY）接口的最高传输速率为 19.2kbit/s。

通过装载单独购买的驱动程序，CP 341 可以使用 RTU 格式的 MODBUS 协议，在 MODBUS 网络中可以用作主站或从站。

（3）CP440 通信处理器：CP440 通信处理器模块用于点对点串行通信，物理接口为 RS - 422/RS - 485（X. 27），最多为 32 个节点，最高传输速率为 115.2kbit/s，通信距离最长为 1200m，可以使用的通信协议为 ASCII 和 3964（R）。

（4）CP441/ CP442 通信处理器：CP441 - 1 通信处理器模块有 4 种不同的型号，可以插入一块分别带一个 20mA（TTY），RS - 232C 或 RS - 422/RS - 485 接口的 IF963 子模块。有 1 种只有 3964（R）通信协议，其余 3 种均有 ASCII、3964（R）和打印机通信协议，有 2 种有多 CPU 功能。只有 1 种模块同时有多 CPU 和诊断中断功能。CF441 - 1 的 20mA（TTY）接口的最大通信传输速率为 19.2kbit/s，其余的接口为 310.4kbit/s。最大通信距离与 CP340 相同。

CP441 - 2 通信处理器模块有 4 种不同的型号，可以插入两块分别带 20mA（TTY）、RS - 232C 和 RS - 422/RS - 485 的 IF963 子模块。有 1 种只有 RK 512 和 3964（R）通信协议，其余 3 种均有 RK 512、ASC II、3964（R）和打印机通信协议，有多 CPU 功能，还可以实现用户定制的协议。只有 1 种模块同时有多 CPU 和诊断中断功能。CP441 - 2 的 20mA（TTY）接口的最大通信传输速率为 19.2kbit/s，其余的接口为 115.2kbit/s。最大通信距离与 CP340 相同。

2. 点对点通信的协议

S7 - 300/400 PLC 的点对点串行通信可以使用的通信协议主要有 ASCII Driver、3964（R）和 RK512。

1）ASCII Driver 通信协议

（1）ASCII Driver 的报文帧格式：ASCII Driver 用于控制 CPU 和一个通信伙伴之间的点对点连接的数据传输，可以将全部发送报文帧发送到 PtP 接口，提供一种开放式的报文帧结构。接收方必须在参数中设置一个报文帧的结束判据，发送报文帧的结构可能不同于接收报文帧的结构。

使用 ASCII Driver 可以发送和接收开放式的数据（所有可以打印的 ASCII 字符），8 个数据位的字符帧可以发送和接收所有 00 ~ FFH 的其他字符。7 个数据位的字符帧可以发送和接收所有 00 ~ 7FH 的其他字符。

ASCII Driver 可以用结束字符、帧的长度和字符延迟时间作为报文帧结束的判据，可以在 3 个结束判据中选择一个。

（2）数字通信中常用"握手"方式控制两个通信伙伴之间的数据流。握手可以保证两个以不同速度运行的设备之间传输的数据不会丢失。有以下两种不同的握手方式。

☺ 软件方式，如通过向对方发送特定的字符（如 XON/XOFF）实现数据流控制，报文帧中不允许出现 XON 和 XOFF 字符。

☺ 硬件方式，如通过信号线 RTS/CTS 实现数据流控制，接口应使用 RS –232C 完整的接线。

2）3964（R）通信协议 3964（R）通信协议用于 CP 或 CPU31xC –2PtP 和一个通信伙伴之间的点对点数据传输。

（1）3964（R）协议使用的控制字符与报文帧格式：3964（R）通信协议将控制字符添加到用户数据中，控制字符用来表示报文帧的开始和结束，它们也是通信双方的"握手"信号。通信伙伴使用这些控制字符来检查数据是否被正确和完整地接收。

3964（R）传输协议的报文帧有附加的块校验字符（BCC），用来增强数据传输的完整性，3964 协议的报文帧没有块校验字符。BCC 是所有正文中的字符（包括正文中连发的 DLE）和报文帧结束标志（DLE 和 ETX）的"异或"运算的结果。

3964（R）报文帧的传输过程首先用控制字符建立通信链路，然后用通信链路传输正文，最后在传输完成后用控制字符断开通信链路。

（2）建立发送数据的连接：为了建立连接，发送方首先应发送控制字符 STX。如果在"应答延迟时间（ADT）"到来之前，接收到接收方发来的控制字符 DLE，则表示通信链路已建立成功，切换到发送模式，可以开始传输正文。

如果通信伙伴返回 NAK 或返回除 DLE 和 STX 之外的其他控制代码，或应答延迟时间到时没有应答，那么程序将再次发送 STX，重试连接。若约定的重试次数到后，都没有成功建立通信链路，则程序将放弃建立连接，并发送 NAK 给通信伙伴，同时通过输出参数"STA-TUS"报告出错。

（3）使用 3964（R）通信协议发送数据：成功建立连接后，将使用选择的传输参数，把发送缓冲区中的用户数据发送给通信伙伴。通信伙伴监控接收到的相邻两个字符之间的时间间隔，该时间间隔不能超过字符延迟时间。

在传输过程中，如果通信伙伴发送了控制代码 NAK，则传输过程终止，并重试建立连接。如果接收到其他字符，也终止传输过程，并延时到"字符延迟时间"后发送 NAK 字符，将通信伙伴置于空闲状态。然后，通过再发送 STX，重新启动发送操作。

发送完缓冲区的内容后，自动加上代码 DLE、TX 和 BCC。发送完成后，等待接收方回送肯定应答字符 DLE。如果通信伙伴在应答延迟时间内发送了 DLE，即表示数据块被正确接收。发送缓冲区内的数据被删除，并断开通信链路。

如果通信伙伴返回 NAK 或返回了 DLE 之外的其他控制代码或返回损坏的代码，或应答延迟时间到时没有应答，则程序将再次发送 STX，重试连接。若约定的重试次数到后，都没有成功建立通信链路，则程序将放弃建立连接，并发送 NAK 给通信伙伴，同时通过输出参数"STATUS"报告出错。

（4）使用 3964（R）通信协议接收数据：在准备操作时，3964（R）协议将发送一个 NAK 字符，以便将通信伙伴置于空闲状态。在空闲状态，如果没有发送请求处理，则程序将等待通信伙伴建立连接。

用 STX 建立连接时，如果没有空的接收缓冲区可用，则将等待 400ms。延时时间到后仍然没有空的接收缓冲区，将发送 NAIL 给对方，然后进入空闲状态。通信功能块的"STA-TUS"输出报告出错。若延时后有接收缓冲区可用，将发送一个 DLE 字符，并进入接收状态。

如果在空闲状态接收到除 STX 或 NAK 之外的其他控制代码，将等待"字符延迟时间"到，然后发送 NAK 字符，同时通过输出参数"STATUS"报告出错。

成功建立连接后，接收到的字符被写入接收缓冲区。如果接收到两个连续的 DLE 字符，只有一个被保存在接收缓冲区中。接收到每个字符后，如果在字符延迟时间到时还没有接收到下一个字符，则将发送一个 NAK 给通信伙伴。系统程序将通过输出参数"STATUS"报告出错，3964（R）程序不再重新初始化。

如果在接收过程中出现传输错误，如丢失字符、帧错误和奇偶校验错误等，则将继续接收数据，直到连接被释放。然后将向通信伙伴发送 NAK 字符，期待对方再次建立通信链路，重发报文帧。如果在设置的重试次数后还没有正确地接收到报文帧，或者在规定的块等待时间内通信伙伴没有重发报文帧，则将取消接收操作。通过输出参数"STATUS"报告第一次错误的传输，最后终止接收。

3）RK512 通信协议　RK512 通信协议又称 RK512 计算机连接，用于控制与一个通信伙伴之间的点对点数据传输。与 3964（R）协议相比，RK512 协议包括 ISO 参考模型的物理层（第 1 层）、数据链路层（第 2 层）和传输层（第 4 层），提供了较高的数据完整性和较好的寻址功能。

（1）RK512 的报文帧：RK512 协议用响应报文帧来响应每个正确接收到的命令帧。命令帧包括 SEND 或 FETCH 报文帧，分别用来将用户数据写入通信伙伴的数据区及读取通信伙伴的数据区。如果数据长度超过 128B，则发送的报文帧将自动地分为 SEND（或 FETCH）报文帧和连续报文帧。对于 RK512，每个报文帧都有一个报文帧标题（Header），包括报文帧标识符（ID）、数据源和数据目的地的信息以及一个错误编号。

RK512 寻址描述以字为单位的数据源和数据目标，在 SIMATIC S7 中，被自动地转换为字节地址。

（2）SEND 报文帧的数据传输过程：SEND 请求按下面的顺序执行。

① 主动通信伙伴（Active Partner）发送一个 SEND 报文帧，包括报文帧的标题和数据。

② 被动通信伙伴（Passive Partner）接收报文帧，检查标题和数据，将数据写入目标块后，用一个响应报文帧进行应答。

③ 主动通信伙伴接收响应报文帧，如果用户数据长度超过 128B，则它将发送连续 SEND 报文帧。

④ 被动通信伙伴接收连续 SEND 报文帧，检查标题和数据，将数据传送入目标块后，用一个连续响应报文帧进行应答。

⑤ 如果接受到一个错误的 SEND 报文帧，或者在报文帧的标题中出现错误，则通信伙伴在响应报文帧的第 4 个字节中输入一个错误编号，这不适用于协议出错的情况。

如果用户数据长度超过 128B，则将启动一个连续 SEND 报文帧。其处理方法与 SEND 报文帧相同。发送的字节如果超出 128B，则多余的字节将自动地在一个或多个连续报文帧中发送。

（3）FETCH 报文帧的数据传输过程：FETCH 请求按下面的顺序执行。

① 主动通信伙伴发送一个包括标题的 FETCH 报文帧。

② 被动通信伙伴接收报文帧，检查报文帧的标题，从 CPU 中读取数据，并用一个带有数据的响应报文帧进行应答。

③ 主动通信伙伴接收响应报文帧。如果用户数据长度超过 128B，则它将发送一个连续 FETCH 报文帧，该报文帧的标题只有 1 ~ 4 个字节。

④ 被动通信伙伴接收连续 FETCH 报文帧，检查报文帧的标题，从 CPU 中读取数据，并用一个包括剩余的数据的连续响应报文帧进行应答。

如果在第 4 个字节中有一个不等于 0 的出错编号，响应报文帧中不包含任何数据。如果被请求的数据超过 128B，则将自动地用一个或多个连续报文帧读取额外的字节。

如果接收到一个错误的 FETCH 报文帧或者在报文帧的标题中出现一个错误，则通信伙伴在响应报文帧的第 4 个字节中输入一个错误编号。

（4）伪全双工操作：伪全双工操作（Quasi – Full – Duplex Operation）是指只要其他伙伴没有发送报文，通信伙伴也可以在任何时候发送命令报文帧和响应报文帧。命令报文帧和响应报文帧的最大嵌套深度为 1，即只有前一个报文帧被响应报文帧应答后，才能处理下一个命令报文帧。在某些情况下，如果两个伙伴都请求发送，则在响应报文帧之前，通信伙伴可以发送一个 SEND 报文帧。例如，在响应报文帧之前，通信伙伴的 SEND 报文帧已经进入了发送缓冲区。

3. S7 –300/400 PLC 点对点通信的系统功能块

利用 CPU 上的串行接口，可以与各种西门子模块或第三方产品之间进行 PtP 连接，通过专门的功能块来实现点对点串行通信。S7 – 31xC – 2PtP 用于点对点通信的系统功能块为 SFB60 ~ SFB65，见表 7–6。SFB6 ~ SFB62 用于 ASCII/3964（R）的通信，SFB63 ~ SFB65 用于 RK512 的通信。

表 7–6　CPU31xC – 2PtP 用于点对点通信的系统功能块

系统功能块		功能描述
SFB60	SEND_PTP	将整个数据块或部分数据块区发送给一个通信伙伴
SFB61	RCV_PTP	从一个通信伙伴接收数据，并将它们保存在一个数据块中
SFB62	RES_PTP	复位 CPU 的接收缓冲区
SFB63	SEND_RK	将整个数据块或部分数据块区发送给一个通信伙伴
SFB64	FETCH_RK	从一个通信伙伴接收数据，并将它们保存在一个数据块中
SFB65	SERVE_RK	从一个通信伙伴接收数据，将它们保存在一个数据块中；为通信伙伴提供数据

还可以通过 S7 – 300/400 PLC 的点对点通信处理器，如 CP340、CP341、CP440 和 CP441 等来实现串行通信。通过 CP 模块实现串行通信需要安装 CP 模块的驱动程序，该驱动随购买模块一起提供或者可从西门子公司网站下载。

安装了点对点通信模块的驱动程序后，会在 STEP 7 中集成通信编程需要的功能块。点对点通信功能块是 CPU 模块与点对点通信处理器的软件接口，用于建立和控制 CPU 和 CP 之间的数据交换。完成一次发送需要多个循环周期，在用户程序中它们必须被无条件连续调用，用于周期性的或定时程序控制的数据传输。

表 7–7 为 S7 – 300 PLC 的点对点通信处理器的通信功能块，表 7–8 为 S7 – 400 PLC 的点对点通信处理器的通信功能块。注意：因软件版本不同，功能块可能有差异。

表 7-7　S7 - 300 PLC 的点对点通信处理器的通信功能块

功　能　块		功　能　描　述	协　议	CP
FB2	P_RCV	接收通信伙伴的数据，存储在数据块中	ASCII 和 3964（R）	CP340
FB3	P_SEND	将数据块中的全部或部分数据发送给通信伙伴	ASCII 和 3964（R）	CP340
FB4	P_PRINT	将包含最多 4 个变量的报文文本输出给打印机	打印机驱动器	CP340
FC5	V24_STAT	读取 CP341 RS - 232C 模块接口的信号状态	ASCII	CP340，CP341
FC6	V24_SET	置位/复位 CP341 RS - 232C 模块接口的输出	ASCII	CP340，CP341
FB7	P_RCV_RK	接收通信伙伴的数据，存储在数据块中，或准备传输给通信伙伴的数据	ASCII，3964(R)，RK512	CP341
FB8	P_SND_RK	将数据块中的全部或部分数据发送给通信伙伴或从通信伙伴读取数据	ASCII，3964(R)，RK512	CP341

表 7-8　S7 - 400 PLC 的点对点通信处理器的通信功能块

功　能　块		功　能　描　述	协　议	CP
FB9	RECV_440	接收通信伙伴的数据，存储在数据块中	ASCII driver 3964（R）	CP440
FB10	SEND_440	将数据块中的全部或部分数据发送给通信伙伴	ASCII driver 3964（R）	CP440
FB11	RES_RECV	复位 CP440 的接收缓冲区	ASCII driver 3964（R）	CP440
SFB12	BSEND	从 S7 数据区将数据发送到固定的通信伙伴目的区	ASCII driver 3964（R）	CP441
SFB13	BRCV	从通信伙伴接收数据，并发送到 S7 数据区	ASCII driver 3964（R）	CP441
SFB14	GET	从通信伙伴读取数据	RK512	CP441
SFB15	PUT	用动态可变的目的区将数据发送到通信伙伴	RK512	CP441
SFB16	PRINT	将最多包含 4 个变量的报文文本输出到打印机	PRINT Driver	CP441
SFB22	STATUS	查询通信伙伴的设备状态		CP441

7.8　AS - i 网络

在现场总线系统中，PROFIBUS 等总线可以很好地解决现场级和车间级设备的通信问题，但是对于具体的执行器或传感器而言，由于这些设备均散落在工厂的每个角落，并且数量较多，不可能将它们全部连接到 PROFIBUS 等高级总线上，所以必须有一种低级的总线来完成该任务，将最低级的执行器或传感器等设备连接到高层网络中，从而构成完整的工业通信网络。

AS - i 是执行器传感器接口（Actuator Sensor Interface）的缩写，是用于现场自动化设备的双向数据通信网络，位于工厂自动化网络的最底层。AS - i 特别适用于连接需要传送开关量的传感器和执行器，如读取各种接近开关、光电开关、压力开关、温度开关、物料位置开关的状态，控制各种阀门、声光报警器、继电器和接触器等，AS - i 也可以传送模拟量数据。

AS－i 是一种简单的、低成本的底层现场总线，通过单根电缆把现场具有通信能力的执行器和传感器连接起来。它可以在简单应用中自成系统，也可以通过连接模块与各种高层总线连接，它取代了传统自控系统中烦琐的底层连线，实现了现场设备信号的数字化和故障诊断的现场化、智能化，大大地提高了整个系统的可靠性，节约了安装、调试和维护成本。

1. AS－i 的网络结构

AS－i 总线是一种开放的、符合 EN 50295 标准的设备层现场总线。AS－i 总线属于单主站系统，在一个系统中，只能有 1 个主站，最多 31 个从站，每个从站有 4 位 I/O 可以利用。如果还需要更多从站，就要安装另一个 AS－i 系统，通过增加 1 个主站的方式来扩展系统。AS－i 网络系统由不同功能的模块组成，主要可以分为主站、从站、供电电源和网络元件，如图 7-22 所示。

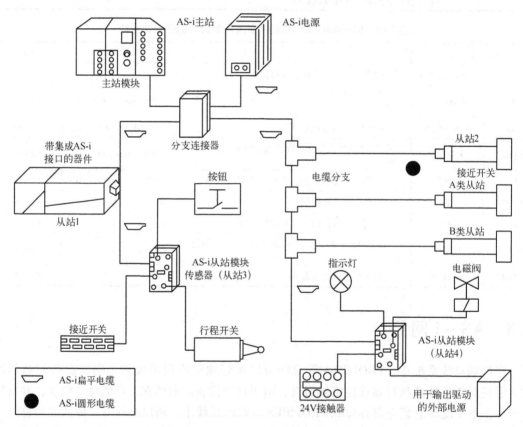

图 7-22　AS－i 网络系统的组成

主站装置可以是 PLC、PC 或各种网关，其中网关最为重要（如西门子 CP343 模块）。网关可以把 AS－i 系统连接到更高层的网络中（如 PROFIBUS）。网关作为 AS－i 主站的同时，也是高层网络中的从站。在 PLC 系统中，主站一般以通信处理器特殊功能模块的形式安装在 PLC 上，可以作为 AS－i 网络主站的 PLC 特殊功能模块，见表 7-9。

表7–9　可以作为 AS – i 网络主站的 PLC 特殊功能模块

PLC 型号	模块型号	模块名称	最多连接从站数	占用 I/O	最多连接 I/O
S7 – 200	CP242 – 2	AS – i 主站	31	8DI/8DO, 8AI/8AOW	124/124
	CP242 – 8	AS – i 主站	31	8DI/8DO, 8AI/8AOW	124/124
	CP243 – 2	AS – i 扩展主站	标准31，扩展62	8DI/8DO, 8AI/8AOW	124/124
S7 – 300	CP342 – 2	AS – i 主站	31	8DI/8DO, 8AI/8AOW	124/124
	CP342 – 2	AS – i 扩展主站	标准31，扩展62	8DI/8DO, 8AI/8AOW	248/186
	CP343 – 2P	AS – i 扩展主站	标准31，扩展62	8DI/8DO, 8AI/8AOW	248/186
分布式 I/O	DP/AS – i20E	DP/AS – i 网关	31	8DI/8DO, 8AI/8AOW	124/124
	CP242 – 8	AS – i 主站	31	8DI/8DO, 8AI/8AOW	124/124
	CP2433（ET200U）	AS – i 主站	31	8DI/8DO, 8AI/8AOW	124/124
	CP142 – 2（ET200X）	AS – i 主站	31	8DI/8DO, 8AI/8AOW	124/124
	CP342 – 2（ET200M）	AS – i 扩展主站	标准31，扩展62	8DI/8DO, 8AI/8AOW	248/186
S5	CP2433	AS – i 主站	31	8DI/8DO, 8AI/8AOW	124/124
	CP2430	AS – i 主站	31	8DI/8DO, 8AI/8AOW	124/124
C7	C7 – 621	AS – i 主站	31	8DI/8DO, 8AI/8AOW	124/124
PC – AT	CP2413	AS – i 主站	31	8DI/8DO, 8AI/8AOW	124/124

AS – i 从站的作用是连接现场 I/O，一般分为 3 种类型：I/O 从站模块，用于连接现场普通 I/O 点；智能从站，集成有通信用的 ASIC，它们可以直接连接在 AS – i 中，并具有诊断功能；逻辑模块，像 LOGO 之类的模块。大多数 AS – i 从站都使用专用的 AS – i 连接器，有针对性地与特定的执行器、传感器，如接近开关（BERO）、电动机软启动器、电磁阀控制器、组合指示灯、组合操作台等进行连接。

供电电源为 DC 30V，必须使用专用的 AS – i 电源，并且直接与数据线连接，以保证数据解耦及从站供电的需要。AS – i 从站正常工作的电压至少在 26.5V 以上。一个从站消耗的电流在 100mA 以上，一个分支上的所有从站消耗电流大约为 2A，AS – i 电缆能提供的最大容量为 8A。当消耗的电流过大时，需要添加辅助电源。辅助电源为 DC 24V，用一个双芯黑色无屏蔽的电缆将辅助电源与从站连接起来。

数据解耦集成在供电电源中，其作用是利用电感对电流的微分作用，把 AS – i 发送的电流信号转换成电压信号，并且可以在电源发生短路时对网络进行一定程度的保护。

2. AS – i 的硬件模块

1）主站模块

（1）CP243 – 2：CP243 – 2 是 S7 – 200 CPU 22x 的 AS – i 主站。通过连接 AS – i 可以显著地增加 S7 – 200 PLC 的数字量输入和输出点数，每个 CP 的 AS – i 上最多可以连接 124 个开关量输入和 124 个开关量输出。S7 – 200 PLC 同时可以处理最多两个 CP243 – 2。它有两个端子直接连接 AS – i 接口电缆。CP243 – 2 前面板的 LED 指示灯用来显示模块的状态、所有连接的从站模块的状态以及监控 AS – i 网络的通信电压等，两个按钮用来切换运行状态。

在 S7 – 200 PLC 的映像区中，CP243 – 2 占用1个数字量输入字节作为状态字节、1个数字量输出字节作为控制字节。8 个模拟量输入字和 8 个模拟量输出字用于存放 AS - i 从站的数字量/模拟量输入/输出数据、AS - i 的诊断信息、AS - i 命令与响应数据等。

用户程序用状态字节和控制字节设置 CP243 - 2 的工作模式。根据工作模式的不同，CP243 - 2 在 S7 - 200 PLC 模拟地址区既可以存储 AS - i 从站的 I/O 数据或诊断值，也可以使能主站调用，如改变一个从站地址。通过按钮，可以设置连接的所有 AS - i 从站。

CP243 - 2 支持扩展 AS - i 特性的所有特殊功能。通过双重地址赋值最多可以处理 62 个 AS - i 从站。由于集成了模拟量处理系统，CP243 - 2 也可以访问模拟量。

（2）CP343 - 2：CP343 - 2 通信处理器是用于 S7 - 300 PLC 和分布式 I/O ET200 的 AS - i 主站，它具有以下功能：最多连接 62 个数字量或 31 个模拟量 AS - i 从站。支持所有 AS - i 主站功能，在前面板上用 LED 显示从站的运行状态、运行准备信息和错误信息，如 AS - i 电压错误和组态错误。通过 AS - i 接口，每个 CP 最多可以访问 248 个数字量输入和 186 个数字量输出，可以对模拟量进行处理。CP343 - 2 占用 PLC 模拟区的 16 个输入字节和 16 个输出字节。通过它们来读/写从站的输入数据和设置从站的输出数据。

（3）CP142 - 2：AS - i 主站 CP142 - 2 用于 ET 200X 分布式 I/O 系统，CP142 - 2 通信处理器通过连接器与 ET200X 模块相连，并使用其标准 I/O 范围。AS - i 网络无须组态，最多 31 个从站可以由 CP142 - 2（最多 124 点输入和 124 点输出）寻址。

（4）DP/AS - i 接口网关模块：DP/AS - i 网关用来连接 PROFIBUS - DP 和 AS - i 网络。DP/AS - Interface Link20 和 DP/AS - Interface Link20E 可作为 DP/AS - i 的网关，后者具有扩展的 AS - i 功能。

CP242 - 8 是标准的 AS - i 主站，它不仅有 CP242 - 2 的功能，还可以作为 DP 从站连接到 PROFIBUSDP。DP/AS - i 20E 网络链接器以最高 12Mbit/s 的传输速率连接 PROFIBUS - DP 与 AS - i，它既是 PROFIBUS - DP 的从站，也是 AS - i 的集成主站。其防护等级为 IP20，由 AS - i 电缆供电，因此系统无须增加 DC 24V 电源。

（5）SIMATICC7621 AS - i：把 AS - i 主站 CP342 - 2、S7 - 300 的 CPU 以及 OP3 操作面板组合在一个外壳内，适合于高速方便地执行自动化任务，自带人机界面。这种紧凑型控制器可以直接访问和控制 31 个从站的 124 点数字量输入和 124 点数字量输出，无须在控制器内集成输入和输出，减小了控制器的体积。

（6）CP2413：CP2413 是用于个人计算机的标准 AS - i 主站，一台计算机可以安装 4 块 CP2413。因为在 PC 中还可以运行以太网和 PROFIBUS 总线接口卡，AS - i 从站提供的数据也可以被其他网络中其他的站使用。

2）AS - i 从站模块　若从站的所有功能都集成在一片专用的集成电路芯片中，那么 AS - i 连接器可以直接集成在执行器和传感器中，全部元器件可以安装在约 $2cm^3$ 空间内。从站中的 AS - i 集成电路包含下列元件：4 个可组态的输入/输出以及 4 个参数输出。可在 EEP-ROM 存储器中存储运行参数、指定 I/O 的组态数据、标识码和从站地址等。

使用 AS - i 从站的参数输出，AS - i 主站可以传送参数值，它们用于控制和切换传感器或执行器的内部操作模式，如在不同的运行阶段修改标度值。

4 位输入/输出组态用来指定从站的哪根数据线用来作为输入、输出或双向输出，从站的类型用标识码来描述。

AS - i 从站模块最多可以连接 4 个传统的传感器和 4 个传统的执行器。带有集成的

AS-i 连接的传感器和执行器可以直接连接到 AS-i 上。

（1）"LOGO"微型控制器：通过内置的 AS-i 模块，LOGO！可以作为 AS-i 网络中的智能型从站使用。LOGO！是一种微型 PLC，具有数字量或模拟量输入和输出、逻辑处理器和实时钟功能，LOGO！是 AS-i 网络中有分布式控制器功能的从站。使用 LOGO！面板上的按键和显示器，可以进行编程和参数设置。

LOGO！适合于简单的分布式自动化任务，如门控系统，又可以通过 AS-i 网络将它纳入高端自动化系统中。在高端控制系统出现故障时，可以继续进行控制。

（2）紧凑型 AS-i 模块：这是一种具有较高保护等级的新一代紧凑型 AS-i 模块，包括数字、模拟、气动和电动机启动器模块。模块具有两种尺寸，可以满足各种安装要求，其保护等级为 IP67。

通过一个集成的编址插孔可以对已经安装的模块编址。所有的模块都可以通过与 S7 系列 PLC 的通信实现参数设置。

西门子公司还提供了模拟量模块，每个模拟量模块有 2 个通道，有电流型、电压型、热电阻型传感器输入模块和电流型、电压型执行器输出模块。

（3）气动控制模块：西门子公司提供两种类型的 AS-i 气动模块，即带两个集成的 3/2 路阀门的气动用户模块和带两个集成的 4/2 路阀门的气动紧凑型模块。模块有单稳和双稳两种类型，集成了作为气动单元执行器的阀门，接收来自气缸的位置信号。

（4）电动机启动器：西门子公司有 3 种类型的电动机启动器，在 AS-i 中作标准从站。防护等级均为 IP65，有非熔断器保护，可以进行可逆启动。

（5）接近开关：BERO 接近开关可以直接连接到 AS-i 或接口模块上。特殊的感应式、光学和声呐接近开关适合直接连接到 AS-i 上。它们集成有 AS-i 芯片，除了开关量输出之外，还提供其他信息，如开关范围和线圈故障，通过 AS-i 电缆可以对这些智能 BERO 设置参数。

（6）按钮和 LED：SIGNUM 3SB4 是一个具有 AS-i 接口的完整的操作员通信系统人机界面。带灯的指令按钮通过 AS-i 电缆供电，通过特殊的 AS-i 从站和独立的辅助电源，可以实现控制设备的单个连接，每个设备最多可以连接 28 个常开触点和 7 个信号输出点。

3. AS-i 的工作模式

1）AS-i 的工作阶段　AS-i 的工作阶段示意图如图 7-23 所示。

（1）离线阶段：离线阶段又称初始化模式，在该阶段设置主站的基本状态，模块上电后或被重新启动后的初始化期间，所有从站的输入和输出数据的映像被设置为 0（未激活）。

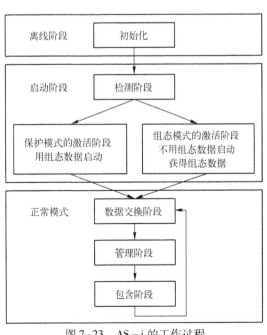

图 7-23　AS-i 的工作过程

电源接通后，组态数据被复制到参数区，后面的激活操作可以使用预置的参数。如果主站在运行中被重新初始化，参数区中可能已经变化的值将被保持。

（2）启动阶段：在启动阶段，主站检测 AS - i 电缆上连接有哪些从站并存放到从站列表中，同时请求上传 AS - i 从站出厂时组态的永久性型号。出厂组态文件中包含了 AS - i 从站的 I/O 分配情况和从站的类型（ID 代码）。

（3）激活阶段：在激活阶段，主站检测到 AS - i 从站后，通过发送特殊的呼叫，激活这些从站。主站处于组态模式时，所有地址不为 0 的被检测到的从站被激活，在这一模式，可以读取实际的值并将它们作为组态数据保存。

主站处于保护模式时，只有存储在主站的组态中的从站被激活，如果在网络上发现的实际组态不同于期望的组态，主张将显示出来，并把激活的从站存入被激活的从站列表中。

2）工作模式 启动阶段结束后，AS - i 主站切换到正常循环的工作模式。

（1）数据交换阶段：在正常模式，主站将周期性地发送输出数据给各从站，并接收它们返回的应答报文，即输入数据。如果检测出传输过程中的错误，主站重复发出询问。

（2）管理阶段：在这一阶段，处理和发送下述可能的控制应用任务：将 4 个参数位发送给从站，如设置门限值；改变从站的地址，如果从站支持这一特殊功能的话。

（3）包含阶段：在这一阶段，新加入的 AS - i 从站被包含在已检测到的从站表中，如果它们的地址不为 0，则将被激活。主站如果处于保护模式，则只有存储在主站的期望组态中的从站被激活。

3）AS - i 的寻址模式

（1）标准寻址模式：AS - i 的节点（从站）地址为 5 位二进制数，每个标准从站占 1 个 AS - i 地址，最多可以连接 31 个从站，地址 0 仅供产品出厂时使用，在网络中应改用别的地址。每个标准 AS - i 从站可以接收 4 位数据或发送 4 位数据，所以 1 个 AS - i 总线网段最多可以连接 124 个二进制输入点和 124 个输出点，对 31 个标准从站的典型轮询时间为 5ms，因此 AS - i 适用于工业过程开关量高速输入输出的场合。

（2）扩展的寻址模式：在扩展的寻址模式中，两个从站分别作为 A 从站和 B 从站，使用相同的地址，这使最大可寻址从站数增加到 62 个。由于地址的扩展，使用扩展寻址模式时，每个从站的二进制数输出减少到 3 个，每个从站最多 4 点输入和 3 点输出。一个扩展的 AS - i 主站可以操作 186 个输出点和 248 个输入点。

4. AS - i 的通信方式

AS - i 是单主站系统，AS - i 通信处理器（CP）作为主站控制现场的通信过程。如图 7-24 所示，主站一个接一个地轮流询问每个从站，询问后等待从站的响应。

地址是 AS - i 从站的标识符，可以用专用的定址（Addressing）单元或主站来设置各从站的地址。

AS - i 使用电流调制的传输技术保证了通信的高可靠性，主站如果检测到传输错误或从站的故障，将会发送报文给 PLC，提醒用户进行处理。在正常运行时增加或减少从站，不会影响其他从站的通信。

图 7-24 AS - i 的主从通信

扩展的 AS – i 接口技术规范 V2.1 最多允许连接 62 个从站，主站可以对模拟量进行处理。

1）访问方式和报文　AS – i 的报文主要有主站呼叫发送报文和从站应答（相应）报文。主站先发出一个请求信号，信号中包括从站的地址。接到请求的从站会在规定的时间内给予应答，在任何时间内只有 1 个主站和最多 31 个从站进行通信。一般访问方式有两种：一种是带有令牌传递的多主机访问方式；另一种是 CSMA/CD 方式，它带有优先级选择和帧传输过程。

AS – i 总线的总传输速率为 167kbit/s，若包括所有功能上必要的暂停，则 AS – i 允许的网络传输速率为 53.3kbit/s。同其他现场总线系统相比，AS – i 有较高的传输效率，但在电磁干扰的环境下，应采取进一步的措施，以保证数据传输的可靠性。

一个 AS – i 报文传送周期由主站请求、主站暂停、从站应答和从站暂停 4 个环节组成，如图 7-25 所示。

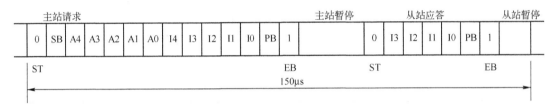

图 7-25　AS – i 总线的报文结构

所有的主站请求都是 14 位，从站应答为 7 位，主站暂停最少为 3 位，最多为 10 位。如果从站是同步的话，在主站 3 位暂停后，从站就可发送应答信号。如果不是同步信号，那么从站必须在 5 位暂停后发送应答信号。但是如果主站在 10 个暂停位后仍没有收到从站的应答信号的起始位，则主站会认为不再会有应答信号而发出下一个地址的请求信号。从站的暂停只有 1 位或 2 位。

在 AS – i 报文中，主站的请求信息见表 7-10，从站的应答信息见表 7-11。

表 7-10　主站请求信息

内　容	名　称	功　能
ST	起始位	主动请求开始，0 为有效，1 为无效
SB	控制位	数据/参数/地址位或命令位 0：数据/参数/地址位；1：命令位
A4 ~ A0	从站地址位	被访问的从站地址位（5 位）
I4 ~ I0	信息位	要传输的应答类型（5 位）
PB	奇偶校验位	在主站请求信息中不包含结束位的各位的总和必须是偶数
EB	结束位	请求结束位，0 为无效，1 为有效

表 7-11　从站应答信息

内　容	名　称	功　能
ST	起始位	从站应答开始，0 为有效，1 为无效
I3 ~ I0	信息位	要传输的应答类型（4 位）
PB	奇偶校验位	在从站应答信息中不包含结束位的各位的总和必须是偶数
EB	结束位	应答结束位，0 为无效，1 为有效

2）主站请求和从站应答 在 AS－i 主－从结构中，主站所发出的报文在系统数据交换中占有重要地位，主站请求报文共有 9 种，报文的名称和内容见表 7－12。

表 7－12 主站报文的名称和内容

报文名称	主站报文内容												
	ST	SB	5 位地址					5 位参数					PB	EB
数据交换	0	0	A4	A3	A2	A1	A0	0	D3	D2	D1	D0	PB	1
写参数	0	0	A4	A3	A2	A1	A0	1	D3	D2	D1	D0	PB	1
地址分配	0	0	0	0	0	0	0	A4	A3	A2	A1	A0	PB	1
复位	0	1	A4	A3	A2	A1	A0	1	1	1	0	0	PB	1
删除操作地址	0	1	A4	A3	A2	A1	A0	0	0	0	0	0	PB	1
读 I/O 配置	0	1	A4	A3	A2	A1	A0	1	0	0	0	0	PB	1
读 ID 编码	0	1	A4	A3	A2	A1	A0	1	0	0	0	1	PB	1
状态读取	0	1	A4	A3	A2	A1	A0	1	1	1	1	0	PB	1
读出/删除状态	0	1	A4	A3	A2	A1	A0	1	1	1	1	1	PB	1

（1）主站请求"数据交换"：目的是要求从站把测量数据上传给主站，而主站又可以把控制指令下达给从站。

（2）主站的"写参数"：它可以设置从站的功能，如传感器的测量范围、激活定时器、在多传感器系统中改变测量方法等。

（3）主站对从站进行"地址分配"：仅从站地址为 00H 时有效，从站接到这个请求后用 06H 应答，表示已收到主站的正确请求，从站从此就可以用这个新地址被主站呼叫，同时把这个新地址存储在从站的 EEPROM 中。整个过程大约需要 15ms。这种方式使主站可以对运行损坏后新置换的从站设置原有地址。

（4）主站对从站"复位"：这样把被呼叫的从站地址恢复到初始状态，从站用 06H 应答，需时 2ms。

（5）主站对从站"删除操作地址"：会暂时把被呼叫的从站地址改为 00H。这个报文一般是和"地址分配"报文一起使用的，当新的地址确定后，从站用 06H 应答。

（6）主站"读 I/O 配置"。

（7）主站"读 ID 编码"：主站"读 I/O 配置"和主站"读 ID 编码（标识符）"，从站的 I/O 配置、ID 编码都是在出厂时已经确定的，且不能改变。以上两个报文结合使用时可以确定从站的身份。

（8）主站进行"状态读取"：目的是读取从站的 4 个数据位，以获得在寻址和复位过程中出现的错误信息。

（9）主站"读出/删除状态"：它可以读出从站状态缓冲器的内容，然后删除这些内容。

当 AS－i 电缆被断开时，主站就不能访问位于断点另一侧的从站，而位于主站一侧的从站仍可被主站呼叫。通过管理服务程序，主站能够诊断和发出故障信号，但前提是数据解耦电路和电源应在主站同一侧，否则系统就会完全瘫痪。如果 AS - i 系统中没有使用中继器，那么当电源发生故障时，AS - i 系统就会停止工作，有关故障的信息也不会得到。如果使用中继器，则由于中继器也可以向网络供电，电源部分的故障就会减少，系统自动维持部分功能。

3） AS - i 从站的通信接口　AS - i 的从站专用的 AS - i 通信芯片和执行器或传感器部分组成，包括电源供给、通信的发送器和接收器、顺序控制器（或微处理器）、数据 I/O、参数输出和 EEPROM 存储器芯片等功能单元，如图 7-26 所示。

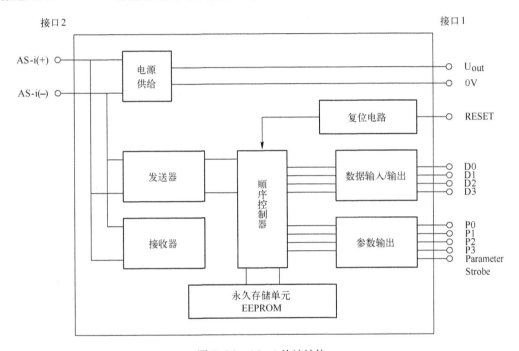

图 7-26　AS - i 从站结构

图 7-26 中，接口 1 用于连接执行器/传感器，接口 2 用于连接 AS - i 通信电缆，AS - i（ + ）和 AS - i（ - ）分别对应着 AS - i 电缆的两根导线，各端口的含义见表 7-13。

表 7-13　AS - i 从站各端口的含义

名　称	功　能	名　称	功　能
D0 ~ D3	数据的输入和输出口	RESET	输入口用于复位
P0 ~ P3	参数输出口	U_out	供电端
Parameter Strobe	参数有效	0V	参考电压 0V

顺序控制器是实现通信功能的核心，它接收来自主节点的呼叫发送报文，对报文进行解码和出错检查，实现主、从站之间的双向通信，把接收到的数据传送给执行器和传感器，向主站发送响应报文。从站可以带电插拔、短路及过载状态不会影响其他站点的正常通信。

思考与练习

7-1　什么是计算机网络？决定局域网络特性的主要技术有哪些？

7-2　什么是现场总线？现场总线主要有哪些特点？

7-3　如何组建 MPI 网络？

7-4　简述工业自动化网络结构分为哪几层？

7-5　简述 S7 –300/400 PLC 的通信网络有哪几种？

7-6　工业以太网的基本特性是什么？

7-7　创建一个由 PLC（S7 –300）、触摸屏与变频器、S7 –200 PLC 构成的 Profibus –DP 网络。

第8章 程序设计与仿真

程序是 PLC 控制的核心，如何利用 PLC 丰富的指令系统进行程序设计是设计者必须掌握的本领。本章将对位逻辑指令、定时器指令、计数器指令、移位指令的基本程序进行设计，并通过 PLCSIM 仿真软件对程序实现仿真，通过实践增强程序设计能力。

8.1 位逻辑指令的仿真

首先对位逻辑指令的逻辑功能进行仿真，以便更好地理解位逻辑指令的功能和更熟练地使用仿真软件。

8.1.1 基本逻辑运算

1. 程序示例（如图 8-1 所示）

图 8-1 与、或、非逻辑运算的梯形图

2. 仿真过程

单击 PLCSIM，将用户程序和系统数据下载到仿真 PLC，并切换到 RUN 模式。

1）与运算仿真 根据与运算逻辑功能，令 I0.0 和 I0.1 均为 0 状态（IB 对话框内，没有选中 I0.0 和 I0.1，即方框内没有"√"），常开触点断开，观察 Q0.0 是否为 0 状态（线圈断电）；令 I0.0 为 0 状态，I0.1 为 1 状态（IB 对话框内，选中 I0.1，方框内为"√"，常开触点闭合），观察 Q0.0 是否为 0 状态。令 I0.0 和 I0.1 均为 1 状态（IB 对话框内，选中 I0.0 和 I0.1，方框内出现"√"，常开触点闭合），观察 Q0.0 是否为 1 状态（线圈得电）。图 8−2 所示为 I0.0 和 I0.1 均为 1 状态的与运算仿真效果。

图 8−2 与逻辑运算的仿真图

2）或运算仿真 根据或运算逻辑功能，令 I0.2 和 I0.3 均为 0 状态（IB 对话框内，没有选中 I0.2 和 I0.3，即方框内没有"√"），常开触点断开，观察 Q0.1 是否为 0 状态（线圈断电）；令 I0.2 为 1 状态，I0.3 为 0 状态（IB 对话框内，选中 I0.2，方框内有"√"，常开触点闭合），观察 Q0.1 是否为 1 状态。令 I0.2 和 I0.3 均为 1 状态（IB 对话框内，选中 I0.2 和 I0.3，方框内出现"√"，常开触点闭合），观察 Q0.1 是否为 1 状态（线圈得电）。图 8−3 所示为 I0.2 为 1 状态的或运算仿真效果。

图 8−3 或逻辑运算的仿真图

3）非运算仿真 根据非运算逻辑功能，即对能流信号取反。令 I0.4 为 0 状态（IB 对话框内，没有选中 I0.4，即方框内没有"√"），常闭触点闭合，观察 Q0.2 是否为 1 状态（线圈得电）；令 I0.4 为 1 状态，（IB 对话框内，选中 I0.4，方框内有"√"，常闭触点断开），观察 Q0.2 是否为 0 状态。图 8−4 所示为 I0.4 为 1 状态的非运算仿真效果。I0.4 为 0 状态的非运算仿真效果在图 8−2 和图 8−3 中体现。

图 8−4 非逻辑运算的仿真图

8.1.2 RLO 边沿检测指令

1. 程序示例

RLO 边沿检测可分别检测上升沿和下降沿。RLO 边沿检测指令的应用程序如图 8−5 所示。

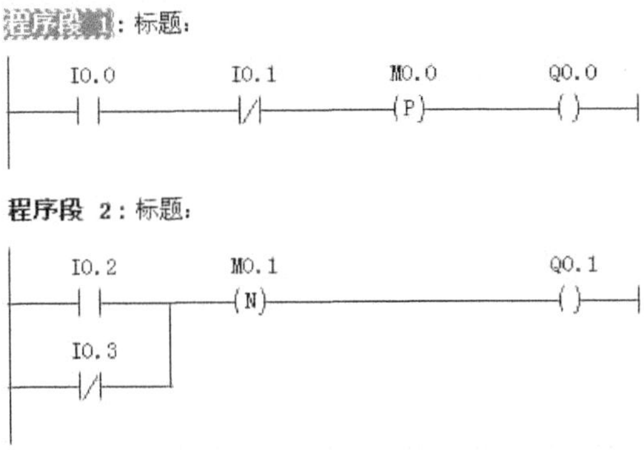

程序段 1：标题：

```
     I0.0        I0.1        M0.0        Q0.0
  |---| |--------|/|--------(P)---------( )---|
```

程序段 2：标题：

```
     I0.2        M0.1                    Q0.1
  |---| |--------(N)--------------------( )---|
     I0.3
  |---|/|
```

图 8-5　边沿检测程序的梯形图

2. 仿真过程

（1）单击 I0.0，使其由 0 变 1，程序段 1 左边的逻辑结果（RLO）由 0 变 1 时，上升沿检测指令检测到一次正跳变，M0.0 线圈通电，Q0.0 接通一个扫描周期（虚线部分快闪一下），如图 8-6 所示。仿真结果中显示 Q0.0 为 OFF，也正是由于扫描周期太短的缘故。

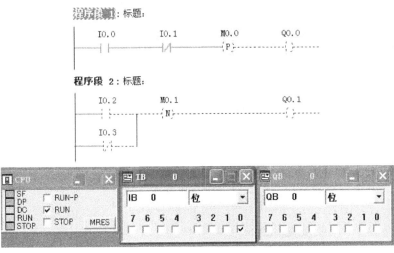

图 8-6　上升沿检测程序的仿真图

（2）单击 I0.3，使其由 0 变 1，程序段 2 左边的逻辑结果（RLO）由 1 变 0 时，下降沿检测指令检测到一次负跳变，M0.1 线圈通电，Q0.1 接通一个扫描周期（虚线部分快闪一下，）如图 8-7 所示。仿真结果中显示 Q0.1 为 OFF，也是由于扫描周期太短的缘故。

8.1.3　置位指令与复位指令

1. 程序示例

置位和复位指令根据 RLO 的值来确定指定地址位的状态是否需要改变。置位和复位指令应用程序如图 8-8 所示。

2. 仿真过程

（1）单击 I0.0 由 0 变 1，程序段 1 中 I0.0 常开触点闭合，输出线圈 Q0.0 置位，变成

1。仿真图如图 8-9 所示。

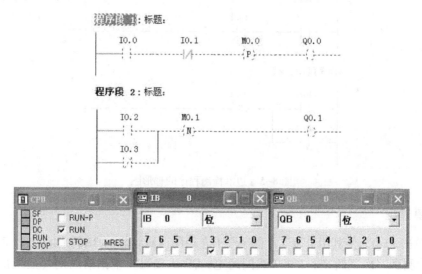

图 8-7　下降沿检测程序的仿真图

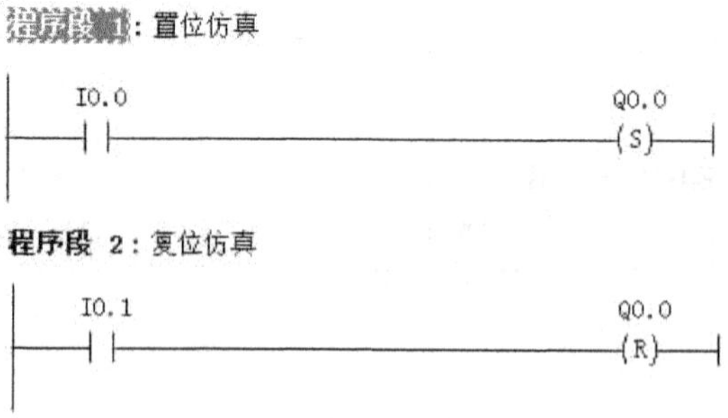

图 8-8　置位和复位程序的梯形图

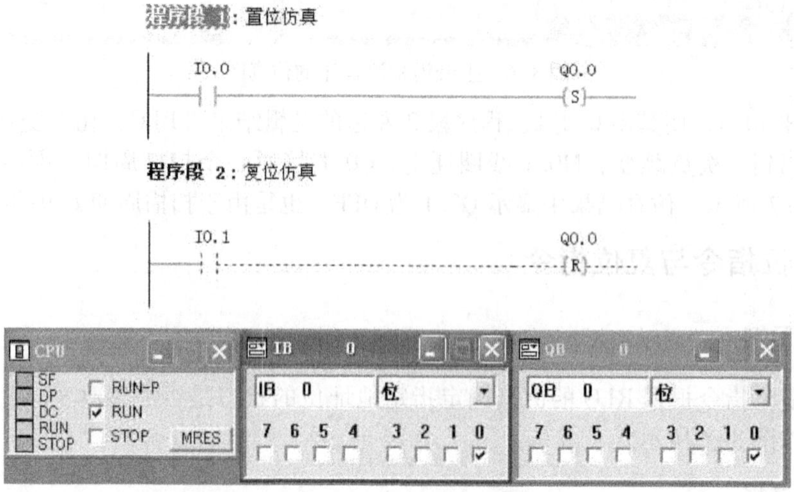

程序段1：置位仿真

```
      I0.0                                Q0.0
──────┤ ├─────────────────────────────────(S)──
```

程序段 2：复位仿真

```
      I0.1                                Q0.0
──────┤ ├─────────────────────────────────(R)──
```

图 8-9　置位指令的仿真图 1

（2）再次单击 I0.0 由 1 变 0，程序段 1 中 I0.0 常开触点断开，输出线圈 Q0.0 仍然为 1。仿真图如图 8-10 所示。

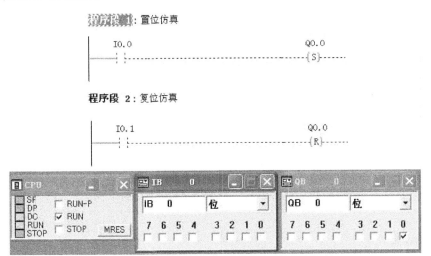

图 8-10　置位指令的仿真图 2

（3）单击 I0.1 由 0 变 1，程序段 2 中 I0.1 常开触点闭合，输出线圈 Q0.0 复位，变为 0。仿真图如图 8-11 所示。

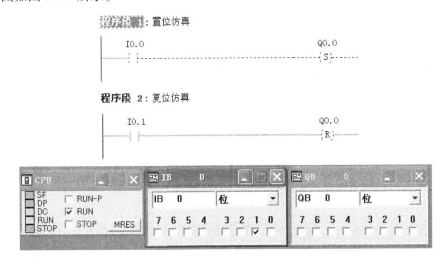

图 8-11　复位指令的仿真图

8.1.4　SR 触发器与 RS 触发器

1. 程序示例

SR 触发器和 RS 触发器分别被称之为复位优先型触发器和置位优先型触发器，触发器控制程序如图 8-12 所示。

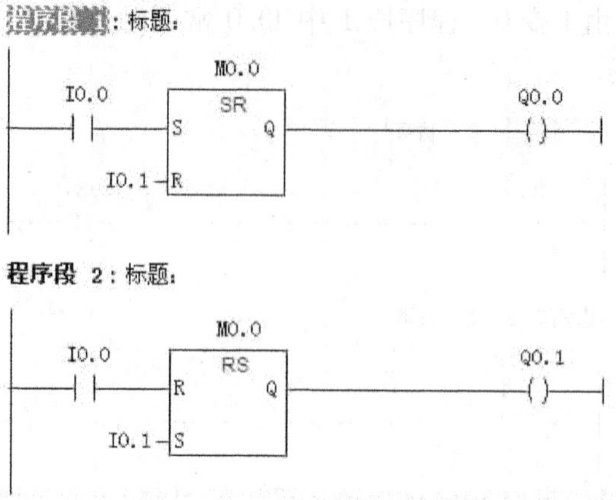

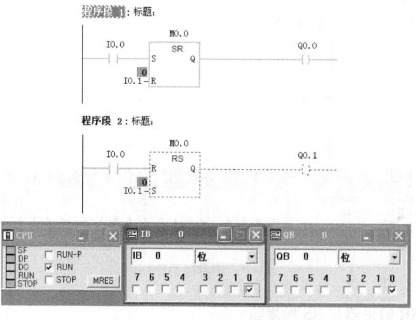

图 8-12　SR 触发器和 RS 触发器控制程序的梯形图

2. 仿真过程

（1）输入 I0.0 = 1，I0.1 = 0，即 SR 触发器 S = 1，RS 触发器 R = 1，观察如图 8-13 所示的仿真图，程序段 1 有能流流过，M0.0 被置位，Q0.0 接通；程序段 2 没有能流流过，M0.0 被复位，Q0.1 断开。

图 8-13　SR 触发器和 RS 触发器的仿真图 1

（2）输入 I0.1 = 1，I0.0 = 0，即 SR 触发器 R = 1，RS 触发器 S = 1，观察如图 8-14 所示仿真图，程序段 1 没有能流流过，M0.0 被复位，Q0.0 断开；程序段 2 有能流流过，M0.0 被置位，Q0.1 接通。

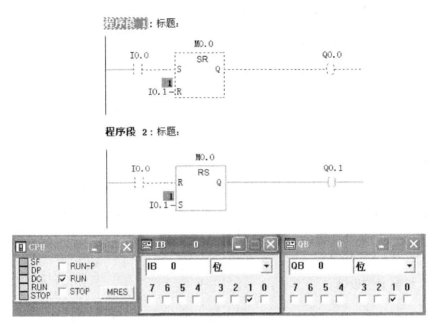

图 8-14　SR 触发器和 RS 触发器的仿真图 2

（3）输入 I0.0 = 1，I0.1 = 1，即 SR 触发器 S = 1，R = 1；RS 触发器 R = 1，S = 1，观察梯形图和仿真器。如图 8-15 所示，程序段 1 没有能流流过，M0.0 被复位，Q0.0 断开；程序段 2 有能流流过，M0.0 被置位，Q0.1 接通。此段体现出 SR 触发器为复位优先型，RS 触发器为置位优先型。

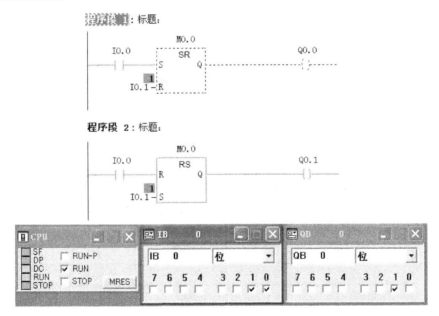

图 8-15　SR 触发器和 RS 触发器的仿真图 3

8.2　三相异步电动机正/反转控制

在工业控制中，生产机械往往要求运动部件能够实现正、反两个方向的运动，这就要求拖动电动机能够做到正/反向旋转。本节要介绍的内容就是应用 PLC 实现三相交流异步电动机的正/反转控制。

1. 控制要求

如图 8-16 所示是三相异步电动机正/反转控制的主电路和继电器控制电路图。控制过程要求：当按下 SB2 时，电动机正转并保持，此时反转不能动作；当按下 SB3 时，电动机停止正转，电动机反转并保持；当按下 SB1 时，电动机停止转动；电动机过载时，FR 常闭触点断开，电动机停止转动。

2. PLC 控制系统设计

1）硬件电路接线　如图 8-17 所示为实现上述功能的 PLC 外部接线图。

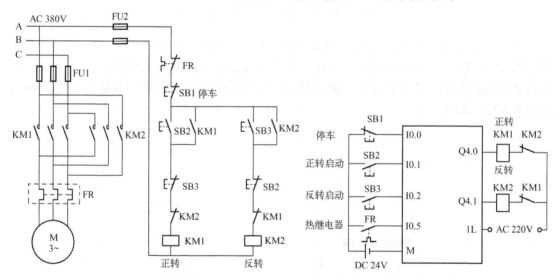

图 8-16　三相异步电动机正/反转控制的
主电路和继电器控制电路图

图 8-17　三相异步电动机正/反转
PLC 外部接线图

2）I/O 分配表（见表 8-1）

表 8-1　I/O 分配表

设　　备	功　　能	输入 I	设　　备	功　　能	输出 O
SB1	停止按钮	I0.0	KM1	正转线圈	Q4.0
SB2	正转启动	I0.1	KM2	反转线圈	Q4.1
SB3	反转启动	I0.2			
FR	过负载	I0.5			

3）梯形图程序（如图 8-18 所示）

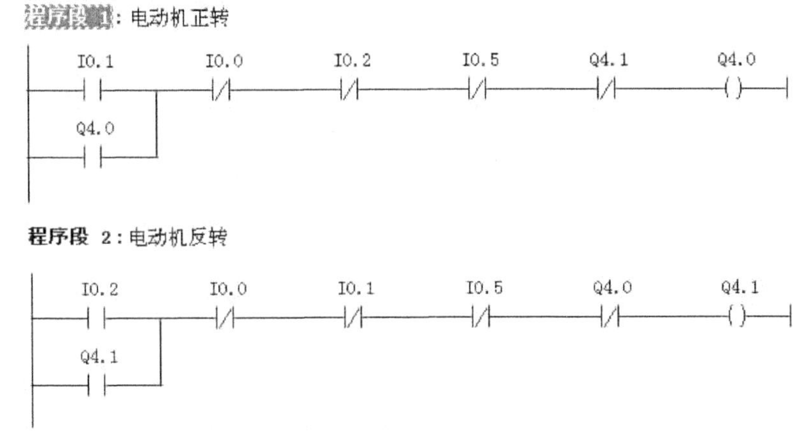

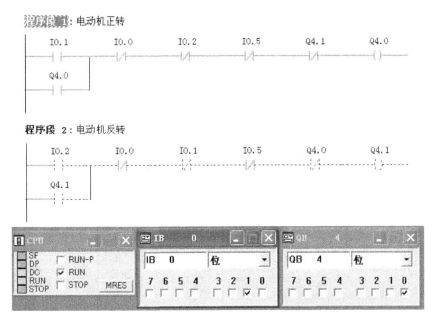

程序段 1：电动机正转

程序段 2：电动机反转

图 8-18 三相异步电动机正/反转控制程序梯形图

3. 仿真过程

打开 PLCSIM，将 OB1 和系统数据下载到仿真 PLC。将 CPU 切换到 RUN 或 RUN-P 模式，生成视图对象 IB0 和 QB4。根据梯形图电路，按下面的步骤进行程序仿真。

（1）单击 IB0 中 I0.1 对应的方框，方框中出现"√"，I0.1 变为 1 状态，模拟按下正转按钮，观察视图对象 QB4 中 Q4.0 的方框中是否出现"√"。仿真过程如图 8-19 所示。

图 8-19 三相异步电动机正/反转控制仿真图 1

（2）再次单击 I0.1 对应的小方框，方框中的"√"消失，I0.1 变为 0 状态，模拟放开启动按钮，观察 QB4 最右边方框中的"√"是否消失。仿真过程如图 8-20 所示。

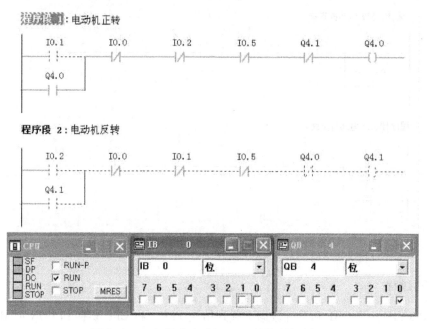

图 8-20 三相异步电动机正/反转控制仿真图 2

（3）单击 I0.2 对应的方框，模拟按下反转启动按钮的操作，Q4.0 变为 0 状态，Q4.1 变为 1 状态，电动机由正转变为反转。仿真过程如图 8-21 所示。

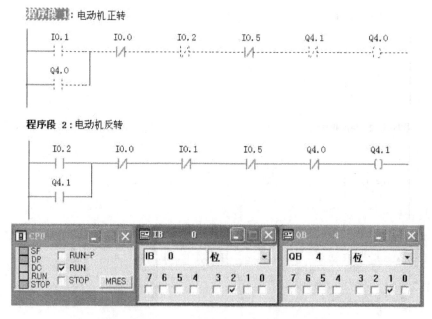

图 8-21 三相异步电动机正/反转控制仿真图 3

（4）再次单击 I0.2 对应的方框，方框中的"√"消失，I0.2 变为 0 状态，模拟放开启动按钮，观察 Q4.1 对应方框中的"√"是否消失。仿真过程如图 8-22 所示。

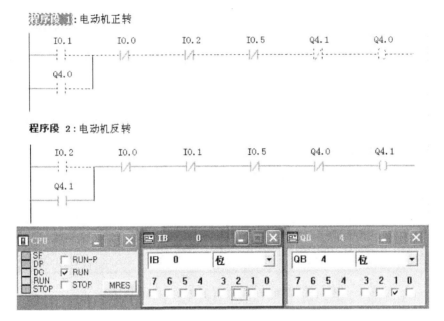

图 8-22　三相异步电动机正/反转控制仿真图 4

（5）在电动机运行时两次单击 I0.2，分别模拟按下和放开停止按钮；或者两次单击 I0.5，分别模拟过载信号出现和消失，观察当时处于 1 状态的 Q4.0 或 Q4.1 是否变为 0 状态。仿真过程分别如图 8-23 和图 8-24 所示。

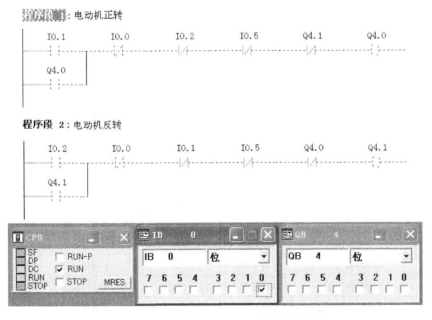

图 8-23　三相异步电动机正/反转控制仿真图 5

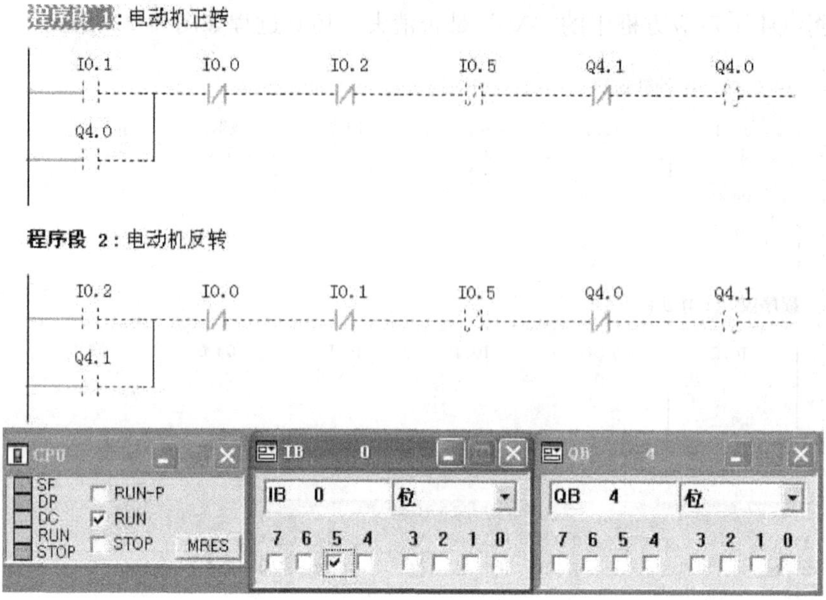

程序段 1：电动机正转

```
 I0.1      I0.0      I0.2      I0.5      Q4.1      Q4.0
──┤ ├──┬──┤/├──────┤/├──────┤/├──────┤/├──────( )──
 Q4.0   │
──┤ ├───┘
```

程序段 2：电动机反转

```
 I0.2      I0.0      I0.1      I0.5      Q4.0      Q4.1
──┤ ├──┬──┤/├──────┤/├──────┤/├──────┤/├──────( )──
 Q4.1   │
──┤ ├───┘
```

图 8-24 三相异步电动机正/反转控制仿真图 6

8.3 优先抢答器设计

1. 控制要求

（1）三组抢答器，主持人按下"开始"按钮后，哪组按下抢答按钮，哪组对应的指示灯亮，进行抢答；

（2）指示灯亮后，由主持人进行复位，指示灯灭，抢答重新开始。

2. PLC 控制系统设计

1）硬件电路接线（如图 8-25 所示）

2）I/O 分配表（见表 8-2）

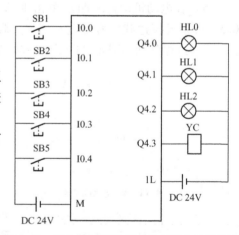

图 8-25 优先抢答器控制系统硬件电路接线图

表 8-2 I/O 分配表

设 备	功 能	输 入 I	设 备	功 能	输 出 O
SB1	1 组抢答按钮	I0.0	HL0	1 号指示灯	Q4.0
SB2	2 组抢答按钮	I0.1	HL1	2 号指示灯	Q4.1
SB3	3 组抢答按钮	I0.2	HL2	3 号指示灯	Q4.2
SB4	"开始"按钮	I0.3	YC	电磁铁	Q4.3
SB5	"复位"按钮	I0.4			

3）梯形图程序（如图 8-26 所示）

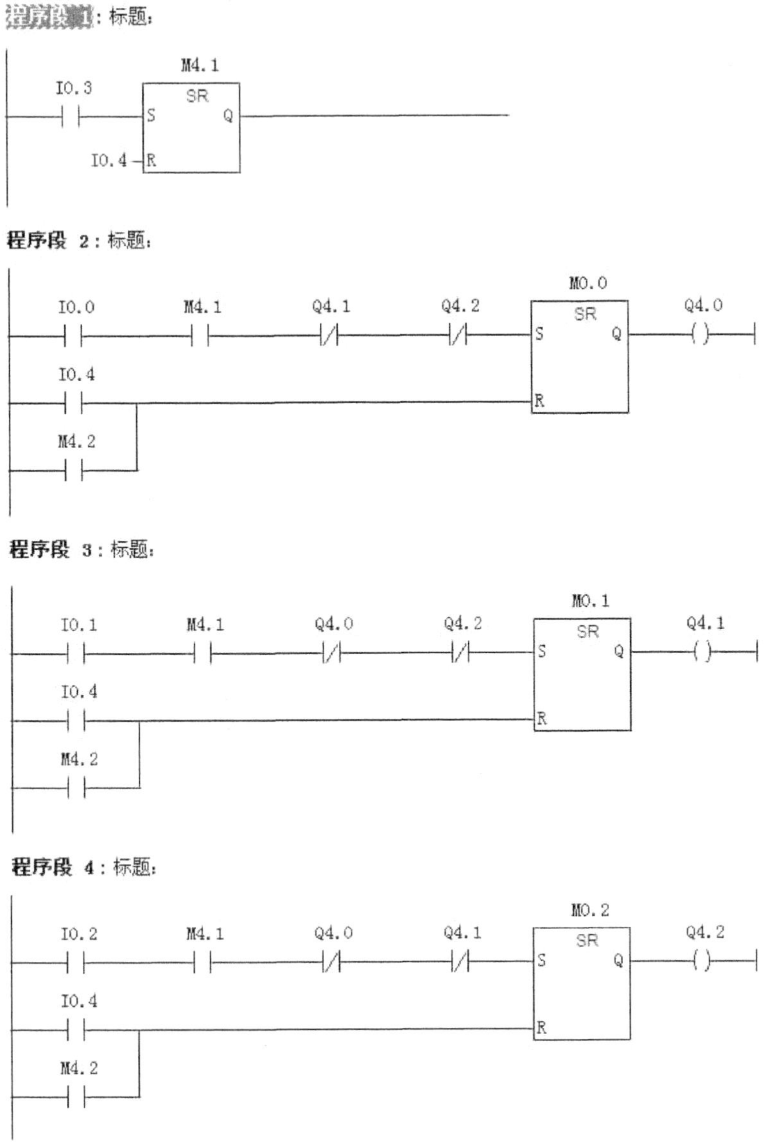

图 8-26 优先抢答器控制程序梯形图

3. 仿真过程

打开 PLCSIM，将 OB1 和系统数据下载到仿真 PLC。将 CPU 切换到 RUN 或 RUN－P 模式，生成视图对象 IB0 和 QB4。根据梯形图电路，按下面的步骤进行程序仿真：

（1）单击 IB0 中 I0.3 对应的方框，方框中出现"√"，I0.3 变为 1 状态，模拟按下"开始"按钮，同时单击 3 组中任意一组的"抢答"按钮（仿真模拟第 2 组抢答，单击 I0.1），观察视图对象 QB4 哪个方框中出现"√"。仿真过程如图 8-27 所示。

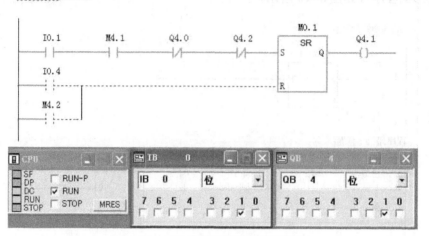

图 8-27 优先抢答器控制程序仿真图 1

（2）单击 IB0 中 I0.4 对应的方框，方框中出现"√"，I0.4 变为 1 状态，模拟按下"复位"按钮，观察视图对象 QB4 中方框是否出现"√"。仿真过程如图 8-28 所示。

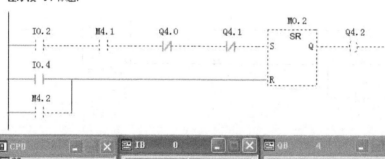

图 8-28 优先抢答器控制程序仿真图 2

8.4 定时器指令仿真及应用

为了熟悉 S7-300/400 各种定时器指令功能，本节将利用仿真软件对指令的控制程序进行仿真，并对定时器典型应用实例进行程序设计和软件仿真。

8.4.1　定时器指令仿真

1. 脉冲 S5 定时器指令

1）程序示例　脉冲 S5 定时器指令控制程序梯形图如图 8-29 所示。

2）仿真过程

打开 PLCSIM，将 OB1 和系统数据下载到仿真 PLC 中，将仿真切换到 RUN 模式。打开 OB1，单击工具栏上的按钮，启动程序监控功能。

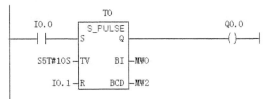

（1）单击 I0.0 的方框，出现"√"，常开触点闭合，定时器方框和 Q0.0 线圈变为绿色，定时器 T0 输出。

图 8-29　脉冲 S5 定时器指令控制程序梯形图

定时器 T0 启动后，从预置值开始，每经过 100ms，它的剩余时间值减 1。这期间，BI 端输出十六进制的剩余时间值，BCD 端输出 S5T# 格式的剩余时间值，如图 8-30 所示。

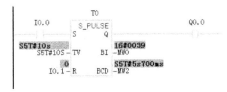

图 8-30　脉冲 S5 定时器仿真图 1

（2）定时时间到，Q0.0 线圈断电。BI 端输出十六进制的剩余时间值为 0，BCD 端输出 S5T# 格式的剩余时间值为 0。仿真过程如图 8-31 所示。

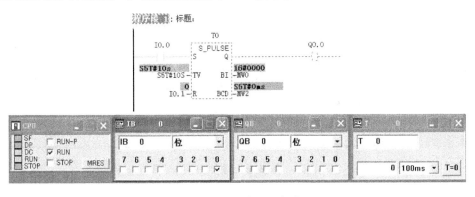

图 8-31　脉冲 S5 定时器仿真图 2

2. S5 接通延时定时器指令

1) 程序示例 S5 接通延时定时器控制程序如图 8-32 所示。

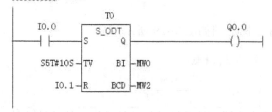

图 8-32 S5 接通延时定时器控制程序梯形图

2) 仿真过程

打开 PLCSIM，将 OB1 和系统数据下载到仿真 PLC 中，将仿真切换到 RUN 模式。打开 OB1，单击工具栏上的按钮，启动程序监控功能。

（1）单击 I0.0 的方框，出现"√"，常开触点闭合，但是能流没有流过定时器方框和 Q0.0 线圈。

定时器 T0 启动后，从预置值开始，每经过 100ms，它的剩余时间值减 1。这期间，BI 端输出十六进制的剩余时间值，BCD 端输出 S5T#格式的剩余时间值，如图 8-33 所示。

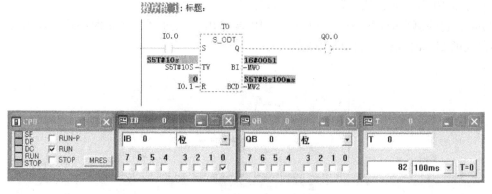

图 8-33 S5 接通延时定时器仿真图 1

（2）定时时间到，Q0.0 线圈得电。BI 端输出十六进制的剩余时间值为 0，BCD 端输出 S5T#格式的剩余时间值为 0。仿真过程如图 8-34 所示。

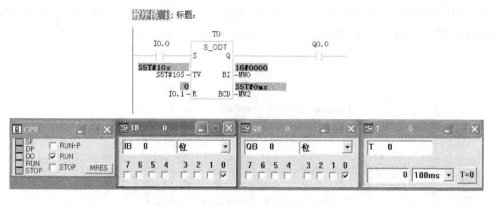

图 8-34 S5 接通延时定时器仿真图 2

3. 断开延时 S5 定时器指令

1）程序示例 断开延时 S5 定时器控制程序如图 8-35 所示。

2）仿真过程

打开 PLCSIM，将 OB1 和系统数据下载到仿真 PLC 中，将仿真切换到 RUN 模式。打开 OB1，单击工具栏上的按钮，启动程序监控功能。

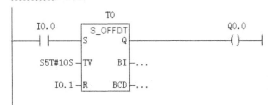

图 8-35 断开延时 S5 定时器控制程序梯形图

（1）单击 I0.0 的方框，出现"√"，常开触点闭合，能流流过定时器方框和 Q0.0 线圈。

定时器没有启动，仿真过程如图 8-36 所示。

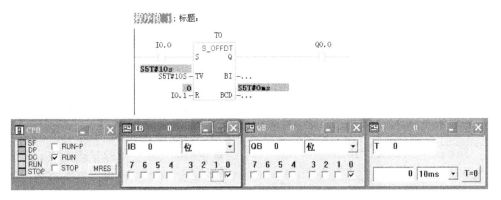

图 8-36 断开延时 S5 定时器仿真图 1

（2）再次单击 I0.0 的方框，取消"√"，常开触点断开，能流流过定时器方框和 Q0.0 线圈，定时器启动。

定时器 T0 启动后，从预置值开始，每经过 100ms，它的剩余时间值减 1。这期间，BI 端输出十六进制的剩余时间值，BCD 端输出 S5T#格式的剩余时间值，如图 8-37 所示。

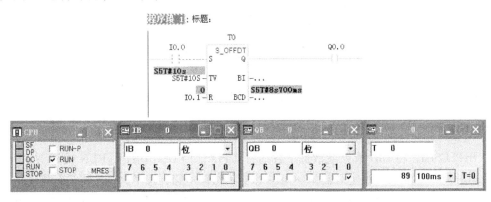

图 8-37 断开延时 S5 定时器仿真图 2

（3）定时时间到，Q0.0 线圈断电。BI 端输出十六进制的剩余时间值为 0，BCD 端输出 S5T# 格式的剩余时间值为 0。仿真过程如图 8-38 所示。

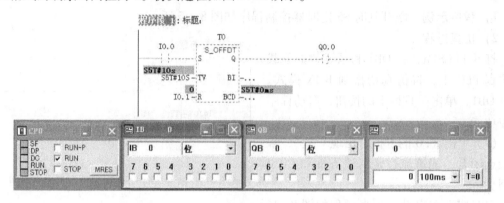

图 8-38　断开延时 S5 定时器仿真图 3

8.4.2　皮带运输控制系统

1. 控制要求

如图 8-39 所示为 3 条运输带控制系统示意图。为了避免运送的物料在 1 号和 2 号运输带上堆积，启动时应先启动下面的运输带，再启动上面的运输带。停机时为了避免物料的堆积，并尽量将皮带上的余料清理干净，使下一次可以轻载启动，停机的顺序与启动的顺序应相反，皮带运输控制系统是典型的顺序启动，逆序停止的实例。

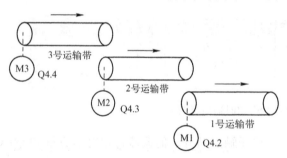

图 8-39　3 条运输带控制系统示意图

（1）按下"启动"按钮后，1 号运输带开始运行，延时 5s 后 2 号运输带自动启动，再过 5s 后 3 号运输带自动启动。

（2）按下"停止"按钮后，先停 3 号运输带，5s 后停 2 号运输带，再过 5s 停 1 号运输带。

2. 程序设计

根据上述控制要求，完成控制程序梯形图，如图 8-40 所示。

3. 仿真过程

打开 PLCSIM，将 OB1 和系统数据下载到仿真 PLC。将 CPU 切换到 RUN 或 RUN - P 模式，生成视图对象 IB0 和 QB4 和定时器 T0 ~ T4。根据梯形图电路，按下面的步骤进行程序仿真。

（1）单击 IB0 中 I0.0 的方框，方框中出现"√"，I0.0 变为 1 状态，模拟按下"开始"按钮，启动定时器 T0、T1。观察视图对象 QB4 哪个方框出现"√"。仿真过程如图 8-41 所示。

程序段 1：标题：

```
   I0.0                              M0.0
───┤ ├──────┬─────────────────────( S )───
            │                       M0.1
            └─────────────────────( R )───
```

程序段 5：标题：

```
   I0.1                              M0.1
───┤ ├──────┬─────────────────────( S )───
            │                       M0.0
            └─────────────────────( R )───
```

程序段 2：标题：

```
   M0.0                              T0
───┤ ├──────┬─────────────────────( SD )───
            │                      S5T#5S
            │                       T1
            ├─────────────────────( SD )───
            │                      S5T#10S
            │                       Q4.0
            └─────────────────────( S )───
```

程序段 6：标题：

```
   M0.1                              T2
───┤ ├──────┬─────────────────────( SD )───
            │                      S5T#5S
            │                       T3
            ├─────────────────────( SD )───
            │                      S5T#10S
            │                       Q4.2
            └─────────────────────( R )───
```

程序段 3：标题：

```
   T0                               Q4.1
───┤ ├───────────────────────────( S )───
```

程序段 7：标题：

```
   T2                               Q4.1
───┤ ├───────────────────────────( R )───
```

程序段 4：标题：

```
   T1                               Q4.2
───┤ ├───────────────────────────( S )───
```

程序段 8：标题：

```
   T3                               Q4.0
───┤ ├───────────────────────────( R )───
```

图 8-40 皮带运输控制系统程序梯形图

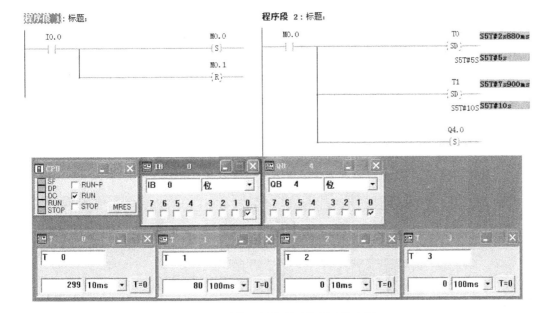

图 8-41 皮带运输控制系统程序仿真图 1

（2）T0、T1 定时时间到时，观察视图对象 QB4 哪个方框出现"√"。观察是否实现顺序启动。仿真过程如图 8-42 所示。

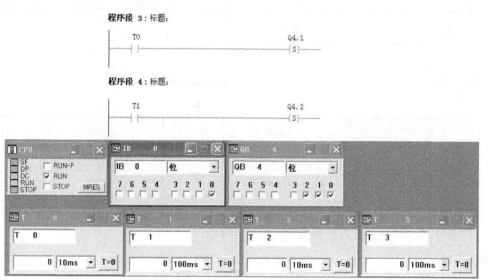

图 8-42　皮带运输控制系统程序仿真图 2

（3）单击 IB0 中 I0.1 的方框，方框中出现"√"，I0.1 变为 1 状态，模拟按下"停止"按钮，启动定时器 T2、T3。观察视图对象 QB4 哪个方框"√"取消。仿真过程如图 8-43 所示。

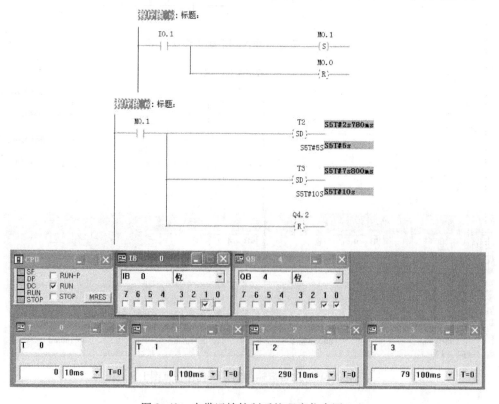

图 8-43　皮带运输控制系统程序仿真图 3

（4）观察 T2、T3 定时时间到时，Q4.1、Q4.0 是否能依次自动变为 0 状态。仿真过程如图 8-44 所示。

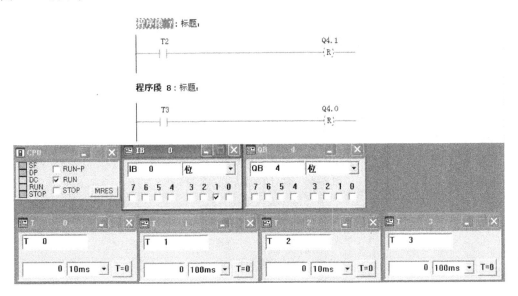

图 8-44 皮带运输控制系统程序仿真图 4

8.5 计数器指令的仿真和应用

8.5.1 计数器指令的基本功能

1. 加计数器指令

1）程序示例 加计数器控制程序如图 8-45 所示。

2）仿真过程

将计数器控制程序输入到 OB1 中，将 OB1 和系统数据下载到仿真 PLC 中，将仿真切换到 RUN 模式。打开 OB1，单击工具栏按钮，启动程序监控功能。

（1）单击 PLCSIM 中 I0.0 的方框，出现"√"，常开触点闭合，CV 和 CV_BCD 输出端的计数值加 1，能流流过指令框，线圈 Q0.0 得电。仿真过程如图 8-46 所示。

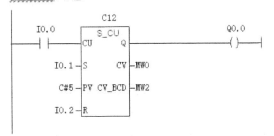

图 8-45 加计数器指令梯形图

（2）多次单击 I0.0 的方框，每次 I0.0 由 0 变为 1 时，C12 当前值加 1，当单击第 5 次时，当前值等于预置值。如果继续单击 I0.0，当前值继续增加，直到 999。仿真过程如图 8-47 所示。

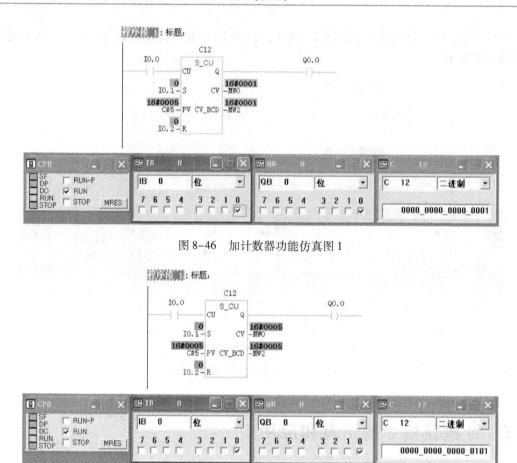

图 8-46　加计数器功能仿真图 1

图 8-47　加计数器功能仿真图 2

（3）单击 I0.2 的方框，计数器复位，CV 和 CV_BCD 输出端的值变为 0，线圈 Q0.0 断电。仿真过程如图 8-48 所示。

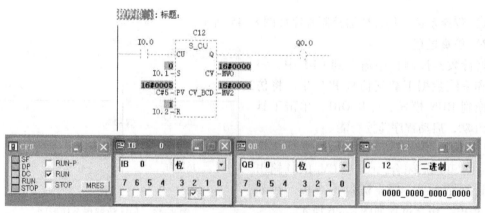

图 8-48　加计数器功能仿真图 3

（4）用设置输入端 S 设置计数器，如果加计数输入端 I0.0 为 1 状态，即使没有发生变化，下一扫描周期也会加计数。分别令 I0.0 为 0 状态和 1 状态，单击 2 次 S，设置输入 I0.1 的方框，观察在 I0.1 的上升沿 CV 和 CV_BCD 输出端的值。

2. 减计数器指令

1）程序示例　减计数器控制程序如图 8-49 所示。

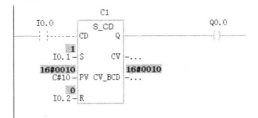

图 8-49　减计数器指令梯形图

2）仿真过程

将计数器控制程序输入到 OB1 中，将 OB1 和系统数据下载到仿真 PLC 中，将仿真切换到 RUN 模式。打开 OB1，单击工具栏按钮，启动程序监控功能。

（1）单击 PLCSIM 中 I0.0 的方框，出现"√"，常开触点闭合，CV 和 CV_BCD 输出端的计数值减 1，当减至 0 时，线圈 Q0.0 将断电。

（2）用设置输入端 S 设置计数器，如果加计数输入端 I0.0 为 1 状态，即使没有发生变化，下一扫描周期也会减计数。仿真过程如图 8-50 所示。

图 8-50　减计数器功能仿真图 1

分别令 I0.0 为 0 状态和 1 状态，单击 2 次 S，设置输入 I0.1 的方框，观察在 I0.1 的上升沿 CV 和 CV_BCD 输出端的值。

（3）多次单击 I0.0 的方框，每次 I0.0 由 0 变为 1 时，C1 当前值减 1。仿真过程如图 8-51 所示。

（4）单击 I0.2 的方框，计数器复位，CV 和 CV_BCD 输出端的值变为 0，线圈 Q0.0 断电。仿真过程如图 8-52 所示。

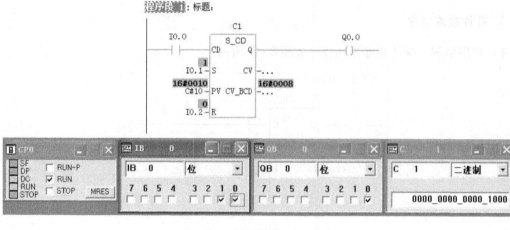

图 8-51　减计数器功能仿真图 2

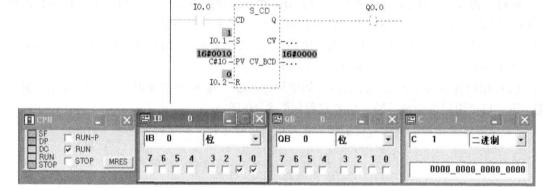

图 8-52　减计数器功能仿真图 3

3. 加减计数器指令

1）程序示例　加减计数器控制程序如图 8-53 所示。

程序段1：标题：

```
                    C1
    I0.0          S_CUD
    ┤├───────CU        Q───────(  )───
                           Q0.0
    I0.1 ─────CD      CV ─...
    I0.2 ─────S   CV_BCD ─...
    C#5 ──────PV
    I0.3 ─────R
```

图 8-53　加减计数器指令梯形图

2）仿真过程

将计数器控制程序输入到 OB1 中，将 OB1 和系统数据下载到仿真 PLC 中，将仿真切换到 RUN 模式。打开 OB1，单击工具栏按钮 ✍，启动程序监控功能。

（1）单击 PLCSIM 中加减计数输入端 I0.2 为 1 状态，出现"√"，常开触点闭合，PV 设定值送给计数器 CV 和 CV_BCD 输出端，线圈 Q0.0 得电。仿真过程如图 8-54 所示。

图 8-54 加减计数器功能仿真图 1

（2）单击 I0.0，常开触点闭合，进行加计数，CV 值加 1，仿真过程如图 8-55 所示。

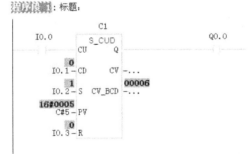

图 8-55 加减计数器功能仿真图 2

（3）单击 I0.1，常开触点闭合；再次单击 I0.0，常开触点断开，进行减计数，CV 值加 1，仿真过程如图 8-56 所示。

（4）当计数值为 0 时，C1 断电，Q0.0 断开。仿真过程如图 8-57 所示。

（5）当复位信号为 1 时，观察计数值和位输出 Q 的变化。

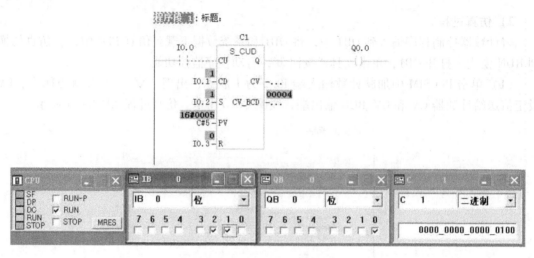

图 8-56 加减计数器功能仿真图 3

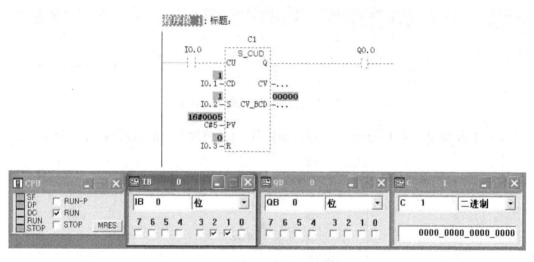

图 8-57 加减计数器功能仿真图 4

8.5.2 停车位计数 PLC 控制

1. 控制要求

（1）停车场有停车位 20 个，当有车经过停车场入口时，入口接近开关输出一个脉冲；车辆经过停车场出口时，出口接近开关产生一个脉冲。

（2）当停车场有停车位时，入口闸栏才可以开启，车辆可以进入停车场，指示灯显示有车位；若车位已满，则有指示灯显示车位已满，入口闸栏不能开启让车辆进入。

2. PLC 控制系统

1）硬件接线电路（如图 8-58 所示）

2）I/O 分配表（见表 8-3）

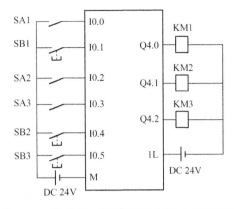

图 8-58　停车位计数控制系统硬件电路接线图

表 8-3　I/O 分配表

设　备	功　能	输 入 I	设　备	功　能	输 出 O
SA1	启动开关	I0.0	KM1	有车位指示灯	Q4.0
SB1	停止按钮	I0.1	KM2	满车位指示灯	Q4.1
SA2	入口接近开关	I0.2	KM3	入口闸栏	Q4.2
SA3	出口接近开关	I0.3			
SB2	闸栏启动按钮	I0.4			
SB3	计数器复位按钮	I0.5			

3）程序设计　停车位计数 PLC 控制程序梯形图如图 8-59 所示。

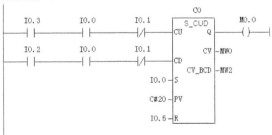

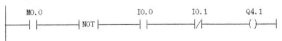

图 8-59　停车位计数控制程序梯形图

3. 仿真过程

打开 PLCSIM，将 OB1 和系统数据下载到仿真 PLC。将 CPU 切换到 RUN 或 RUN - P 模式，生成视图对象 IB0 和 QB4 和定时器 C0。根据梯形图电路，按下面的步骤进行程序仿真：

（1）单击 IB0 中 I0.0 的方框，出现"√"，I0.0 变为 1 状态，模拟按下"启动"开关，启动计数器 C0。观察视图对象 QB4 哪个方框出现"√"。仿真过程如图 8-60 所示。

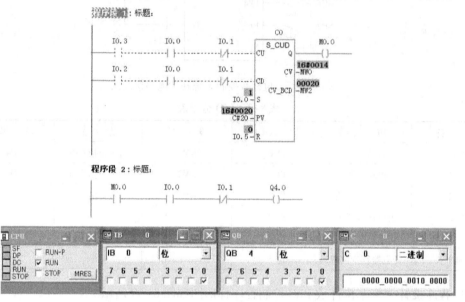

图 8-60 停车位计数控制程序仿真图 1

（2）单击 IB0 中 I0.2 的方框，出现"√"，I0.2 变为 1 状态，模拟有车进入信号，计数器 C0 计数值减 1，提示停车场有空位。QB4 中 Q4.0 的方框出现"√"。仿真过程如图 8-61 所示。

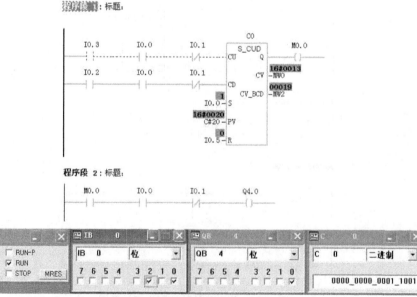

图 8-61 停车位计数控制程序仿真图 2

（3）重复单击 IB0 中 I0.2 的方框，累计次数达到 20 次，模拟有车进入信号共 20 次，计数器 C0 计数值减至 0，提示停车场满位。QB4 中 Q4.1 的方框出现"√"。仿真过程如图 8-62 所示。

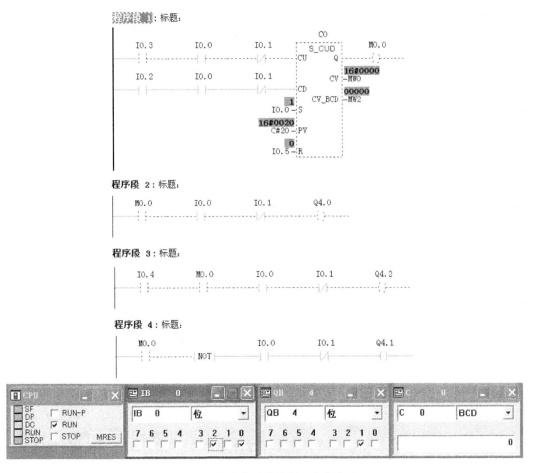

图 8-62　停车位计数控制程序仿真图 3

8.6　移位与循环移位指令的仿真

数据移位指令是对数值的每一位进行左移或右移操作，从而实现数值变换，主要包括字节、字和双字的左、右移位指令。

8.6.1　移位与循环移位指令

1）生成变量表　变量表用来集中监控指定的变量。右击 SIMATIC 管理器左边窗口中的"块"，执行出现的快捷菜单中的命令"插入新对象"→"变量表"，出现"属性 – 变量表"对话框，生成的变量表默认的名称为"VAT_1"。单击"确定"按钮，打开变量表。在变量表第一行的"地址"列输入"MW40"，右击"显示格式"列，执行出现的快捷菜单中的命令，将显示格式修改为 BIN（二进制）。同样，在第二行的"地址"列输入"MW42"，将显示格式修改为 BIN。

2）有符号数右移指令　图 8-63 中的 SHR_I 指令将有符号 16 位整数右移 4 位。打开 PLCSIM，将程序下载到仿真 PLC，将仿真 PLC 切换到 RUN－P 模式。在 PLCSIM 中将“－8000”输入 MW40，在变量表中可以看到右移 4 位的效果（见图 8-64）。右移 4 位相当于除以 2^4，移位后的数为－500。右移后空出来的位用符号位 1 填充。

令 MW38 分别为 0 和 20（移位位数大于 16），观察移位的结果。移位位数大于 16 时，原有的数据全部移出去了，MW42 的各位为符号位 1，其值为 16#FFFF。

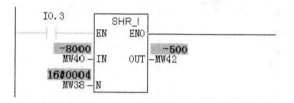

图 8-63　有符号数右移指令

	地址		符号	显示格式	状态值
1	MW	40		BIN	2#1110_0000_1100_0000
2	MW	42		BIN	2#1111_1110_0000_1100

图 8-64　变量表

3）无符号数移位指令　图 8-65 中的 SHL_W 指令将无符号 16 位整数左移 4 位。在 PLCSIM 中将 80 输入 MW44，在变量表中设置 MW44 和 MW46 的显示格式为 BIN，可以看到左移 4 位的效果（见图 8-66）。左移 4 位相当于乘以 2^4，移位后的数为 1280，左移后空出来的位添 0。

将移位次数分别修改为 2、8 和 16，观察移位的结果。

将图 8-65 中的 OUT 的实参 MW46 改为 MW44，观察程序运行的结果并解释原因。在 I0.4 的触点右边添加一个上升沿检测线圈，用 I0.4 的上升沿启动移位，观察程序运行的结果。

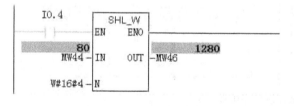

图 8-65　无符号数左移指令

	地址		符号	显示格式	状态值
1	MW	44		BIN	2#0000_0000_0101_0000
2	MW	46		BIN	2#0000_0101_0000_0000

图 8-66　变量表

4）循环移位指令　图 8-67 中的循环移位指令是将累加器 1 的整个内容逐位循环左移 8 位。移出来的位又送回累加器 1 另一端空出来的位，最后移出的位装入状态字的 CC1 位，移位的结果保存在输出参数 OUT 指定的地址。

在 PLCSIM 中输入 MD50 和 MW48 的十六进制数值，在变量表中设置 MD50 和 MMD54 的显示格式为 BIN（二进制），在图 8-68 中可以看到双字循环左移 8 位的效果。

图 8-67　循环左移指令

	地址		显示格式	状态值
1	MD	50	BIN	2#1000_0011_0111_1111_1000_0100_0010_0001
2	MD	54	BIN	2#0111_1111_1000_0100_0010_0001_1000_0011

图 8-68　变量表

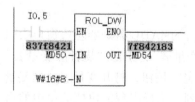

将移位次数分别修改为 0、4、16 和 20，观察移位的结果。

8.6.2　彩灯循环移位控制

1. 生成项目及梯形图程序

用"新建项目"向导生成一个名为"彩灯循环移位控制"的项目，打开 OB1，输入图 8-69 所示的梯形图程序。

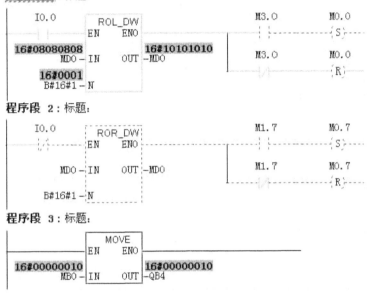

图 8-69　彩灯循环移位控制梯形图

程序中用 I0.0 控制移位的方向，I0.0 为 1 状态时彩灯左移，为 0 状态时彩灯右移。

S7 – 300/400 只有双字循环移位指令，MB0 是双字 MD0 的最高字节（见图 8-70）。在 MD0 每循环左移 1 位之后，最高位 M0.7 的数据被移到 MD0 最低位的 M3.0。为了实现 MB0 的循环移位，移位后如果 M3.0 为 1 状态，则将 MB0 的最低位 M0.0 置位为 1（见图 8-69 中程序段 1）；反之则将 M0.0 复位为 0，相当于 MB0 的最高位 M0.7 移到了 MB0 的最低位 M0.0。

在 MB0 每次循环右移 1 位之后（见图 8-71），MB0 的最低位 M0.0 的数据被移到 MB1 最高位的 M1.7。移位后根据 M1.7 的状态，将 MB0 的最高位 M0.7 置位或复位（见图 8-69 中程序段 2），相当于 MB0 的最低位 M0.0 移到了 MB0 的最高位 M0.7。

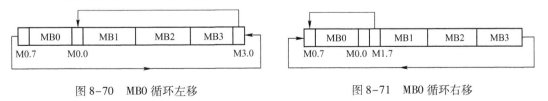

图 8-70　MB0 循环左移　　　　　　　　　图 8-71　MB0 循环右移

在程序段 3 中，用 MOVE 指令将 MB0 的值传送到 QB4，用 QB4 来控制 8 位彩灯。

2. 仿真实验

打开 PLCSIM，将用户程序和系统数据下载到仿真 PLC。将仿真 PLC 切换到 RUN - P 模式。打开 OB1，单击工具栏上的按钮 ，启动程序状态监控功能。

在 PLCSIM 中输入 MD0 的十六进制数值，在变量表中设置 MD0 的显示格式为 BIN。因为 I0.0 的初始值为 0，所以最初 QB4 的值循环右移。MB0 被设置为初始值为 80（十六进制数），其最高位为 1，其余位为 0，观察此时 QB4 的输出情况是否和 MB0 一致。

将 I0.0 置为 1 状态，QB4 由循环右移变为循环左移，观察此时 QB4 的输出值与右移时的输出值是否相同。图 8-69 所示就是 I0.0 为 1 时的仿真效果。

思考与练习

8-1 试采用结构化编程方式设计工业搅拌机控制系统。

8-2 设计一个用 PLC 对锅炉鼓风机和引风机控制的程序。要求：（1）开机时首先启动引风机，引风机指示灯亮，10 s 后自动启动鼓风机，鼓风机指示灯亮；（2）停止时，立即关断鼓风机，20 s 后自动关断引风机。设开机输入信号由 I0.0 实现，关机由 I0.1 实现。鼓风机启动控制和指示控制由 Q0.1 和 Q0.2 实现，引风机启动控制与指示灯控制由 Q0.3 和 Q0.4 实现。

8-3 观察距离你所在地最近的一处路口交通灯，记录控制过程，分析控制原理，分配 PLC 控制端口，设计 PLC 控制程序。

第9章 系统设计及综合应用

9.1 PLC 系统设计内容和方法

9.1.1 PLC 系统设计内容

设计 PLC 控制系统是一项综合性非常强的工作，将前面所学的 PLC 硬件和 PLC 指令等基本知识进行运用的同时，还要综合其他方面知识，这些知识包括电机学、传感器和机械设计等方面知识。设计完成一个 PLC 系统，必须经过调试以后才能应用在实际生产中。以 PLC 为核心的控制系统在调试中有其特殊性，必须先经过模拟调试后再进行现场调试。PLC 控制系统设计的基本流程如图 9-1 所示。

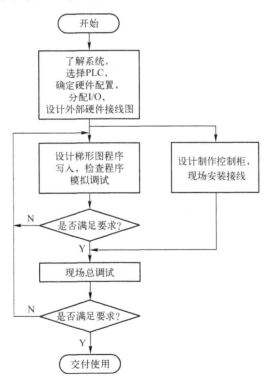

图 9-1 PLC 控制系统设计流程

整个设计过程主要是根据项目要求进行项目分析与规划，进行系统控制方式规划，选择 PLC 并进行系统 I/O 口分配。绘制系统硬件接线原理图，进行系统硬件选择与组态。设计

PLC 程序，完成触摸屏通信设置、画面设计与变量控制。进行项目仿真调试，最后进行现场联机调试。

9.1.2　PLC 系统设计步骤与方法

1. 分析任务

分析设计任务，包括对系统功能、设计参数、工艺流程、机械结构、操作方法和工作环境等诸多方面进行分析，从而确定系统设计方向。系统设计方向包括确定是应用网络化控制还是单机控制；采用单片机系统、DSP 系统、工业计算机系统还是 PLC 控制系统；是否需要手动控制与自动控制相结合。对于 PLC 系统的设计，要详细分析被控对象的工艺过程、功能要求和工作特点等，了解被控对象机、电的配合关系，提出被控对象对 PLC 控制系统的控制要求，确定控制方案，拟定设计任务书。

2. PLC 选型

确定应用 PLC 作为主控制器后，根据系统开关量输入/输出点数、模拟量输入/输出路数、人机接口和通信功能等方面要求确定选择哪个厂家的 PLC 主机及扩展模块，选择什么档次和类型的 PLC。PLC 选择包括对 PLC 的机型、容量、I/O 模块和电源等的选择。选择的依据主要有 PLC 功能、产品价格和个人喜好等。

3. 系统设计

系统设计包括总体设计、硬件设计和软件设计。

1）总体设计　设计系统总体结构，将 PLC 主机、I/O 扩展模块、模拟量输入/输出模块、通信模块和人机接口等进行总体规划，为硬件和软件设计做好准备。可以原理框图的形式表现出系统各个部分的简单的电气连接关系。

2）硬件设计　硬件设计主要包括以下内容。

☺ PLC 及扩展模块外围接线设计：包括 I/O 地址分配、电气控制原理图设计、电气元件选型和电气控制柜设计。必要时要配上元件安装图和端子接线图，以方便电气控制柜的安装。根据系统的控制要求，确定系统所需的全部输入设备（按钮、位置开关、转换开关及各种开关量传感器等）和输出设备（接触器、电磁阀、信号指示灯及其他执行器件等），从而确定与 PLC 有关的输入/输出设备，以确定 PLC 的 I/O 点数。设计过程中要求画出系统其他部分的电气线路图，包括主电路和未进入 PLC 的控制电路等。由 PLC 的 I/O 连接图和 PLC 外围电气线路图组成系统的电气原理图。

☺ 电动机选型与应用设计：包括拖动系统选择、电动机类型选择、电动机型号选择和电动机专用驱动器选择等。

☺ 传感器选择与应用设计：包括传感器类型选择、传感器型号选择和传感器应用设计等。

☺ 系统抗干扰设计。

3）软件设计　系统软件设计包括主程序、功能子程序和中断程序的设计，系统组态，人机接口界面程序设计等。PLC 程序设计最基本要求是无语法错误，完全编译通过，调试后功能完全满足控制要求，经现场调试并通过后才能确定程序清单。

（1）程序设计。根据系统的控制要求，采用合适的设计方法来设计 PLC 程序。程序要以满足系统控制要求为主线，逐一编写实现各控制功能或各子任务的程序，逐步完善系统指定的功能。除此之外，程序通常还应包括以下内容。

☺ 初始化程序。在 PLC 上电后，一般都要做一些初始化的操作，为启动做好必要的准备，避免系统发生误动作。初始化程序的主要内容有：对某些数据区、计数器等进行清零；对某些数据区所需数据进行恢复；对某些继电器进行置位或复位；对某些初始状态进行显示等。

☺ 检测、故障诊断与显示等程序。这些程序相对独立，一般在程序设计基本完成时添加。

☺ 保护和连锁程序。保护和连锁程序可以避免由于非法操作而引起的控制逻辑混乱。

（2）程序模拟调试。程序模拟调试的基本思想是以方便且容易实现的形式模拟工作现场实际状态，为程序的运行创造必要的环境条件。PLC 系统在编写完程序和控制柜硬件接线完成之后进行模拟调试，模拟调试可以在实验室进行。模拟调试必须将编译好并且没有语法错误的程序下载到 PLC 存储器内，程序执行同时检验其功能是否达到设计要求，没有错误的程序未必是达到设计要求的程序。根据产生现场信号的方式不同，模拟调试有硬件模拟法和软件模拟法两种形式。

☺ 硬件模拟法是使用一些硬件设备（如用另一台 PLC 或一些输入器件等）模拟产生现场的信号，并将这些信号以硬接线的方式连到 PLC 系统的输入端，其时效性较强。开关量输入由按钮实现，开关量输出可直接由 PLC 外壳上的指示灯指示。程序执行后，通过按钮控制，观察指示灯的亮灭变化情况即可知道 PLC 程序控制逻辑的对错。模拟量输入可由直流稳压电源来模拟，模拟量输出可用数字电压表来测量。对于编码器等元件的高速脉冲输入可用脉冲发生器产生高速脉冲来代替。PLC 送给交流伺服电机驱动器或步进电动机驱动器的高速脉冲可由频率计来测量。

☺ 软件模拟法是在 PLC 中另外编写一套模拟程序，模拟提供现场信号，其简单易行，但时效性不易保证。模拟调试过程中，可采用分段调试的方法，并利用编程器的监控功能。现在有专门的 S7 PLC 仿真软件，可以模拟按钮的输入和指示灯的输出，非常方便好用。

4. 控制柜的设计及现场施工

控制柜的设计及现场施工主要有以下内容。

☺ 设计控制柜和操作台等部分的电器布置图及安装接线图。

☺ 设计系统各部分之间的电气互连图。

☺ 根据施工工艺图样进行现场接线，并进行详细检查。

由于程序设计与硬件实施可同时进行，因此 PLC 控制系统的设计周期可大大缩短。

5. 系统调试联机调试

模拟调试结束后，将电气控制柜与现场机械联机进行现场联机调试。联机调试是将通过模拟调试的程序进一步进行在线统调。现场联机调试的目的是确认系统的硬件接线正确，并且确认系统中没有干扰造成通信困难或工作不可靠。联机调试过程先将 PLC 只连接输入设备，再连接输出设备，再接上实际负载等逐步进行调试，遵循循序渐进原则。如不符合要求，则对硬件和程序作调整，一般只需修改部分程序即可。全部调试完毕后，交付试运行。经过一段时间运行，如果工作正常，则程序不需要修改，可打印程序清单。

现场联机调试步骤如下。

（1）按照系统设计要求安装 PLC 与触摸屏，按照原理图、位置图连接各设备和元器件。把 PLC 和触摸屏按照规划好的网络，用通信电缆连接，确认其连接端口和连接线缆没有错误。

（2）用合适的编程电缆将 SIMATIC 300 站点与 PC 连接在一起，接通 PLC 电源，将 SI-MATIC 300 硬件组态数据和块下载到 PLC 中。

（3）用合适的通信手段将 SIMATIC HMI 站与计算机连接在一起，接通 SIMATIC HMI 站电源，将 SIMATIC HMI 站的数据下载到 SIMATIC HMI 站中。

（4）将 SIMATIC 300 站设置为 RUN 模式，操作 SIMATIC HMI 站上的各个按钮，观察 SIMATIC 300 站输出指示灯的变化以及变频器、电动机和指示灯的运行情况，同时观察触摸屏上文字或图形的变化。

现场调试还包括变频器、步进电动机驱动器和交流伺服驱动器等专用驱动装置的参数设置与调整。还要进行电动机试验，包括电动机的空载试验、电动机的启动和停机试验、电动机的负载试验等。

6. 整理和编写技术文件

技术文件包括设计说明书、硬件原理图、安装接线图、元件实际位置图、电气元器件明细表、PLC 程序以及使用说明书等。必要时还要包括系统控制柜制作工艺说明书等工艺文件，有利于以后的维修。

9.1.3 PLC 的选择

型号不同的 PLC，其结构形式、性能、容量、指令系统、编程方式和产品价格等也各有不同，适用的场合也各有侧重。PLC 的选择主要应从 PLC 的机型、容量、I/O 模块、电源模块、特殊功能模块和通信联网能力等方面加以综合考虑。

1. PLC 机型的选择

PLC 机型选择的基本原则是在满足功能要求及保证可靠、维护方便的前提下，力争最佳的性能价格比。选择时主要考虑以下几点。

1）结构形式 整体式 PLC 的每个 I/O 点的平均价格比模块式的便宜，且体积相对较小，一般应用于系统工艺过程较为简单、固定的单机控制设备或小型控制系统中；模块式 PLC 的功能扩展灵活方便，在 I/O 点数和 I/O 模块的种类等方面选择余地大，并且维修方便，一般适用于较复杂的控制系统。

2）安装方式 PLC 系统的安装方式分为集中式、远程 I/O 式以及多台 PLC 联网的分布式。

集中式不需要设置驱动远程 I/O 硬件，系统反应快、成本低；远程 I/O 式适用于大型系统，系统的装置分布范围很广，远程 I/O 可以分散安装在现场装置附近，连线短，但需要增设专门远程 I/O 模块和远程 I/O 电源；多台 PLC 联网的分布式适用于多台设备分别独立控制，又要相互联系的场合，可以选用中、小型 PLC，但必须要附加通信模块，组成 MPI 网络或现场总线网络。

3）功能要求　对于只需要开关量控制的设备，LOGO！系列 PLC 具有逻辑运算、定时和计数等功能，可以满足要求。对于以开关量控制为主，带模拟量闭环控制的系统，可选用能扩展 A/D 和 D/A 转换模块，具有 PID 功能的 S7 - 200 PLC。对于控制较复杂，要求具有较强的通信联网功能，可视控制规模大小及复杂程度，选用 S7 - 300 或 S7 - 400 PLC。这两个系列 PLC 价格较贵，一般用于大规模过程控制系统和现场总线控制系统。

4）响应速度　某些特殊场合要求响应速度快时或者某些功能有特殊的速度要求时必须考虑 PLC 的响应速度。可选用具有高速 I/O 处理功能的 PLC，如 CPU224XP。

5）系统可靠性　对可靠性要求很高的系统，应考虑是否采用冗余系统或热备用系统。

6）机型尽量统一　机型统一，其模块可互为备用，便于备件的采购和管理；其功能和使用方法类似，有利于技术力量的培训和技术水平的提高；其外部设备通用，资源可共享，易于联网通信，配备上位计算机后易于形成一个多级分布式控制系统。

2. PLC 容量的选择

PLC 的容量包括 I/O 点数和用户存储容量两个方面。

PLC 平均的 I/O 点的价格还比较高，因此应该合理选用 PLC 的 I/O 点的数量，在满足控制要求的前提下力争使用的 I/O 点最少，但必须留有一定的裕量。通常 I/O 点数是根据被控对象的输入、输出信号的实际需要，再加上 10% ~ 15% 的裕量来确定。用户程序所需的存储容量大小不仅与 PLC 系统的功能有关，而且还与功能实现的方法、程序编写水平有关。随着存储器技术的发展和 PLC 存储器形式的多样化，PLC 存储器容量已经不再作为选择 PLC 容量的一个重要依据。

9.2　设计注意事项和抗干扰措施

PLC 专为工业环境应用而设计，其显著的优点之一就是高可靠性。虽然为提高 PLC 的可靠性，在 PLC 本身的软、硬件上均采用了一系列抗干扰措施，但这并不意味着对 PLC 的环境条件及安装使用可以随意处理。在诸如强电磁干扰、高温、高灰尘、过电压和欠电压等情况下，都可能导致 PLC 内部存储器信息被破坏，使系统出错。这就要求切断外部干扰进入 PLC 的途径，提高系统可靠性。

9.2.1　干扰源及其分类

影响 PLC 控制系统的干扰源与一般影响工业控制设备的干扰源一样，大多产生在电流或电压剧烈变化的部位。干扰类型通常按干扰产生的原因、噪声干扰模式和噪声的波形性质的不同划分。按噪声产生的原因不同，分为放电噪声、浪涌噪声和高频振荡噪声等；按噪声的波形、性质不同，分为持续噪声、偶发噪声等；按噪声干扰模式不同，分为共模干扰和差模干扰。

9.2.2 PLC 系统中干扰的主要来源及途径

1. 来自空间的辐射干扰

空间的辐射电磁场主要是由电力网络、电气设备、雷电、无线电广播、电视、雷达和高频感应加热设备等产生的，通常称为辐射干扰。若 PLC 系统置于所其辐射频场内，就会收到辐射干扰，其影响主要通过两条路径：一是直接对 PLC 内部的辐射，由电路感应产生干扰；二是对 PLC 通信网络的辐射，由通信线路的感应引入干扰。辐射干扰与现场设备布置及设备所产生的电磁场大小，特别是与频率有关，一般通过设置屏蔽电缆和 PLC 局部屏蔽及高压泄放元件进行保护。

2. 来自系统外引线的干扰

主要通过电源和信号线引入，通常称为传导干扰。

1) 来自电源的干扰 PLC 系统的正常供电电源均由电网供电。由于电网覆盖范围广，它将受到所有空间电磁干扰而在线路上感应电压和电流。尤其是电网内部的变化，如开关操作浪涌、大型电力设备起/停、交直流传动装置引起的谐波和电网短路暂态冲击等，都通过输电线路传到电源初级。PLC 电源通常采用隔离电源，但其机构及制造工艺因素使其隔离性并不理想。实际上，由于分布参数特别是分布电容的存在，绝对隔离是不可能的。

2) 来自信号线引入的干扰 与 PLC 控制系统连接的各类信号传输线，除了传输有效的各类信息之外，总会有外部干扰信号侵入。此干扰主要有两种途径：一是通过变送器供电电源或公用信号仪表的供电电源串入的电网干扰；二是信号线受空间电磁辐射感应的干扰，即信号线上的外部感应干扰。由信号引入干扰会引起 I/O 信号工作异常和测量精度大大降低，严重时将引起元器件损伤。对于隔离性能差的系统，还将导致信号间互相干扰，引起共地系统总线回流，造成逻辑数据改变、误动作和死机。PLC 控制系统因信号引入干扰造成 I/O 模件损坏数相当严重，由此引起系统故障的情况也很多。

3) 来自接地系统混乱时的干扰 接地是提高电子设备电磁兼容性的有效手段之一，具体要求是不要被外部其他设备所干扰，又不要干扰外部其他设备。正确的接地，既能抑制电磁干扰的影响，又能抑制设备向外发出干扰。

PLC 控制系统的地线包括系统地、屏蔽地、交流地和保护地等。接地系统混乱对 PLC 系统的干扰主要是各个接地点电位分布不均，不同接地点间存在地电位差，引起地环路电流，影响系统正常工作。例如电缆屏蔽层必须一点接地，如果电缆屏蔽层两端 A、B 都接地，就存在地电位差，有电流流过屏蔽层，当发生异常状态如雷击时，地线电流将更大。

此外，屏蔽层、接地线和大地有可能构成闭合环路，在变化磁场的作用下，屏蔽层内会出现感应电流，通过屏蔽层与芯线之间的耦合，干扰信号回路。若系统地与其他接地处理混乱，所产生的地环流就可能在地线上产生不等电位分布，影响 PLC 内逻辑电路和模拟电路的正常工作。PLC 工作的逻辑电压干扰容限较低，逻辑地电位的分布干扰容易影响 PLC 的逻辑运算和数据存储，造成数据混乱、程序跑飞或死机。模拟地电位的分布将导致测量精度下降，引起对信号测控的严重失真和误动作。

3. 来自 PLC 系统内部的干扰

主要由系统内部元器件及电路间的相互电磁辐射产生，如逻辑电路相互辐射及其对模拟电路的影响，模拟地与逻辑地的相互影响及元器件间的相互不匹配使用等。这都属于 PLC 生产厂家对系统内部进行电磁兼容设计的内容，应用设计时不必过多考虑。

9.2.3 主要抗干扰措施

1. 电源选择与应用

电网干扰串入 PLC 控制系统主要通过 PLC 系统的供电电源（如 CPU 电源、I/O 电源等）、变送器供电电源和与 PLC 系统具有直接电气连接的仪表供电电源等耦合进入的。电源是干扰进入 PLC 的主要途径。

PLC 系统的电源有两类：外部电源和内部电源。外部电源是用来驱动 PLC 输出设备（负载）和提供输入信号的，又称用户电源，同一台 PLC 的外部电源可能有多规格。外部电源的容量与性能由输出设备和 PLC 的输入电路决定。由于 PLC 的 I/O 电路都具有滤波、隔离功能，所以外部电源对 PLC 性能影响不大。因此，对外部电源的要求不高。内部电源是 PLC 的工作电源，即 PLC 内部电路的工作电源。它的性能好坏直接影响到 PLC 的可靠性。因此，为了保证 PLC 的正常工作，对内部电源有较高的要求。一般 PLC 的内部电源都采用开关式稳压电源或原边带低通滤波器的稳压电源。

1）对交流电源采用的抗干扰措施 PLC 供电电源为 50Hz、220V 的交流电，对于电源线来的干扰，PLC 本身具有足够的抵制能力。

☺ 在 PLC 电源的输入端加接隔离变压器。由隔离变压器直接向 PLC 供电，这样可抑制来自电网的干扰。隔离变压器的电压比取 1:1，在一次和二次绕组间采用双屏蔽技术，一次屏蔽用非导磁材料铜线绕一层，注意电气上不能短路，并且接到中线上；二次则采用双绞线，双绞线能减少电源线间干扰。

☺ 在 PLC 电源的输入端接低通滤波器。可以滤除交流电源输入的高频干扰和高次谐波。同时使用隔离变压器和低通滤波器，低通滤波器先与电源相接，低通滤波器输出再接隔离变压器。

PLC 的电源和 PLC 输入/输出模块用的电源应与被控系统的动力部分、控制部分分开配线。电源供电线的截面要有足够的余量，以降低大容量设备启动时引起的线路压降，并采用双绞线。条件允许时，PLC 采用单独供电回路，以避免大设备起/停对 PLC 的干扰。PLC 输入电路用外接直流电源时，最好采用稳压电源，以保证正确的输入信号。

2）变送器供电电源的抗干扰措施 PLC 系统对于变送器供电的电源和 PLC 系统有直接电气连接的仪表的供电电源，由于使用的隔离变压器分布参数大，抑制干扰能力差，经电源耦合而串入共模干扰和差模干扰。所以，对于变送器和公用信号仪表供电应选择分布电容小、抑制带大（如采用多次隔离和屏蔽及漏感技术）的配电器，以减少 PLC 系统的干扰。此外，可采用在线式不间断供电电源（UPS）供电，提高供电的安全可靠性。并且 UPS 还具有较强的干扰隔离性能，是一种 PLC 控制系统的理想电源。

2. 电缆选择与敷设

不同类型的信号分别由不同电缆传输，PLC 开关量信号不易受外界干扰，可用普通单根导线传输。交流伺服电动机控制脉冲信号频率较高，传输过程中易受外界干扰，选用屏蔽电缆传输。外界各种干扰都会叠加在模拟量信号上而造成干扰，所以像变频器的模拟量输入线也要选用屏蔽线。

1) 合理的布线

☺ 动力线、信号线以及 PLC 的电源线和 I/O 线应分开走线，距离为 20cm 以上，尽量不要在同一线槽中布线。在不能保证最小距离的地方将动力线穿管，并将管接地。最好单独敷设在封闭的电缆槽架内，槽外壳要可靠接地。减小动力线与信号线平行敷设的长度，否则应增大两者的距离。信号电缆应按传输信号种类分层敷设，严禁用同一电缆的不同导线同时传送动力电源和信号。

☺ 交流线与直流线最好分开走线。交流输出线和直流输出线不要用同一根电缆，输出线应尽量远离动力线，避免并行。

☺ 开关量与模拟量的 I/O 线最好分开走线，传送模拟量信号的 I/O 线最好用屏蔽线，且屏蔽线的屏蔽层应一端接地或两端接地，接地电阻应小于屏蔽层电阻的 1/10。

☺ PLC 的主机与扩展模块之间电缆传送的信号小、频率高，很容易受干扰，不能与其他设备连接线缆敷埋在同一线槽内。

☺ PLC 的 I/O 回路配线，必须使用压接端子或单股线，不宜用多股绞合线直接与 PLC 的接线端子连接，否则容易出现火花。

☺ 与 PLC 安装在同一控制柜内，虽不是由 PLC 控制的感性元件，也应并联 RC 电路或二极管消弧电路。

2) 输入接线注意事项

☺ 输入接线一般不要超过 30m。但如果环境干扰较小，电压降不大时，输入接线可适当长些。

☺ 尽可能采用常开触点形式连接到输入端，使编制的梯形图与继电器原理图一致，便于阅读。

3) 输出连接注意事项

☺ 输出端接线分为独立输出和公共输出。在不同组中，可采用不同类型和电压等级的输出电压。但在同一组中的输出只能用同一类型、同一电压等级的电源。

☺ 由于 PLC 的输出元件被封装在印制电路板上，并且连接至端子板，若将连接输出元件的负载短路，则将烧毁印制电路板，因此，应用熔丝保护输出元件。

☺ PLC 的输出负载可能产生干扰，因此要采取措施加以控制，如直流输出的续流管保护、交流输出的阻容吸收电路、晶体管及双向晶闸管输出的旁路电阻保护等。

3. 正确接地

接地的目的通常有两个，其一为了安全，其二是为了抑制干扰。完善的接地系统是 PLC 控制系统抗电磁干扰的重要措施之一。良好的接地是保证 PLC 可靠工作的重要条件，可以避免偶然发生的电压冲击危害。

为了抑制干扰，PLC 最好单独接地，与其他设备分别使用各自的接地装置，决不能与电动机和焊接机等设备公用接地系统。PLC 的接地线与机器的接地端相接，接地线应尽量短，接地点应尽可能靠近 PLC。接地线截面积应不小于 $2mm^2$，接地电阻小于 100Ω；如果要用扩展模块，则其接地点应与主机的接地点接在一起，它们具有共同的接地体，而且从任一单元的保护接地端到地的电阻都不能大于 100Ω。为了抑制加在电源及输入端、输出端的干扰，应给 PLC 接上专用地线，接地点应与电动机的接地点分开；若达不到这种要求，也必须做到与其他设备公共接地，禁止与其他设备串联接地。

系统接地方式有浮地方式、直接接地方式和电容接地 3 种。对 PLC 控制系统而言，它属高速低电平控制装置，应采用直接接地方式。由于信号电缆分布电容和输入装置滤波等的影响，装置之间的信号交换频率一般都低于 $1MHz$，所以 PLC 控制系统接地线采用一点接地和串联一点接地方式。集中布置的 PLC 系统适于并联一点接地方式，各装置的柜体中心接地点以单独的接地线引向接地极。如果装置间距较大，应采用串联一点接地方式。用一根大截面铜母线（或绝缘电缆）连接各装置的柜体中心接地点，然后将接地母线直接连接接地极。接地线采用截面大于 $22mm^2$ 的铜导线，总母线使用截面大于 $60mm^2$ 的铜排。接地极的接地电阻小于 2Ω，接地极最好埋在距建筑物 $10 \sim 15m$ 远处（或与控制器间不大于 $50m$），而且 PLC 系统接地点必须与强电设备接地点相距 $10m$ 以上。

信号源接地时，屏蔽层应在信号侧接地；不接地时，应在 PLC 侧接地；信号线中间有接头时，屏蔽层应牢固连接并进行绝缘处理，一定要避免多点接地；多个测点信号的屏蔽双绞线与多芯对绞总屏蔽电缆连接时，各屏蔽层应相互连接好，并经绝缘处理，选择适当的接地处单点接地。

4. 硬件滤波和软件抗干扰措施

有时硬件措施不一定完全消除干扰的影响，采用一定的软件措施加以配合，对提高 PLC 控制系统的抗干扰能力和可靠性起到很好的作用。由于电磁干扰的复杂性，要根本消除干扰影响是不可能的，因此在 PLC 控制系统的软件设计和组态时，还应在软件方面进行抗干扰处理，进一步提高系统的可靠性。常用的一些措施有：数字滤波和工频整形采样，可有效消除周期性干扰；定时校正参考点电位，并采用动态零点，可有效防止电位漂移；采用信息冗余技术，设计相应的软件标志位；采用间接跳转，设置软件陷阱等提高软件结构可靠性。信号在接入计算机前，在信号线与地间并接电容，可减少共模干扰；在信号两极间加装滤波器，可减少差模干扰。

1）数字滤波方法 对于较低信噪比的模拟量信号，常因现场瞬时干扰而产生较大波动，若仅用瞬时采样值进行控制计算会产生较大误差，为此可采用数字滤波方法。现场模拟量信号经 A/D 转换后变成离散的数字信号，然后将形成的数据按时间序列存入 PLC 内存。再利用数字滤波程序对其进行处理，滤去噪声部分获得单纯信号。可对输入信号用 m 次采样值的平均值来代替当前值，但并不是通常的每采样一次求一次平均值，而是每采样一次就与最近的 $m-1$ 次历史采样值相加。此方法反应速度快，具有很好的实时性，输入信号经过处理后用干扰信号显示或回路调节，可有效地抑制噪声干扰。

由于工业环境恶劣，干扰信号较多，I/O 信号传送距离较长，常常会使传送的信号有误。为提高系统运行的可靠性，使 PLC 在信号出错情况下能及时发现错误，并能排除错误的影响继续工作，在程序编制中可采用软件容错技术。

2）消除开关量输入信号抖动 在实际应用中，有些开关输入信号接通时，由于外界的干扰而出现时通时断的"抖动"现象。这种现象在继电器系统中由于继电器的电磁惯性一般不会造成什么影响，但在 PLC 系统中，由于 PLC 扫描工作的速度快，扫描周期比实际继电器的动作时间短得多，所以抖动信号就可能被 PLC 检测到，从而造成错误的结果。因此，必须对某些"抖动"信号进行处理，以保证系统正常工作。

3）故障的检测与诊断 PLC 外部输入、输出设备的故障率远远高于 PLC 本身的故障率。而这些设备出现故障后，PLC 一般不能觉察出来，可能使故障扩大，直至强电保护装置动作后才停机，有时甚至会造成设备和人身事故。停机后，查找故障也要花费很多时间。为了及时发现故障，在没有酿成事故之前使 PLC 自动停机和报警，也为了方便查找故障，提高维修效率，可用 PLC 程序实现故障的自诊断和自处理。PLC 拥有大量的软件资源，有相当大的裕量，可以把这些资源利用起来，用于故障检测。

（1）超时检测。机械设备在各工步的动作所需的时间一般是不变的，即使变化也不会太大，因此可以以这些时间为参考，在 PLC 发出输出信号，相应的外部执行机构开始动作时启动一个定时器定时，定时器的设定值比正常情况下该动作的持续时间长 20% 左右。例如，电动机在正常情况下运行 50s 后，它驱动的部件使限位开关动作，发出动作结束信号。若该执行机构的动作时间超过 60s（即对应定时器的设定时间），PLC 还没有接收到动作结束信号，则定时器延时接通的常开触点发出故障信号，该信号停止正常的循环程序，启动报警和故障显示程序，使操作人员和维修人员能迅速判别故障的种类，及时采取排除故障的措施。

（2）逻辑错误检测。在系统正常运行时，PLC 的输入、输出信号和内部的信号（如辅助继电器的状态）相互之间存在着确定的关系，如出现异常的逻辑信号，则说明出现了故障。因此，可以编制一些常见故障的异常逻辑关系，一旦异常逻辑关系为 ON 状态，就应按故障处理。例如，某机械运动过程中先后有两个限位开关动作，这两个信号不会同时为 ON 状态，若它们同时为 ON，则说明至少有一个限位开关被卡死，应停机进行处理。

4）消除预知干扰 某些干扰是可以预知的，如 PLC 的输出命令使执行元件（如大功率电动机、电磁铁）动作，常常会伴随产生火花、电弧等干扰信号，它们产生的干扰信号可能使 PLC 接收错误的信息。在容易产生这些干扰的时间内，可用软件封锁 PLC 的某些输入信号，在干扰易发期过去后，再取消封锁。

5. 外部安全电路

为了确保整个系统能在安全状态下可靠工作，避免由于外部电源发生故障、PLC 出现异常、误操作以及误输出造成的重大经济损失和人身伤亡事故，PLC 外部应安装必要的保护电路。保护电路在传统继电器控制系统应用较普遍，在此处也是非常必要的。

1）急停电路 对于能使用户造成伤害的危险负载，除了在控制程序中加以考虑之外，还应设计外部紧急停车电路，使得 PLC 发生故障时，能将引起伤害的负载电源可靠切断。PLC 外部负载的供电线路应具有失压保护措施，当临时停电再恢复供电时，不按下"启动"按钮 PLC 的外部负载就不能自行启动。这种接线方法的另一个作用是，当特殊情况下需要紧急停机时，按下"停止"按钮就可以切断负载电源，而与 PLC 毫无关系。

2）保护电路　可编程序控制器有监视定时器等自检功能，检查出异常时，输出全部关闭。但当可编程序控制器 CPU 故障时就不能控制输出，因此，对于能使用户造成伤害的危险负载，为确保设备在安全状态下运行，需设计外电路加以防护。

当 PLC 输出设备短路时，为了避免 PLC 内部输出元件损坏，应该在 PLC 外部输出回路中装上熔断器，进行短路保护。最好在每个负载的回路中都装上熔断器。

除在程序中保证电路的互锁关系，PLC 外部接线中还应该采取硬件的互锁措施，以确保系统安全可靠地运行。如电动机正反向运转等可逆操作的控制系统，要设置外部电器互锁保护，可利用接触器 KM1、KM2 常闭触点在 PLC 外部进行互锁。在不同电动机或电器之间有联锁要求时，最好也在 PLC 外部进行硬件联锁。采用 PLC 外部的硬件进行互锁与联锁，这是 PLC 控制系统中常用的做法。对于往复运行及升降移动的控制系统，可设置外部行程开关互锁限位保护电路。

3）大故障的报警及防护　为了确保控制系统在重大事故发生时仍可靠的报警及防护，应将与重大故障有联系的信号通过外电路输出，报警形式要多样化。

6. 冗余系统与热备用系统

在石油、化工、冶金等行业的某些系统中，要求控制系统有极高的可靠性。如果控制系统发生故障，将会造成停产、原料大量浪费或设备损坏，给企业造成极大的经济损失。在提高控制系统硬件的可靠性来满足上述要求的基础上，使用冗余系统或热备用系统就能够比较有效地解决上述问题。

1）冗余控制系统　冗余系统是指控制系统中多余的部分，没有这一部分系统也照样工作，但在系统出现故障时，这一多余的部分能立即替代故障部分而使系统继续正常运行。在控制系统中 CPU 主机由两套相同的硬件组成，当某一套出现故障立即由另一套来控制。两套 CPU 使用相同的程序并行工作，其中一套为主 CPU，另一套为备用 CPU。在系统正常运行时，备用 CPU 的输出被禁止，由主 CPU 来控制系统的工作。同时，主 CPU 还不断通过冗余处理单元（RPU）同步地对备用 CPU 的 I/O 映像寄存器和其他寄存器进行刷新。当主 CPU 发出故障信息后，RPU 在几个扫描周期内将控制功能切换到备用 CPU。I/O 系统的切换也是由 RPU 来完成。是否使用两套相同的 I/O 模块，取决于系统对可靠性的要求程度。

2）热备用系统　热备用系统的结构虽然也有两个 CPU 在同时运行一个程序，但没有冗余处理单元 RPU。系统两个 CPU 的切换，是由主 CPU 通过通信口与备用 CPU 进行通信来完成的。两套 CPU 通过通信接口连在一起。当系统出现故障时，由主 CPU 通知备用 CPU，并实现切换，其切换过程一般较慢。

7. 注意 PLC 系统工作环境

1）温度　PLC 要求环境温度在 0～55℃。安装时不能放在发热量大的元器件上面，四周通风散热的空间应足够大，一般主机和扩展模块之间要有 30mm 以上间隔；开关柜上、下部应有通风的百叶窗；如果周围环境超过 55℃，要安装风扇强迫通风；不要把 PLC 安装在阳光直接照射或离暖气、加热器、大功率电源等发热器件很近的场所。

2）湿度　PLC 工作环境的空气相对湿度一般要求小于 85%，以保证 PLC 的绝缘性能。湿度太大也会影响模拟量输入/输出装置的精度。因此，不能将 PLC 安装在结露、雨淋的场所。

3）振动　安装 PLC 的控制柜应当远离有强烈振动和冲击场所，使 PLC 远离强烈的振动源，防止振动频率为 10～55Hz 的频繁或连续振动。当使用环境不可避免振动时，必须采取减振措施，如采用减振胶等，以免造成接线或插件的松动。

4）污染　不宜把 PLC 安装在有大量污染物（如灰尘、油烟、铁粉等）、腐蚀性气体和可燃性气体的场所，尤其是有腐蚀性气体的地方，易造成元器件及印制电路板的腐蚀。如果只能安装在这种场所，则在温度允许的条件下，可以将 PLC 封闭，或将 PLC 安装在密闭性较高的控制室内，并且安装空气净化装置。

5）远离高压设备　PLC 不能在高压电器和高压电源线附近安装，如电焊机、大功率硅整流装置和大型动力设备等，更不能与高压电器安装在同一个控制柜内。在柜内 PLC 应远离高压电源线，二者间距离应大于 200mm。

9.3　送料小车自动控制系统设计

1. 系统控制要求

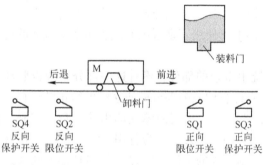

图 9-2　送料小车的运行示意图

图 9-2 所示为送料小车的运行示意图。小车周期性往复运行，在每个周期要完成的运动过程如下：

（1）按下正转启动按钮，送料小车前进，碰到限位开关 SQ1，小车停止运动，开始装料。

（2）20s 后装料结束，送料小车后退，碰到限位开关 SQ2，小车停止运动，开始卸料。

（3）10s 后卸料结束，送料小车前进，碰到限位开关 SQ1，小车停止运动，开始装料。

（4）送料小车如此循环工作，直到按下停止按钮，送料小车停止运动。按正转或反转启动按钮可以使运料小车重新前进或后退。

2. 控制系统硬件设计

1）硬件的选择　从控制要求中可以看出，需要用两个行程开关 SQ1 和 SQ2 作为小车的限位停止控制，用两个接通延时型定时器作为小车前进或后退延时启动控制；用正转启动按钮 SB2 和反转启动按钮 SB3 实现送料小车停止在中间某一位置后，前进或后退的启动控制；送料小车由电动机 M 驱动，由正转接触器 KM1 控制电动机 M 正转（前进），由反转接触器 KM2 控制电动机 M 反转（后退）；PLC 的输出端分别接 KM1、KM2、装料电磁阀 YV1 及卸料电磁阀 YV2，以实现电动机的运行控制和装料、卸料；此外，为了防止由于 SQ1 和 SQ2 故障而造成小车不能停止，还要加行程开关 SQ3 和 SQ4 实现限位保护。

送料小车的限位及保护开关有 5 个：正向限位开关 SQ1、反向限位开关 SQ2、正向保护开关 SQ3、反向保护开关 SQ4 以及热继电器 FR。手动控制按钮有 3 个：停止按钮 SB1、正转启动按钮 SB2 和反转启动按钮 SB3。共有 8 个输入点。PLC 的输出端分别接 KM1、KM2、装料电磁阀 YV1 及卸料电磁阀 YV2，所以有 4 个输出点。该系统的 I/O 点数为 12，选择 S7-300 系列的 CUP312C（型号：6ES7-312-5BD00-0AB0）就可以满足控制要求。

2）**PLC 的 I/O 分配和电气原理图**　该控制系统的梯形图程序以电动机正/反转控制电路为基础，送料小车自动控制的主电路如图 9-3 所示，送料小车自动控制 PLC 的 I/O 端接线图如图 9-4 所示。由于电磁阀线圈采用直流 36V 驱动，因此在 PLC 的输出中与接触器分为不同的组。表 9-1 为 PLC 的 I/O 地址分配表。

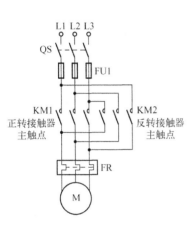

图 9-3　送料小车电动机正/反转主电路图　　　　图 9-4　送料小车自动控制 PLC 的 I/O 端接线图

表 9-1　PLC 的 I/O 地址分配表

输 入 设 备			输 出 设 备		
符　　号	功　　能	PLC 输入继电器	符　　号	功　　能	PLC 输出继电器
FR	热继电器	I0.0	KM1	电动机正转接触器	Q0.0
SB1	停止按钮	I0.1	KM2	电动机反转接触器	Q0.1
SB2	正转启动按钮	I0.2	YV1	装料电磁阀	Q0.3
SB3	反转启动按钮	I0.3	YV2	卸料电磁阀	Q0.4
SQ1	前进装料限位开关	I0.4			
SQ2	后退卸料限位开关	I0.5			
SQ3	前进限位保护开关	I0.6			
SQ4	后退限位保护开关	I0.7			

3. 控制系统软件设计

1）**时序图和梯形图**　按照控制要求进行分析，得到控制过程时序图如图 9-5 所示，送料小车自动控制系统的梯形图如图 9-6 所示。

2）**工作过程分析**　从按下正转启动按钮开始到按下停止按钮为止，可以将小车的工作过程分为以下 4 个部分。

（1）正转启动到装料：当按下正转启动按钮 SB2 后，常开触点 I0.2 闭合，辅助继电器线圈 M0.0 得电，其常闭触点闭合形成自锁。只要未发生过载现象或人为给出停止命令，辅助继电器线圈 M0.0 始终得电，即小车一直处于工作状态；同时，输出继电器线圈 Q0.0 得

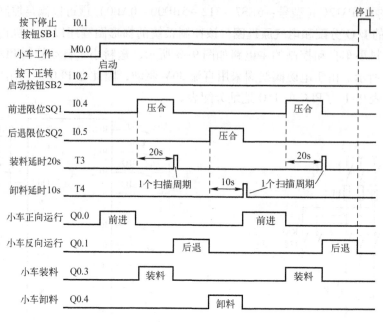

图 9-5　送料小车自动控制过程时序图

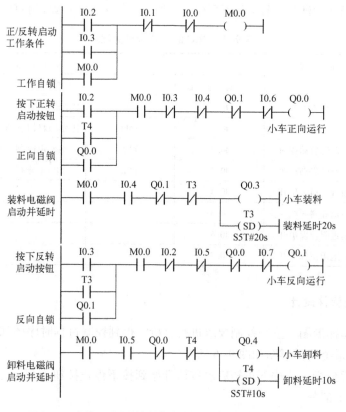

图 9-6　送料小车自动控制的梯形图

电，正转接触器 KM1 主触点闭合，电动机 M 接通电源正向转动，小车开始前进；常闭触点 I0.2 断开，使反转接触器 KM2 线圈 Q0.1 无法得电，实现输入继电器联锁（PLC 机械联锁）。KM1 常开触点闭合形成自锁，KM1 常闭触点断开，使反转接触器 KM2 线圈 Q0.1 及卸料电磁阀 YV2 无法得电，实现输出继电器联锁（PLC 电气联锁）。当小车前进遇到限位开关 SQ1 时，输入继电器 I0.4 接通，其常闭触点断开，输出继电器线圈 Q0.0 失电，使小车停止前进；Q0.0 常开触点断开，取消自锁；其常闭触点断开，取消输出继电器联锁；其常开触点闭合，使装料电磁阀 YV1 得电，开启下料阀开始装料；同时定时器 T3 接通，开始定时。

（2）反转启动到卸料：定时器 T3 定时 20s 后，其常闭触点断开，输出继电器线圈 Q0.3 断电，装料电磁阀 YV1 断电释放，下料阀闭合，装料结束；同时定时器 T3 常开触点闭合，输出继电器线圈 Q0.1 得电，反转接触器 KM2 主触点闭合，电动机 M 接通电源反向转动，小车开始后退。KM2 常开触点闭合形成自锁，KM2 常闭触点断开，使正转接触器 KM1 线圈 Q0.0 及装料电磁阀 YV1 无法得电，实现输出继电器联锁。小车后退时，前进装料限位开关 SQ1 被释放，I0.4 常开触点恢复其断开状态；与此同时，定时器 T3 断电，其触点恢复常态。当小车后退遇到限位开关 SQ2 时，输入继电器 I0.5 接通，其常闭触点断开，输出继电器线圈 Q0.1 失电，使小车停止后退。Q0.1 常开触点断开，取消自锁；其常闭触点断开，取消输出继电器联锁；其常开触点闭合，使卸料电磁阀 YV2 得电，开启卸料电磁阀开始卸料；同时定时器 T4 接通，开始定时。

（3）卸料结束到正转启动：定时器 T4 定时 10s 后，其常闭触点断开，输出继电器线圈 Q0.4 断电，卸料电磁阀 YV2 断电释放，卸料阀闭合，卸料结束；同时定时器 T4 常开触点闭合，输出继电器线圈 Q0.0 得电，正转接触器 KM1 主触点闭合，电动机 M 接通电源正向转动，小车开始前进。此后，小车在前进装料限位开关 SQ1 和后退卸料限位开关 SQ2 之间不停地循环往返，直到按下停止按钮 SB1。

（4）小车停止运行：无论电动机处于正转还是反转状态，只要按下停止按钮 SB1，都可控制正转接触器 KM1 或反转接触器 KM2 断电，从而使电动机停止运行。现以小车前进过程中按下停止按钮为例。

按下停止按钮 SB1，常闭触点 I0.1 断开，辅助继电器 M0.0 失电，其常开触点断开取消自锁。由此一来，正转接触器 KM1 线圈断电，其主触点断开，电动机断开三相电源，停止运行。

当发生过载或断相时，热继电器 FR 动作，FR 常闭触点断开，辅助继电器 M0.0 失电，M0.0 常开触点断开取消自锁，故以后的动作过程与按下停止按钮过程一样。

当限位开关 SQ1 或 SQ2 损坏不能正常工作时，限位保护开关 SQ3 和 SQ4 将起到保护作用，使小车停止，避免事故的发生。现以 SQ1 损坏，SQ3 进行限位保护为例进行说明。

小车前进，碰到 SQ1 没有停止，继续前进；碰到 SQ3 后，输入继电器 I0.6 得电，其常闭触点断开，输出继电器线圈 Q0.0 失电，KM1 主触点断开，电动机断开三相电源，停止运转，从而实现限位保护。

9.4　三层电梯 PLC 控制系统设计

随着城市建设的不断发展，高层建筑的不断增多，电梯作为高层建筑中垂直运行的交通工具已与人们的日常生活密不可分。人们对电梯安全性、高效性、舒适性的不断追求推动了电梯技术的进步。如今，世界各国的电梯公司还在不断地进行电梯新品的研发、维修保养服务系统的完善，力求满足人们的对现代建筑交通日益增长的需求。

目前电梯的控制普遍采用两种方式，一是采用微机作为信号控制单元，完成电梯信号的采集、运行状态和功能的设定，实现电梯的自动调度和集选运行功能，拖动控制则由变频器来完成；二是用可编程序控制器取代微机实现信号控制。PLC 控制电梯的优点是运行可靠、故障率低、耗能少、控制屏（柜）体积小，从而机房的面积可相应减小，设备投资减少，维修方便。

电梯的控制内容很多，如电梯厢内、外按钮的控制，电梯运行到位开门、关门的控制，电梯运行速度的控制，每层指示灯以及安全措施、报警作用的控制等。本节以一个三层楼的电梯厢内控制为例，介绍电梯的 PLC 控制设计。

9.4.1 电梯的组成及功能简介

现代电梯主要由拽引机（绞车）、导轨、对重装置、安全装置（如限速器、安全钳和缓冲器等）、信号操纵系统、轿厢与厅门等组成。这些部分分别安装在建筑物的井道和机房中。电梯通常采用钢丝绳摩擦传动，钢丝绳绕过拽引轮，两端分别连接轿厢和平衡重，电动机驱动拽引轮使轿厢升降。电梯要求安全可靠、输送效率高、平层准确和乘坐舒适等。电梯的基本参数主要有额定载重量、可乘人数、额定速度、轿厢外廓尺寸和井道形式等。

1）拽引系统 电梯拽引系统的功能是输出动力和传递动力，驱动电梯运行。主要由拽引机、拽引钢丝绳、导向轮和反绳轮组成。拽引机为电梯的运行提供动力，由电动机、拽引轮、联轴器、减速箱和电磁制动器组成。拽引钢丝的两端分别连轿厢和对重，依靠钢丝绳和拽引轮之间的摩擦来驱动轿厢升降。导向轮的作用是分开轿厢和对重的间距，采用复绕型还可以增加拽引力。

2）导向系统 导向系统由导轨，导靴和导轨架组成。它的作用是限制轿厢和对重的活动自由度，使得轿厢和对重只能沿着导轨做升降运动。

3）门系统 门系统由轿厢门、层门、开门、连动机构等组成。轿厢门设在轿厢入口，由门扇、门导轨架等组成，层门设在层站入口处。开门机设在轿厢上，是轿厢和层门的动力源。

4）轿厢 轿厢是运送乘客或者货物的电梯组件。它是有轿厢架和轿厢体组成的。轿厢架是轿厢体的承重机构，由横梁、立柱、底梁和斜拉杆等组成。轿厢体由厢底、轿厢壁、轿厢顶以及照明通风装置、轿厢装饰件和轿厢内操纵按钮板等组成。轿厢体空间的大小由额定载重量和额定客人数决定。

5）质量平衡系统 质量平衡系统由对重和质量补偿装置组成。对重由对重架和对重块组成。对重将平衡轿厢自重和部分额定载重。质量补偿装置是补偿高层电梯中轿厢与对重侧拽引钢丝绳长度变化对电梯的平衡设计影响的装置。

6）电力拖动系统 电力拖动系统由拽引电动机，供电系统、速度反馈装置、调速装置等组成，它的作用是对电梯进行速度控制。拽引电动机是电梯的动力源，根据电梯配置可采用交流电动机或直流电动机。供电系统是为电动机提供电源的装置。速度反馈系统是为调速系统提供电梯运行速度信号。一般采用测速发电机或速度脉冲发生器与电动机相连。调速装置对拽引电动机进行速度控制。

7）电气控制系统 电梯的电气控制系统由控制装置、操纵装置、平层装置和位置显示装置等部分组成。其中，控制装置根据电梯的运行逻辑功能要求，控制电梯的运行，设置在机房中的控制柜上。操纵装置是由轿厢内的按钮箱和厅门的召唤箱按钮来操纵电梯的运行的。平层装置是发出平层控制信号，使电梯轿厢准确平层的控制装置。所谓平层，是指轿厢在接近某楼层的停靠站时，欲使轿厢地坎与厅门地坎达到同一平面的操作。位置显示装置是用来显示电梯所在楼层位置的轿内和厅门的指示灯，厅门指示灯还用箭头指示电梯的运行方向。

8）安全保护系统 安全保护系统包括机械的和电气的各种保护系统，可保护电梯安全的使用。机械方面的有限速器和安全钳，起超速保护作用，缓冲器起冲顶和撞底保护作用，还有切断总电源的极限保护装置。电气方面的安全保护在电梯的各个运行环节中都有体现。

9.4.2 三层电梯系统控制要求

（1）当轿厢停在一楼时，如果三楼有呼叫，则轿厢直接上升到三楼；如果二楼有呼叫，则轿厢直接上升到二楼；如果二楼和三楼同时有呼叫，则轿厢先上升到二楼，再上升到三楼。

（2）当轿厢停在三楼时，如果一楼有呼叫，则轿厢直接下降到一楼；如果二楼有呼叫，则轿厢直接下降到二楼；如果一楼和二楼同时有呼叫，则轿厢先下降到二楼，再下降到一楼。

（3）当轿厢停在二楼时，如果一楼有呼叫，则轿厢直接下降到一楼；如果三楼有呼叫，则轿厢直接上升到三楼；如果如果一楼和三楼同时有呼叫，则要看电梯的运行方向。原来电梯下行，则轿厢先下降到一楼再上升到三楼；原来电梯上行，则轿厢先上升到三楼再下降到一楼。

（4）当轿厢停在每一楼层时，停 3s 后再开门，开门 6s 后关门，再停 2s 后继续运行。

（5）轿厢运行期间不能开门，轿厢不关门不允许运行。

图 9-7 所示为三层楼电梯控制示意图。

9.4.3 三层电梯控制系统硬件设计

1. PLC 的机型选择

为了完成设定的控制要求，主要根据电梯控制方式与输入/输出点数和占用内存的多少来确定 PLC 的机型。本系统为三层楼的电梯，采用集选控制方式。

根据电梯控制的特点，输入信号应该包括以下几个部分：轿厢内的楼层选择按钮 SB1、SB2、SB3，开门按钮 SB4 和关门按钮 SB5，以

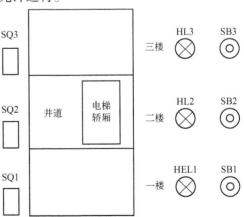

图 9-7 三层楼电梯控制示意图

及安装于各楼层的电梯停靠位置的 3 个传感器 SQ1、SQ2 和 SQ3，平时它们为常开，当电梯运行到平层时关闭，所以输入信号共有 8 个。

输出信号应该包括：轿厢内呼叫指示信号 3 个，分别表示一层到三层的呼叫被接受，并在呼叫指令完成后，信号消失；电梯上下行指示信号 2 个，门电动机开关指示信号 2 个。共需要输出信号 7 个。

用户控制程序所需内存容量与内存利用率、输入/输出点数、用户的程序编写水平等因素有关。因此，在用户程序编写前只能根据输入/输出点数、控制系统的复杂程度进行估算。本系统有开关量 I/O 总点数有 15 个，模拟量 I/O 数为 0 个。利用估算 PLC 内存总容量的计算公式，可知本系统需要约 1KB 的内存容量。

综合输入/输出点的计算以及要实现的电梯控制功能，使用西门子 S7 - 300 系列的 CPU313C - 2 DP（型号：6ES7 - 313 - 6CE00 - 0AB0），它有 16 点开关量输入、16 点开关量输出，足以满足设计要求。

2. 输入/输出点分配

该系统占用 PLC 的 15 个 I/O 口，8 个输入点、7 个输出点，具体的 I/O 分配见表 9-2。

表 9-2　I/O 地址分配表

输入继电器		中间继电器		输出继电器	
地　址	功　能	地　址	功　能	地　址	功　能
I0.2	一楼呼叫按钮	M20.0	启动电梯到三楼停止	Q4.6	一楼呼叫显示
I0.1	二楼呼叫按钮	M20.1	启动电梯到二楼停止	Q4.5	二楼呼叫显示
I0.0	三楼呼叫按钮	M20.2	启动电梯到一楼停止	Q4.4	三楼呼叫显示
I1.0	开门按钮	M0.7	电梯（停止/运行）	Q4.3	电梯关门
I1.1	关门按钮	T1	电梯停止 3s 后开门	Q4.2	电梯开门
I0.5	一楼平层开关	T2	电梯开门 6s 后关门	Q4.1	电梯下行
I0.4	二楼平层开关	T3	电梯关门 2s 后运行	Q4.0	电梯上行
I0.3	三楼平层开关				

9.4.4　三层电梯控制系统设计

为了使程序结构明晰，可读性强，以利于调试并能有效提高软件的运行速度，本例采用结构化编程方式。

1. 控制程序结构划分

根据三层电梯的控制任务要求，该电梯的控制程序可划分为以下几个程序块：楼层显示程序块 FC1、楼层呼叫程序块 FC2、轿厢停止控制程序块 FC3、轿厢上/下行方向控制程序块 FC4、轿厢开关门控制程序块 FC5，并由组织块 OB1 统一进行调用管理。

（1）楼层显示程序块 FC1：根据平层开关信号驱动数码管完成电梯运行、停止时的楼层显示。

（2）楼层呼叫程序块 FC2：根据轿厢内楼层请求按钮的请求，记录、保持楼层请求，当电梯到达相应的楼层时要清除楼层请求。

（3）轿厢停止控制程序块 FC3：当电梯到达请求楼层时，轿厢停止。

（4）轿厢上/下行方向控制程序块 FC4：当电梯轿厢停在三楼时，轿厢运行方向要置为向下；当电梯轿厢停在一楼时，轿厢运行方向要置为向上；当电梯轿厢停在二楼，轿厢运行方向向上，若此时三楼无请求而一楼有请求，则轿厢运行方向要变为向下，其他情况轿厢运行方向不变；当电梯轿厢停在二楼，轿厢运行方向向下，若此时一楼无请求而三楼有请求，则轿厢运行方向要变为向上，其他情况轿厢运行方向不变。

（5）轿厢开门控制程序块 FC5：当轿厢到达请求楼层时，3s 后自动开门；若电梯运行前按下开门按钮，则也可以打开轿厢门。从开门开始计时，6s 后自动关门；也可按关门按钮，使电梯提前关门。

2. 模块接口设计

（1）楼层显示程序块 FC1：在 FC1 中需要使用局部变量区域，并且作为临时变量定义，变量表见表 9-3，FC1 程序流程图如图 9-8 所示。

表 9-3　FC1 中的临时变量表

符　号	功　能	绝对地址	数据类型	状　态
Pckg1	一楼平层开关	I0.5	BOOL	
Pckg1	二楼平层开关	I0.4	BOOL	输入变量
Pckg1	三楼平层开关	I0.3	BOOL	
Lcxs	输出显示楼层	MW70	INT	输入/输出变量

（2）楼层呼叫程序块 FC2：在 FC2 中需要使用局部变量区域，并且作为临时变量定义，变量表见表 9-4，FC2 程序流程图如图 9-9 所示。

表 9-4　FC2 中的临时变量表

符　号	功　能	绝对地址	数据类型	状　态
Lcqq	楼层请求按钮	IB0	BYTE	输入变量
Lcqbc	保存楼层请求	MB20	BYTE	输入/输出变量
Ycdj	一楼呼叫显示	Q4.6	BOOL	
Rcdj	二楼呼叫显示	Q4.5	BOOL	输出变量
Scdj	三楼呼叫显示	Q4.4	BOOL	

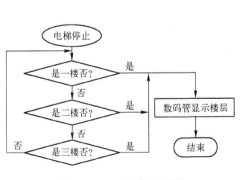

图 9-8　FC1 程序流程图

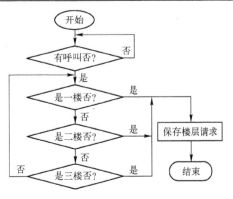

图 9-9　FC2 程序流程图

（3）轿厢停止控制程序块 FC3：在 FC3 中需要使用局部变量区域，并且作为临时变量定义，变量表见表9-5，FC3 程序流程图如图9-10所示。

表9-5　FC3 中的临时变量表

符　号	功　能	绝对地址	数据类型	状　态
Lcqq	平层开关	IB0	BYTE	输入变量
Lcqbc	保存楼层请求	MB20	BYTE	输入/输出变量
Tybz	停止/运行标志	M0.7	BOOL	

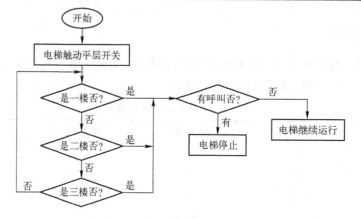

图9-10　FC3 程序流程图

（4）轿厢上/下行方向控制程序块 FC4：在 FC4 中需要使用局部变量区域，并且作为临时变量定义，变量表见表9-6，FC4 程序流程图如图9-11所示。

表9-6　FC4 中的临时变量表

符　号	功　能	绝对地址	数据类型	状　态
Lcqq	平层开关	IB0	BYTE	输入变量
Lcqbc	保存楼层请求	MB20	BYTE	输入/输出变量
Tybz	停止/运行标志	M0.7	BOOL	
Yxsx	电梯上行	Q4.0	BOOL	输出变量
Yxxx	电梯下行	Q4.1	BOOL	

（5）轿厢开门控制程序块 FC5：在 FC5 中需要使用局部变量区域，且作为临时变量定义，变量表见表9-7，FC5 程序流程图如图9-12所示。

表9-7　FC5 中的临时变量表

符　号	功　能	绝对地址	数据类型	状　态
Kmhj	开门按钮	I1.0	BOOL	输入变量
Gmhj	关门按钮	I1.1	BOOL	
Tybz	停止/运行标志	M0.7	BOOL	输入/输出变量
Km	电梯开门	Q4.2	BOOL	输出变量
Gm	电梯关门	Q4.3	BOOL	

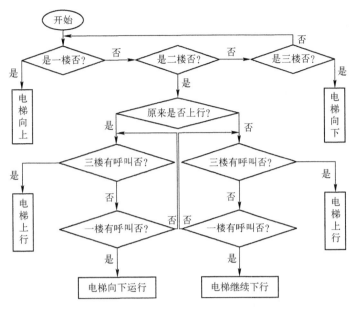

图 9-11　FC4 程序流程图

3. 程序的编制

（1）楼层显示程序块 FC1：该程序如图 9-13 所示。

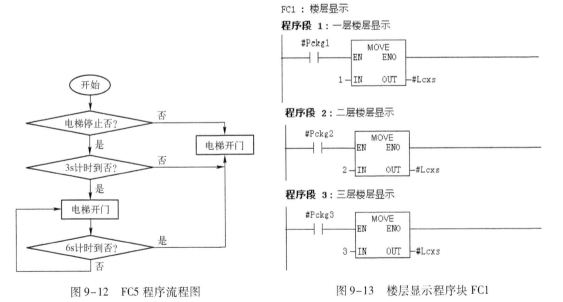

图 9-12　FC5 程序流程图

图 9-13　楼层显示程序块 FC1

（2）楼层呼叫程序块 FC2：该程序如图 9-14 所示。

（3）轿厢停止控制程序块 FC3：该程序如图 9-15 所示。

（4）轿厢上下行方向控制程序块 FC4：该程序如图 9-16 所示。

（5）轿厢开关门控制程序块 FC5：该程序如图 9-17 所示。

FC2：楼层请求（呼叫）

程序段 1：电梯状态变量读入

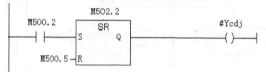

程序段 2：一层请求保存，到达停止时请求清除

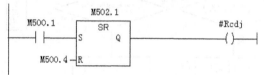

程序段 3：二层请求保存，到达停止时请求清除

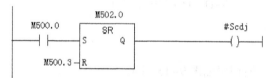

程序段 4：三层请求保存，到达停止时请求清除

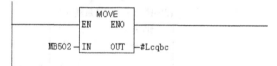

程序段 5：电梯变量更新

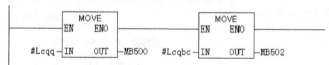

图 9-14　楼层呼叫程序块 FC2

FC3：轿厢停止控制

程序段 1：读入平层输入和保存楼层请求状态变量

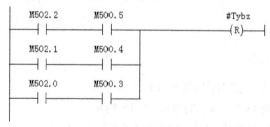

程序段 2：满足停止条件时停止电梯

图 9-15　轿厢停止控制程序块 FC3

FC4：轿厢上下行方向控制

程序段 1：保存楼层请求、平层开关状态读入

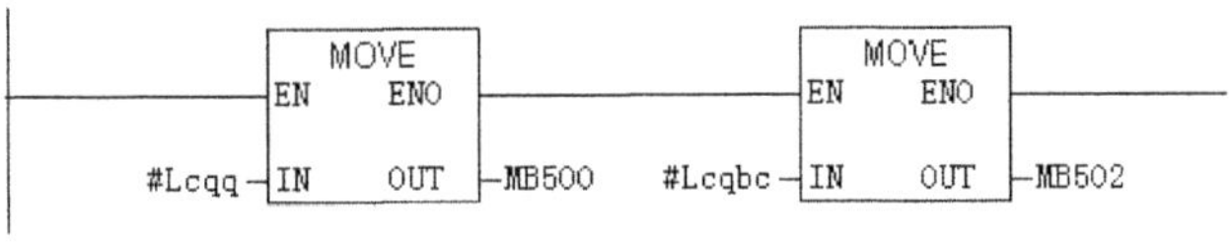

```
              ┌─────────┐                    ┌─────────┐
              │  MOVE   │                    │  MOVE   │
              │EN    ENO│                    │EN    ENO│
    #Lcqq─────┤IN   OUT ├──MB500   #Lcqbc────┤IN   OUT ├──MB502
              └─────────┘                    └─────────┘
```

程序段 2：当前层为一层，方向切换上行

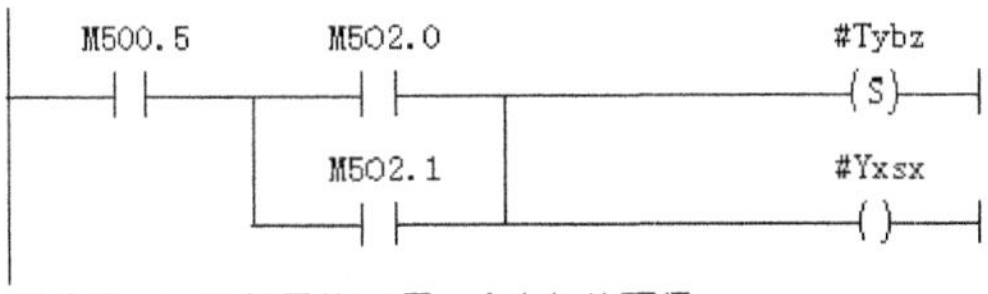

```
    M500.5      M502.0                          #Tybz
  ───┤├─────────┤├──────────┬────────────────────(S)───
                            │
                M502.1      │                   #Yxsx
              ───┤├─────────┘                   ─( )───
```

程序段 3：当前层为三层，方向切换下行

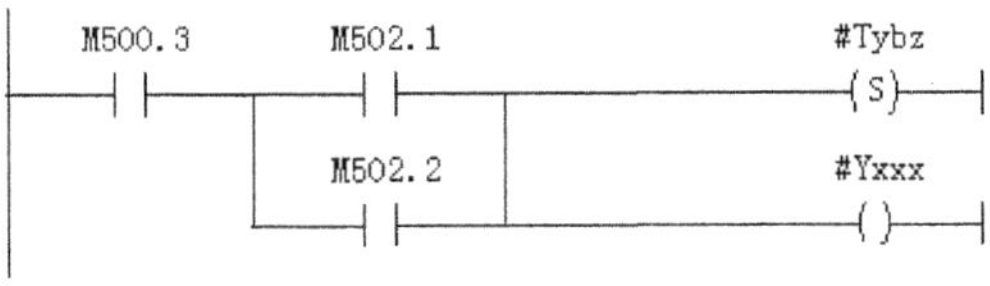

```
    M500.3      M502.1                          #Tybz
  ───┤├─────────┤├──────────┬────────────────────(S)───
                            │
                M502.2      │                   #Yxxx
              ───┤├─────────┘                   ─( )───
```

程序段 4：当前层为二层且原来上行

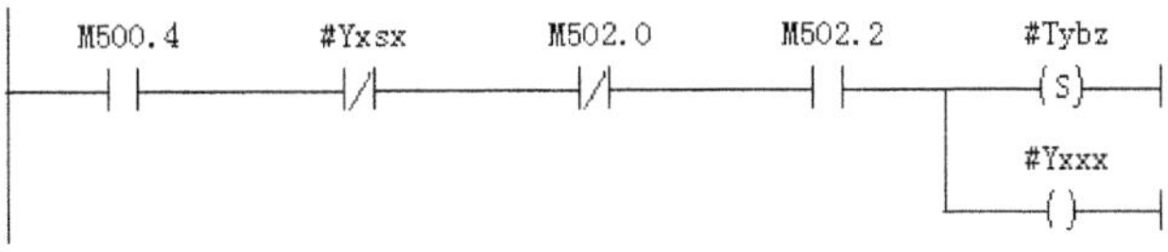

```
    M500.4     #Yxsx     M502.0     M502.2                #Tybz
  ───┤├────────┤/├───────┤/├────────┤├──────┬──────────────(S)───
                                           │
                                           │            #Yxxx
                                           └──────────────( )───
```

程序段 5：当前层为2层且原来下行

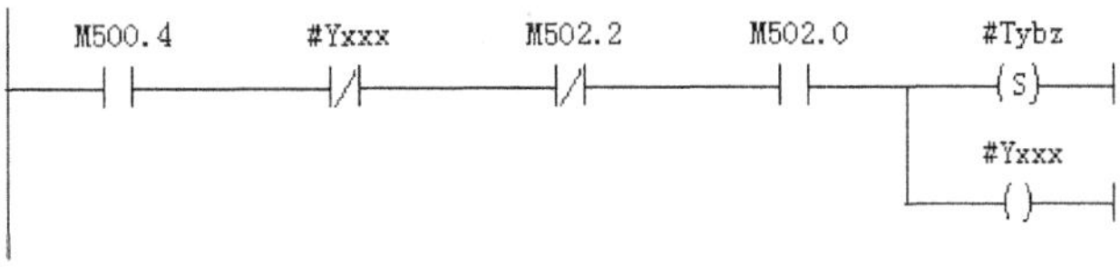

```
    M500.4     #Yxxx     M502.2     M502.0                #Tybz
  ───┤├────────┤/├───────┤/├────────┤├──────┬──────────────(S)───
                                           │
                                           │            #Yxxx
                                           └──────────────( )───
```

图 9-16　轿厢上/下行方向控制程序块 FC4

FC5：轿厢开关门

程序段 1：自动开门

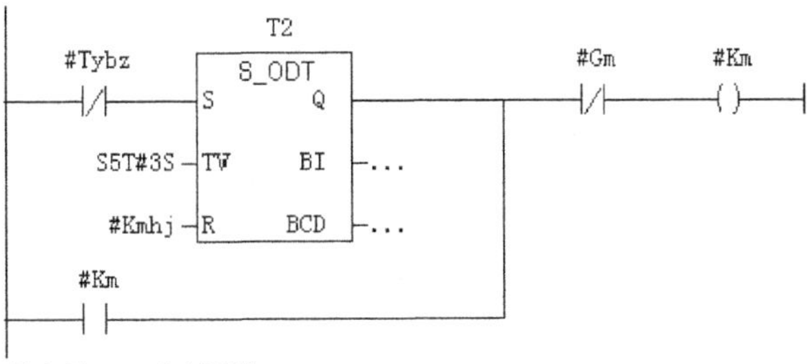

```
                    ┌──T2──────┐
    #Tybz           │  S_ODT   │              #Gm      #Km
  ───┤/├────────────┤S        Q├──────────────┤/├───────( )───
                    │          │
           S5T#3S───┤TW      BI├── ...
                    │          │
           #Kmhj────┤R     BCD ├── ...
                    └──────────┘
    #Km             │
  ───┤├─────────────┘
```

程序段 2：手动开门

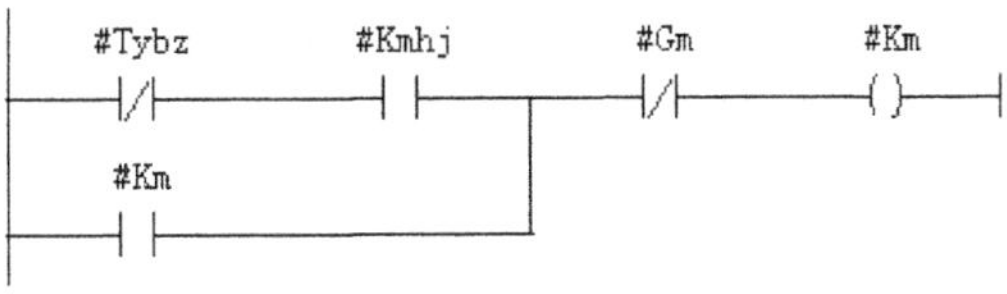

```
    #Tybz      #Kmhj      #Gm      #Km
  ───┤/├────────┤├────────┤/├───────( )───
    #Km         │
  ───┤├─────────┘
```

图 9-17　轿厢开关门控制程序块 FC5

程序段 3：自动关门

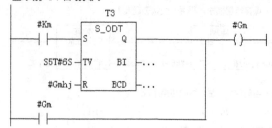

程序段 4：手动关门

图 9-17 轿厢开关门控制程序块 FC5（续）

（6）组织块 OB1：组织块 OB1 用于 FC1～FC5 的调用与管理，是 PLC 必执行的程序模块，其程序如图 9-18 所示。

OB1 : "Main Program Sweep (Cycle)"

程序段 1：楼层请求

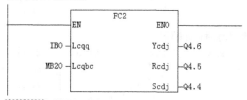

程序段 2：轿厢停止控制

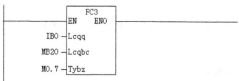

程序段 3：轿厢上行/下行

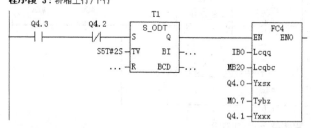

程序段 4：楼层显示

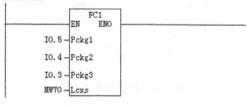

图 9-18 组织块 OB1 的程序

9.5 工业搅拌机控制系统设计

9.5.1 控制系统简介

1. 系统描述

本例的控制对象为工业搅拌机系统，其目的是对两种液体（成分A、成分B）进行混合与搅拌，组成一种新的液体。控制对象的构成如图9-19所示。搅拌机系统的成分A与B的供料系统相同，由"手动进料阀"、"进料泵"、"手动出料阀"组成。其中，"手动进料阀"和"手动出料阀"的打开安装有检测开关，供"进料泵"的启动"互锁"使用。搅拌机系统的搅拌由搅拌电动机通过减速器带动，搅拌后的液体可以通过"排料阀"出料。搅拌桶中安装有液位检测开关，当"液位过高"、"液位过低"或"液位空"时有相应的信号。

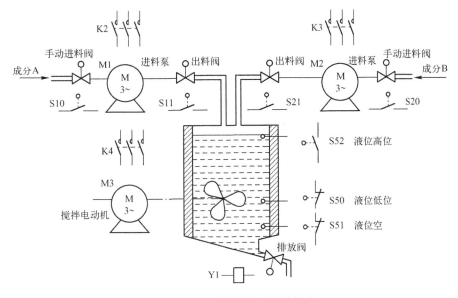

图9-19 工业搅拌机系统的构成

2. 主要电气元件参数

控制系统主要电气元件参数如下。

（1）进料泵A（进料泵B）：三相交流异步电动机

型号：Y90L-4；

规格：$P_e = 1.5\text{kW}$；$I_e = 3.7\text{A}$；$n_e = 1400\text{r/min}$。

（2）搅拌电动机：三相交流异步电动机

型号：Y132M-6；

规格：$P_e = 4\text{kW}$；$I_e = 9.4\text{A}$；$n_e = 1440\text{r/min}$。

（3）排放电磁阀：电磁阀

规格：DC 24V/27W。

9.5.2 系统控制要求

整个搅拌系统由统一的操作面板进行操作与控制，系统的启动通过控制面板的启动按钮进行，系统停止与紧急停止公用一个按钮。系统启动后，在控制面板上应能够通过指示灯显示系统当前的状态。泵 A、泵 B、搅拌电动机和排放阀由独立的启动/停止按钮进行控制，其工作/停止在控制面板上均有独立的指示。

控制系统各部分的动作有如下的"互锁"要求。

☺ 当"手动进料阀"、"手动出料阀"未打开时，禁止"进料泵"启动。

☺ 当"排放阀"打开或液位高位开关动作时，禁止"进料泵"启动。

☺ 当"排放阀"打开或"液位空"时，禁止搅拌电动机启动。

☺ 当搅拌电动机工作或"液位空"时，排放阀必须关闭。

☺ 当系统紧急停止按钮动作时，停止全部动作。

☺ 需要通过接触器的辅助触点对泵 A、泵 B、搅拌电动机的 PLC 输出进行检查，若 PLC 输出接通后 2s 内接触器未动作，则认为对应部分发生故障。

根据以上要求，可以分别对成分 A 进料泵电动机、成分 B 进料泵电动机、搅拌电动机、排放阀等控制对象建立控制要求表。

1）成分 A 进料泵电动机 成分 A 进料泵电动机的控制要求见表 9-8。

表 9-8 成分 A 进料泵电动机控制要求表

控 制 对 象	成分 A 进料泵电动机
控制方式	按下操作面板的启动按钮，泵电动机启动；按下停止按钮，泵电动机停止
工作条件	（1）进料阀/出料阀已经打开（S10 = 1，S11 = 1）； （2）液体未到高位（S52 = 1）； （3）排放阀关闭（Y1 = 0）； （4）紧急停止未动作
泵故障检测	如果在接触器 K2 输出后 2s 内，接触器的辅助触点未接通，则认为泵故障

2）成分 B 进料泵电动机 成分 A 进料泵电动机的控制要求见表 9-9。

表 9-9 成分 B 进料泵电动机控制要求表

控 制 对 象	成分 B 进料泵电动机
控制方式	按下操作面板的启动按钮，泵电动机启动；按下停止按钮，泵电动机停止
工作条件	（1）进料阀/出料阀已经打开（S20 = 1，S21 = 1）； （2）液体未到高位（S52 = 1）； （3）排放阀关闭（Y1 = 0）； （4）紧急停止未动作
泵故障检测	如果在接触器 K3 输出后 2s 内，接触器的辅助触点未接通，则认为泵故障

3）搅拌电动机 搅拌电动机的控制要求见表 9-10。

表 9-10　搅拌电动机控制要求表

控 制 对 象	搅拌电动机
控制方式	按下操作面板的启动按钮，泵电动机启动；按下停止按钮，泵电动机停止
工作条件	（1）液体未空（S51 = 1）； （2）排放阀关闭（Y1 = 0）； （3）紧急停止未动作
泵故障检测	如果在接触器 K4 输出后 2 s 内，接触器的辅助触点未接通，则认为泵故障

4）排放阀　排放阀的控制要求见表 9-11。

表 9-11　排放阀控制要求表

控 制 对 象	排 放 阀
控制方式	按下操作面板的启动按钮，排放阀打开；按下停止按钮，排放阀关闭
工作条件	（1）搅拌停止（K4 = 0）；（2）紧急停止未动作

9.5.3　工业搅拌机控制系统硬件设计

1. 操作面板的设计

根据控制要求设计的操作面板如图 9-20 所示。

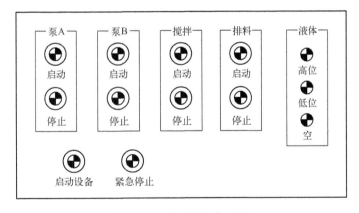

图 9-20　搅拌机操作面板

在操作面板确定后，可以将用于操作面板的全部器件进行归纳与汇总，以便统计 I/O 点数。表 9-12 为操作界面要求汇总表。

表 9-12　操作面板要求汇总表

序　　号	名　　称	要　　求	作　　用	备　　注
1	按钮（S12）	绿色，带 DC 24V 指示	泵 A 启动	PLC 输入
2	按钮（S13）	红色，带 DC 24V 指示	泵 A 停止	PLC 输入
3	按钮（S22）	绿色，带 DC 24V 指示	泵 B 启动	PLC 输入
4	按钮（S23）	红色，带 DC 24V 指示	泵 B 停止	PLC 输入

序　号	名　　称	要　　求	作　用	备　注
5	按钮（S32）	绿色，带 DC 24V 指示	搅拌启动	PLC 输入
6	按钮（S33）	红色，带 DC 24V 指示	搅拌停止	PLC 输入
7	按钮（S42）	绿色，带 DC 24V 指示	排放打开	PLC 输入
8	按钮（S43）	红色，带 DC 24V 指示	排放关闭	PLC 输入
9	按钮（S1）	红色，带 DC 24V 指示	紧急停止	PLC 输入
10	按钮（S2）	绿色，带 DC 24V 指示	设备启动	强电控制
11	指示灯（E10）	绿色，带 DC 24V 指示	泵 A 启动	PLC 输出
12	指示灯（E11）	红色，带 DC 24V 指示	泵 A 停止	PLC 输出
13	指示灯（E20）	绿色，带 DC 24V 指示	泵 B 启动	PLC 输出
14	指示灯（E21）	红色，带 DC 24V 指示	泵 B 停止	PLC 输出
15	指示灯（E30）	绿色，带 DC 24V 指示	搅拌启动	PLC 输出
16	指示灯（E31）	红色，带 DC 24V 指示	搅拌停止	PLC 输出
17	指示灯（E40）	绿色，带 DC 24V 指示	排放打开	PLC 输出
18	指示灯（E41）	红色，带 DC 24V 指示	排放关闭	PLC 输出
19	指示灯（E50）	黄色，带 DC 24V 指示	液位低位	PLC 输出
20	指示灯（E51）	红色，带 DC 24V 指示	液位空	PLC 输出
21	指示灯（E52）	黄色，带 DC 24V 指示	液位高位	PLC 输出
22	指示灯（E1）	绿色，带 DC 24V 指示	PLC 运行	PLC 输出

2. PLC 的选择

现将现场控制及操作面板的 PLC 输入/输出点做如下统计。

☺ PLC 输入点总计：现场输入 10 点，操作面板输入 9 点，共计 19 点。全部 PLC 输入均为触点输入信号。

☺ PLC 输出总计：现场输出 4 点，操作面板输入 12 点，共计 16 点。现场输出中，3 点为控制 AC 220V 交流接触器，1 点为控制 DC 24V 电磁阀，操作面板的输出均为 DC 24V 指示灯。

根据输入/输出点的计算，选择 PLC 如下。

☺ CPU 模块：S7－300 的 CPU312，型号：6ES7－312－1AD10－0AB0。

☺ 输入模块：16 点 DC 24V 输入模块，型号：6ES7－312－1BH02－0AA0。

☺ 输出模块：指示灯输出为 16 点 DC 24V/0.5A 输出模块，型号：6ES7－322－1BH01－0AA0。

☺ 现场输出为 8 点/5A 继电器输出模块，型号：6ES7－322－1HF20－0AA0。

☺ 电源模块：DC 24V/2A 电源，型号：6ES7－307－1BA00－0AA0。

3. PLC 的配置示意图

搅拌机控制系统 PLC 的配置示意图如图 9-21 所示。

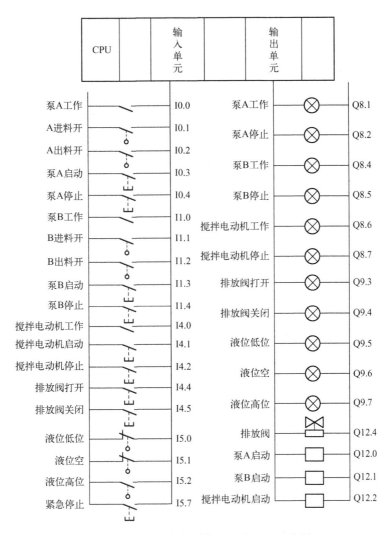

图 9-21　搅拌机控制系统 PLC 的配置示意图

9.5.4　工业搅拌机控制系统软件设计

1. 定义符号地址

根据 PLC 的硬件配置示意图，定义的符号地址如图 9-22 所示。

2. 程序设计

本例采用线性化编程方式，将全部程序安排在 OB1 中。考虑到泵 A、泵 B、搅拌电动机的工作条件较多，为了使梯形图程序便于检查与阅读，在程序内部将以上工作条件及泵 A、泵 B、搅拌电动机的实际启动延时检测使用临时变量（Temp）进行编程。

OB1 的临时变量定义如图 9-23 所示。在 OB1 中只能使用临时变量，且变量 LW0 ~ LW19 为 OB1 内部使用的变量区，因此，泵 A、泵 B、搅拌电动机的控制条件及实际启动延时检测从地址 LW20 开始设定。

S7 程序(1) (符号) -- 工业搅拌机控制\SIMATIC 300 站点\CPU312(1)

	状态	符号	地址		数据类型	注释
1		K2	I	0.0	BOOL	泵A接通触点
2		S10	I	0.1	BOOL	泵A进料阀打开检测开关
3		S11	I	0.2	BOOL	泵A出料阀打开检测开关
4		S12	I	0.3	BOOL	泵A启动按钮
5		S13	I	0.4	BOOL	泵A停止按钮
6		K3	I	1.0	BOOL	泵B接通触点
7		S20	I	1.1	BOOL	泵B进料阀打开检测开关
8		S21	I	1.2	BOOL	泵B出料阀打开检测开关
9		S22	I	1.3	BOOL	泵B启动按钮
10		S23	I	1.4	BOOL	泵B停止按钮
11		K4	I	4.0	BOOL	搅拌电动机接通触点
12		S32	I	4.1	BOOL	搅拌电动机启动按钮
13		S33	I	4.2	BOOL	搅拌电动机停止按钮
14		S42	I	4.4	BOOL	排放阀打开
15		S43	I	4.5	BOOL	排放阀关闭
16		S50	I	5.0	BOOL	液位低位检测开关（常闭）
17		S51	I	5.1	BOOL	液位空检测开关（常闭）
18		S52	I	5.2	BOOL	液位高位检测开关（常开）
19		S1	I	5.7	BOOL	紧急停止输入
20		E10	Q	8.1	BOOL	泵A工作指示灯
21		E11	Q	8.2	BOOL	泵A停止指示灯
22		E20	Q	8.4	BOOL	泵B工作指示灯
23		E21	Q	8.5	BOOL	泵B停止指示灯
24		E30	Q	8.6	BOOL	搅拌电动机工作指示灯
25		E31	Q	8.7	BOOL	搅拌电动机停止指示灯
26		E40	Q	9.3	BOOL	排放阀打开指示灯
27		E41	Q	9.4	BOOL	排放阀关闭指示灯
28		E50	Q	9.5	BOOL	液位低位指示灯
29		E51	Q	9.6	BOOL	液位空指示灯
30		E52	Q	9.7	BOOL	液位高位指示灯
31		M1	Q	12.0	BOOL	泵A启动
32		M2	Q	12.1	BOOL	泵B启动
33		M3	Q	12.2	BOOL	搅拌电动机起动
34		Y1	Q	12.4	BOOL	排放阀
35						

图 9-22 工业搅拌机的符号地址

内容：'环境\接口\TEMP'

名称	数据类型	地址	注释
OB1_EV_CLASS	Byte	0.0	Bits 0-3 = 1 (Coming event), Bits 4-...
OB1_SCAN_1	Byte	1.0	1 (Cold restart scan 1 of OB 1), 3 (...
OB1_PRIORITY	Byte	2.0	Priority of OB Execution
OB1_OB_NUMBR	Byte	3.0	1 (Organization block 1, OB1)
OB1_RESERVED_1	Byte	4.0	Reserved for system
OB1_RESERVED_2	Byte	5.0	Reserved for system
OB1_PREV_CYCLE	Int	6.0	Cycle time of previous OB1 scan (mil...
OB1_MIN_CYCLE	Int	8.0	Minimum cycle time of OB1 (milliseconds)
OB1_MAX_CYCLE	Int	10.0	Maximum cycle time of OB1 (milliseconds)
OB1_DATE_TIME	Date...	12.0	Date and time OB1 started
M1_Cond	Bool	20.0	泵A启动条件
M2_Cond	Bool	20.1	泵B启动条件
M3_Cond	Bool	20.2	搅拌电动机起动条件
M1_Time_BIN	Word	22.0	泵A启动延时（二进制）
M1_Time_BCD	Word	24.0	泵A启动延时（BCD）
M2_Time_BIN	Word	26.0	泵B启动延时（二进制）
M2_Time_BCD	Word	28.0	泵B启动延时（BCD）
M3_Time_BIN	Word	30.0	搅拌电动机启动延时（二进制）
M3_Time_BCD	Word	32.0	搅拌电动机启动延时（BCD）

图 9-23 工业搅拌机临时变量表

　　按照控制要求设计的梯形图程序如图 9-24 所示。程序中对泵 A、泵 B、搅拌电动机的故障检测使用了内部标志寄存器 M10.0、M10.1、M10.2，标志寄存器的符号地址可以在编辑时在程序中添加。

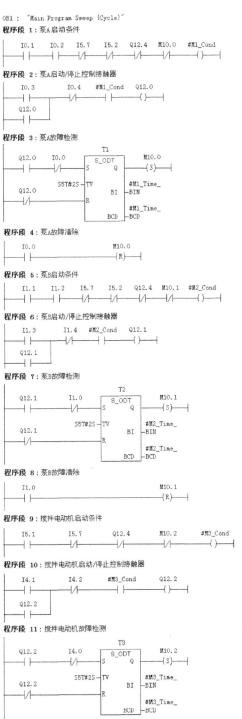

图 9-24　工业搅拌机控制梯形图程序

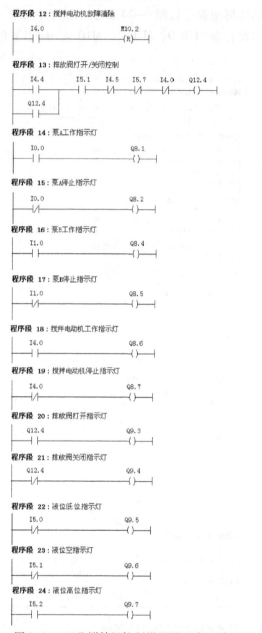

图 9-24 工业搅拌机控制梯形图程序（续）

9.6 成绳机控制系统设计

9.6.1 工程简介

1. 任务来源

某成绳机主要技术参数如下。

☺ 8/2000 成绳机 1 台（套）。

☺ 钢丝绳直径范围：$\varphi 40 \sim 205\text{mm}$；股径：$\varphi 13 \sim 57.5\text{mm}$。

☺ 钢丝绳捻距范围：$240 \sim 1400\text{mm}$。

☺ 设备转速为 $10 \sim 25\text{r/min}$ 可调，最佳出力转速为 20r/min。

☺ 翻身比为 $\pm 15\%$ 可调。工字轮翻身机构采用电动机控制。

☺ 筐篮工字轮张力系统采用机械控制。

☺ 框架工字轮装卸采用电动机控制。

☺ 传动方式为主电动机带动篮架和牵引轮转动，收线机为单独传动。

☺ 牵引轮直径：$\varphi 5000\text{mm}$；槽距：220mm；牵引力：30t，牵引轮槽按 $7+8$ 设计。

☺ 滑道支撑采用钢托轮牵引装置动力由主变地轴输入。

☺ 收线能力：180t；收线工字轮直径范围：$\varphi 2.4 \sim 3.7\text{m}$；采用收线工字轮移动的排线方式；收线机设计小车运输工字轮放线装置采用固定式放线架，并设张力调整装置。

2. 设计的特点

控制系统采用 SIEMENS S7 – 300 系列 PLC 作为主控制器，西门子 Master 70 系列变频器及伺服系统作为驱动，以 PLC 为主站，通过西门子 profibus 及 simolink 通信协议，将变频器及人机界面与 PLC 连接起来，减少了硬件连接上的故障点。

本系统主要特点如下。

☺ 整机总装机容量 1100kV·A，电源系统采用交流 380V、50Hz，三相五线制，进线电源侧加装总进线电抗器，防止电网扰动对变频器及控制系统的干扰和损坏，提高了电控系统的性能和延长使用寿命。

☺ 整机设有电源柜、变频柜、PLC 控制柜、收线控制柜及主操作站、副操作站、筐篮操作站、放芯操作盒、点动按钮站，操作方便、快捷。

☺ 整机从放芯部分到收绳部分的电气操作按右手侧操作习惯设计。

☺ 采用变频器矢量恒张力控制系统，使钢丝绳各股张力均匀一致，延长钢丝绳使用寿命。

☺ 采用 SIEMENS 系列模块化 PLC 控制器，运行稳定易于维护。

☺ 采用变频调速电动机单独驱动线架翻身，翻身速度无级可调，翻身速度可跟随主电动机速度，使设备在启动和停止及运行时都能保证准确的翻身比，且可连续设定翻身比，能够在人机界面设定常用的 0、正负 0 – 1/10 翻身比，使产品质量稳定并具有灵活性。

☺ 采用编码器实时监测收绳转速，伺服控制排线速度通过收线速度关系给定，排线准确、运行稳定。

☺ 人机界面触摸屏操作，可进行多种参数的设定调整，运行状态与数据监控，并能显示各种故障信息，便于操作和排除故障。

☺ 捻距测量采用高精度、高分辨率编码器对牵引轮与大盘分别进行速度测量，提高测量精度，并能实时显示捻距值。

☺ 采用高分辨率编码器测量绳长，有绳长定尺减速、定米停车功能。

☺ 采用独立的放芯架控制系统，有利于放芯部分的移动和单独操作，满足特殊工艺钢丝绳股芯要求。

☺ 采用滑车式收排线控制系统,有利于收线轮的安装与拆卸,满足大吨位收卷能力的要求。

☺ 采用预警操作方式,操作时先预警方可操作,可减少事故的发生。

☺ 绳长、捻距及设置参数可长期保存,系统掉电数据不丢失。

☺ 主机设有"停止"和"急停",分别对主机进行一般制动和紧急制动,正常停车制动时间小于40s,紧急制动时间少于15s。

3. 设备构成

电气柜部分由12个电气柜组成,其中1号柜为总电源,2号柜为整流电源柜,3号柜为主变频柜,4号柜为牵引变频与制动单元柜,5号柜为制动电阻柜,6~11号柜为变频柜,12号柜为PLC及低压开关柜,所有的控制信号全部回馈到PLC控制系统。

例如,1号控制柜:将电源总刀开关QS00合上,外电源进入本系统,如图9-25所示,若外电源有电,则电压表指示电压,电源指示灯亮。通过切换转换开关QC1可以观测三相电压,若缺相,则应检查电源的进线系统是否有故障,负荷启动后,可通过电流表观测三相电流,比值为1500:5。

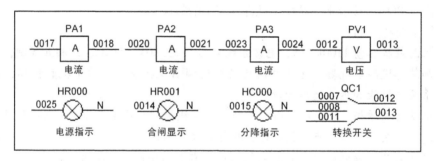

图9-25 1号控制柜面板

3号控制柜是主逆变柜:当整流单元合闸后,主逆变器控制电源24V若给定,主逆变器将合闸,当主电动机运行时,主机运行指示灯亮,如图9-26所示,故障时,故障指示灯亮,可在主操作台进行故障复位。

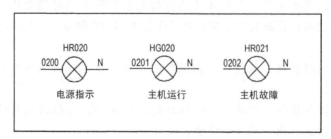

图9-26 3号控制柜面板指示

其他控制柜这里就不一一叙述。

9.6.2 操作系统构成

1. 主操作站

主操作站是主机控制单元可实现整流电源的远程开和关、主机点动、运行、停止、调节收线张力、调节主机速度等功能，如图9-27所示。

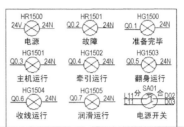

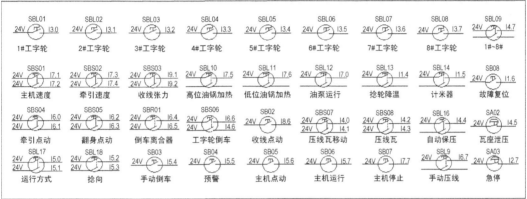

图 9-27 主操作站

- ☺ 12#柜内的隔离电源/UPS开关QF1101-1110合闸，且1#柜上"电源指示灯"显示红色时，将"电源开/关"（钥匙锁旋钮）旋钮打到"开"位置；整流系统上电，打到"关"位置，整流系统掉电。
- ☺ 系统上电后，若12#柜内开关QF1106-1108合闸，主操作站上"电源"指示灯亮。
- ☺ "故障"指示灯：指示整机电气驱动部分的某一部位是否出现故障，当该指示灯亮同时，报警器间断报警以提示故障。
- ☺ "准备完毕"指示灯：在无故障、无急停锁车、相应润滑系统正确启动、预警时间足够的情况下，该指示灯亮；主机停止动作发出后该指示灯熄灭。如果在满足上述条件预警后，在规定时间内不进行对主机的操作，则该指示灯自动熄灭。
- ☺ "主电动机运行"指示灯：主电动机运行时该指示灯亮。
- ☺ "牵引"、"翻身"、"收线"、"放芯"、"润滑"指示灯：当相对应的电动机构运行时，该指示灯亮。
- ☺ "预警"按钮：制动器释放后，按动该按钮报警器响，在满足前提条件，报警器响过规定时间后"准备完毕"指示灯亮，按主机运行按钮，启动主机运行。
- ☺ "主机点动"、"主机运行"按钮：在按动"预警"按钮"准备完毕"指示灯亮起时，两个按钮有效，分别执行主机的点动和运行。在"操作方式"旋钮分别打到"单动"和"联动"两位置时，主机预警方式不一样，"单动"可认为控制时间，联动则按照程序中所设定的时间自动关闭。

☺ "主机停止"按钮：按一下该按钮后主机停止，主机将匀速减速到一定速度后，大盘制动器动作制动有效，在"准备完毕"指示灯亮时，按一下"主机停"或者"急停"按钮，则"准备完毕"指示灯熄灭，进入下次启动前的重新准备状态。

☺ "故障复位"按钮：整机某部分出现故障时，"故障"指示灯亮。

☺ "压线抬起/压下"旋钮：当该旋钮打到"抬起"位置，主机启动则压线轮抬起离开牵引轮，主机停止时当该旋钮打到"压下"位置，无论何时都可以实现压线轮对牵引轮的压下和抬起。

☺ "急停"按钮：整机所有的"急停"按钮，一是都作为"紧急停车"功能，按下该按钮后，主机盘刹车电磁阀动作将主机制动，变频器瞬间释放电动机，这样大盘将尽快停止转动，所有驱动部分的制动系统全部投切。二是"急停"按钮具有"锁车"功能，整机任何一处"急停"有效时，整机的所有输入动作均无效，可以保障检修人员安全和设备的有序启动。另外，在整机联动（合绳状态）时，由于主机停止后收线延时停止，若此时按下"急停"按钮，收线也将停止运行。

☺ "操作方式"旋钮：该旋钮打到"单动"位置时，主机、收线、排线、放芯、压线瓦等均可实现单动，可方便装卸工字轮；在"联动"位置时，主机、收排线、放芯等联动，这时按下"主机运行'按钮后收线开始运行，延时一定时间（时间可在人机界面中设定）后主机运行，按"停止"按钮时，主机停止，压线轮压下，然后延时一定时间（时间可在人机界面设定）收线也停止。

☺ "收线张力"、"主机速度"、"牵引速度"旋钮：可分别在收线、主机、牵引轮运行前或运行中预设定或调节它们的给定值。"收线张力"给定的是以力矩方式为单位的张力值，其他给定的是速度有效值。

☺ "工字轮同步"、"工字轮翻身"、"倒车离合器"、"工字轮倒车"按钮：在"工字轮同步"旋钮打到"单动"位置时，可通过 1#~8# 工字轮选择开关来单独控制筐篮线架子的正负翻身与倒车，若打开 1# 工字轮，点动翻身正负点动，则线架翻转。如果需要倒车，则应打开倒车离合器开关，再点动倒车按钮。在"工字轮同步"旋钮打到"同步"位置时，可实现 8 个线架与工字轮的同步翻转与倒车。

☺ "压线瓦移动"、"压线瓦"、"瓦座泄压"等按钮：在整机运行方式旋钮打到"单动"位置时，旋动瓦座移动按钮，可左右移动瓦座，旋动压线瓦旋钮可使液压缸体前进与后退。

☺ "计米"旋钮：在需要计米的时候将旋钮打到"计米"位置，则触摸屏上将显示计米值；清零时打到清零位置，则绳长清零，重新计米。

☺ "高位油锅加热"、"低位油锅加热"、"油泵运行"旋钮：可控制瓦座油锅加热器是否加热，达到限定温度后自行断电，开启油泵运行后，淋油油泵将运行，将油脂淋到瓦座绳口。

2. 副操作站

收排线操作站又叫副操作站，位于牵引轮和收排线装置中间位置，可对收线和排线动作进行操作和监视，如图9-28所示。

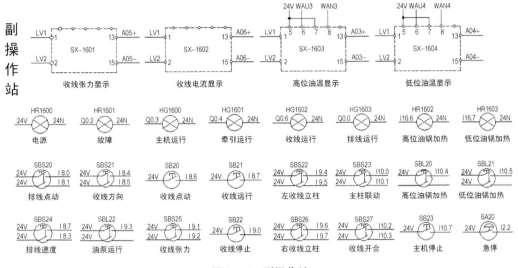

图9-28 副操作站

☺ "收线张力显示"和"收线电流显示"两个数显表可分别显示收线轮的收卷张力（以N·m表示）和电流（以A表示）。切记此处的"收线张力显示"不是收线张力的设定值，而是输出值，"收线电流"显示的是收线伺服驱动器的输出电流。

☺ 该操作站得电时，"电源"指示灯亮；主电动机运行时，"主电动机运行"指示灯亮；收线启动时，"收线运行"指示灯亮；排线工作时，"排线运行"指示灯亮；收排线电气控制部分出现故障时，"故障"指示灯亮。

☺ "收线点动"按钮可在主操作站"操作方式"旋钮打到"单动"位置时手动实现收线轮的点动。

☺ "收线运行"按钮可在主操作站"操作方式"旋钮打到"单动"位置时手动实现收线轮的运行。在主操作方式打到"联动"的状态下，可实现收线与牵引联动，牵引轮转速将决定收线的转速，收线工作在张力模式下，调整张力为合适张力值。

☺ "收线方向"旋钮可在"单动"方式下实现收线正反转功能，整机联动方式下，无实际工作意义，将被程序封锁。

☺ "排线点动"旋钮可实现任何时候的手动排线装置的正反向点动移动，其运行速度在触摸屏中设定。

☺ "排线速度"旋钮可实现手动排线速度的加减速。

☺ "收线停止"按钮：用于收线机的运行停止，"主机停止"、"急停"按钮和主操作站的功能一致。

☺ "高位油锅加热"、"低位油锅加热"、"油泵运行"旋钮：当该旋钮打到"加热"位置时，对应的高低位油锅加热器将工作，当油温达到要求时，可以启动淋油油泵运行，进行装置淋油；油温超过上限时，加热器将自动关断电源。

☺ "收线左立柱"、"收线右立柱"、"收线立柱联动" 旋钮：将 "收线左立柱" 旋钮打到上升位置时，左侧收线轮滑座位置将向上移动；打到下降位置时，左侧收线轮滑座位置将向下移动。"收线右立柱" 与左立柱操作相同，"收线立柱联动" 旋钮打到上升或下降时，左右收线轮滑座位置将同时向上或向下移动。

☺ "收线立柱开合" 旋钮：打到 "开" 位置时，排线侧不动，两个滑座将相对运动，收线滑座之间的距离加宽；打到 "合" 位置时，收线滑座之间的距离将减小。

3. 人机交互操作站

触摸屏（人机界面）位于主操作站的上方，在 12#电气柜内开关 QF04、QF08 打开，触摸屏上电运行，若 12#电气柜内 PLC 运行正常，则触摸屏能够操作数据。

触摸屏不能启动主机运行，可以设定一些工作参数、显示设定值、显示设备运行时的工作参数，触摸屏内有些参数是有权限保护的。下面我们将对部分操作界面进行说明。

触摸屏上电通信稳定后先进入初始画面，如图 9-29 所示，画面切换通过画面下方的画面提示进行，触摸按钮将会自动切换到所需要的画面。

图 9-29 触摸屏初始画面

触摸屏画面由以下画面组成。

1) 主状态监控画面 主状态监控画面如图 9-30 所示，可实现以下功能。

☺ 主机运行时系统开始计时，显示设备运行累计时间。

☺ "预警" 按钮按下开始预警时，报警器将有黄色指示灯闪烁。

☺ 故障时，故障显示框栏将有红色指示灯亮起。

☺ 计米停车时，计米停车显示闪烁。

☺ 定尺减速时，定尺减速显示闪烁。

☺ 准备完毕时，准备完毕显示指示。

☺ 主机运行时，主机运行显示指示。

☺ 主机停止时，停车显示指示。

☺ 当有 "急停" 按钮按下时，画面左上角将显示红色的 "急停" 字样，以告之操作者

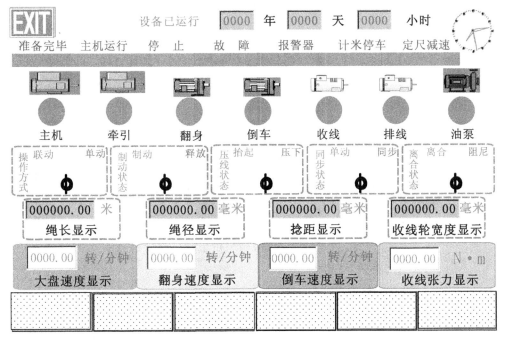

图 9-30　主状态监控画面

设备某处有急停锁车。

☺ 状态显示：将显示操作台上按钮的当前位置。

主机、牵引、翻身、倒车、收线、排线都有运行指示灯，设备运行时可参考此处的运行状态，监控控制器与执行机构是否运行。

2）整机生产流程控制画面　整机生产流程控制画面简单的描述了整机的分布示意图，如图 9-31 所示，可供操作人员作为操作时的整机设备运行参考，为操作员提供一个整体理念，运行前查看每个位置，看是否有个别位置存在操作问题，以减少操作上失误与遗漏所带来的麻烦与损失。此画面可显示各个电动部位的运行状态以及一些工艺参数，包括计米器数值、收线张力、大盘速度、放芯架翻身速度、放芯倒车轮转矩、捻距、绳径等必要的工艺参数。

3）参数设置画面　参数设置画面，如图 9-32 所示，操作时可轻触文字注释所提示的数字框，系统将会自动出现一个数字输入键盘，提示用户输入想要输入的数值。

4）绳长及捻距显示画面　绳长及捻距显示画面如图 9-33 所示，绳长及捻距设置主要包括以下几个方面。

☺ 总绳长预置，此数值可根据实际需要设定，若为 0 则设备不会启动。

☺ 减速剩余绳长设定，设定此值后主机会自动计算出减速剩余距离以预置的减速运行速度运行。

☺ 绳径与收线轮宽度，可根据实际产品进行设定，收线轮宽度必须符合实际所使用的收线轮宽度，否则排线机的自动换向功能将不会正常工作。为避免造成意外事故，在设备运行前，必须确认绳径与工字轮宽度。

☺ "绳将满，减速运行中"：当绳长达到预先设定减速剩余绳长数值的时候，屏上将出

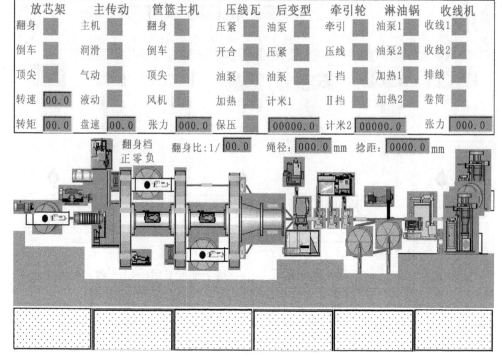

图 9-31　整机生产流程控制画面

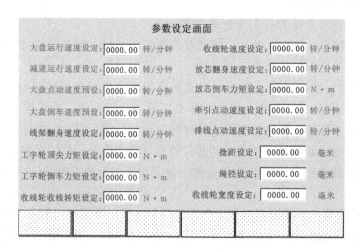

图 9-32　参数设置画面

现此提示。

☺ "绳已满，请复位绳长"：当绳长达到预先设定的总绳长预定值时候，屏上将出现此提示，复位绳长后，方可运行设备。

☺ 实际绳长显示，显示当前绳长的计数值，若搬动操作台的清零旋钮到清零时，此数值为零，系统将重新计数。

☺ 翻身零位，该操作按钮在一个产品完成时，或新产品转载后，调平8个线架，按下此按钮，进行翻身位置清零。

☺ 捻距显示，显示当前产品的捻距值。

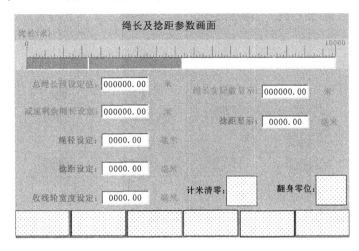

图 9-33　绳长及捻距显示画面

5）电动机状态显示画面　在各电动机运行时，数据显示对话框将显示电动机的速度、电流与功率等参数，如图 9-34 所示，可提供实时的电动机参数。方便了设备的维护与检修，维护人员可通过观察此窗口得知电动机的具体运行情况，帮助维护人员解决设备运行中所存在的故障，掌握电动机实际运行的功率与电气损耗。

电动机状态参数显示画面

	速度(r/min)	电流(A)	功率(kW)
筐篮主电动机：	0000.00	0000.00	0000.00
牵引电动机：	0000.00	0000.00	0000.00
1#收线电动机：	0000.00	0000.00	0000.00
2#收线电动机：	0000.00	0000.00	0000.00
放芯翻身电动机：	0000.00	0000.00	0000.00

图 9-34　电动机状态显示画面

6）传动箱挡位设置画面　此画面可进行翻身挡位与翻身比的设定与显示，如图 9-35 所示，翻身电机的速度是由画面中的"正翻身"、"零翻身"、"负翻身"等按钮确定的，按钮选中后画面会有提示线架的转向和翻身比。

此画面可进行翻身电动机的运行与空挡设定，若需要只运行牵引与转动大盘，不运行翻身电动机的情况，则可将翻身设置为空挡，可满足要求，系统上电初始状态时默认为运行挡位。

牵引挡位设定，可进行牵引电动机的运行 I、II 挡与空挡设定，若需要只运行大盘、不

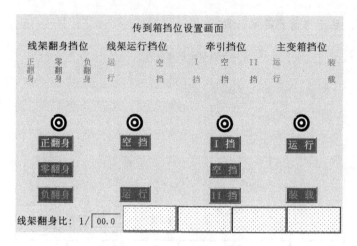

图 9-35　传动箱挡位设置画面

转动牵引轮的情况，则可将牵引设置为空挡，可满足要求，系统上电初始状态时默认为运行 II 挡。

　　主变箱挡位设定可实现运行与转载挡位设定，若转载时，主电动机无法驱动偏载的工字轮，可将手柄打到装载挡位，可满足大吨位偏载要求，一般工作时，用不到该挡位，无须设定转载挡，默认运行挡位。

　　7）**翻身状态显示画面**　此画面可进行翻身电动机的速度、电流、功率与制动和风机的状态，如图 9-36 所示，翻身电动机的同步状况也可从此画面监控，若风机、制动存在故障，则显示制动状态的指示灯将不会亮起，要检查相关回路，排除故障。

图 9-36　翻身电动机状态显示画面

　　8）**倒车状态显示画面**　此画面可观察倒车电动机的速度、电流、功率与离合器的状态，如图 9-37 所示，倒车电动机的同步状况也可从此画面监控，若倒车离合器与电阻尼离合器存在故障，则显示离合器状态的指示灯将不会亮起，要检查相关回路，排除故障。

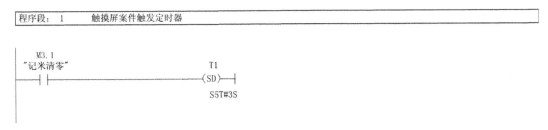

图 9-37　倒车状态显示画面

9.6.3　程序设计举例

成绳机设备程序比较复杂，内容较长，由于篇幅所限只能选择部分程序。并对每段程序使用到的指令加以说明。编程采用 SIMATIC STEP 7 软件 LAD 语言。

1.　记米程序

该段程序主要实现功能如下。

☺ 通过高速计数通道记录脉冲数量。

☺ 通过计算公式把脉冲数量转换为绳子长度。

☺ 通过触摸屏按键延时对绳子长度记录、清零。

☺ 通过上电初始化脉冲将断电前保留的长度记录重新写入高速技术通道。

触发定时器程序如图 9-38 所示，如果 RLO 状态有一个上升沿，则 SD 将以该 < 时间值 > 启动指定的定时器。如果达到该 < 时间值 > 而没有出错，且 RLO 仍为 "1"，则定时器的信号状态为 "1"；如果在定时器运行期间 RLO 从 "1" 变为 "0"，则定时器复位。这种情况下，对于 "1" 的扫描始终产生结果 "0"。

```
程序段: 1      触摸屏案件触发定时器

  M3.1
 "记米清零"                      T1
  ┤├                           (SD)
                               S5T#3S
```

图 9-38　触发定时器

记米数清零程序如图 9-39 所示，MOVE（分配值）通过启用 EN 输入来激活。在 IN 输入端指定的值将复制到在 OUT 输出端指定的地址。ENO 与 EN 的逻辑状态相同。MOVE 只能复制 BYTE、WORD 或 DWORD 数据对象。用户自定义数据类型（如数组或结构）必须使用系统功能"BLKMOVE"（SFC 20）来复制。

程序段：2	定时器触点导通把绳子米数清零

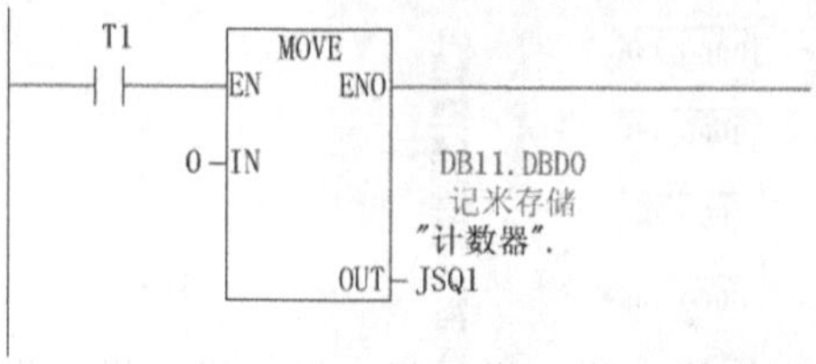

图 9-39　记米数清零

控制记数模块读取米数脉冲，记米数程序如图 9-40 所示，要通过用户程序控制定位功能，使用 SFB COUNT（SFB 47）。通过 JOB_REQ 控制写入保存米数脉冲，通过 JOB_VAL 读取保存的米数脉冲，通过 COUNTVAL 输出记录的米数脉冲。

程序包括下列操作。

☺ 通过软件门 SW_GATE 启动/停止计数器。

☺ 使能/控制输出 DO。

☺ 检索状态位 STS_CMP、STS_OFLW、STS_UFLW 和 STS_ZP。

☺ 检索当前的计数器值 COUNTVAL。

☺ 读/写内部计数器寄存器的作业。

☺ 检索当前的持续时间 TIMEVAL。

程序段：3	通过"COUNT"控制计数器把高速记数0通道的计数值写入"当前记米数"里
在OB100里置位"上电初始脉冲"，用于上电后把"记米存储"重新写入高速记数0通道	

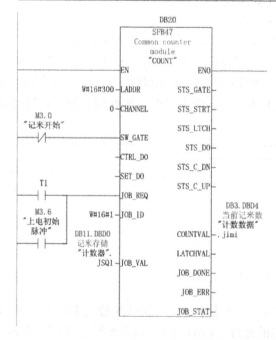

图 9-40　计数器计米数

计米数存储程序如图 9-41 所示，只有在前面指令的 RLO 为 "1"（能流通过线圈）时，才会执行——（R）（复位线圈）。如果能流通过线圈（RLO 为 "1"），则将把单元的指定 < 地址 > 复位为 "0"。RLO 为 "0"（没有能流通过线圈）将不起作用，单元指定地址的状态将保持不变。< 地址 > 也可以是值复位为 "0" 的定时器（T 编号）或值复位为 "0" 的计数器（C 编号）。

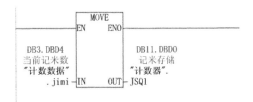

图 9-41　存储计米数

将线径和牵引轮直径合并计算程序如图 9-42 所示，在启用输入端（EN）通过一个逻辑 "1" 来激活 ADD_R（实数加）。IN1 和 IN2 相加，结果通过 OUT 查看。如果结果超出了浮点数允许的范围（溢出或下溢），OV 位和 OS 位将为 "1" 并且 ENO 为 "0"，这样便不执行此框后由 ENO 连接的其他功能（层叠排列）。

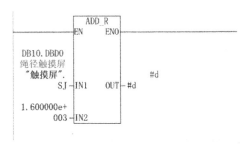

图 9-42　将线径和牵引轮直径合并计算

分步计算实际米数程序如图 9-43 所示。在启用输入端（EN）通过一个逻辑 "1" 来激活 MUL_R（实数乘）。IN1 和 IN2 相乘，结果通过 OUT 查看。如果该结果超出了浮点数允许的范围（溢出或下溢），OV 位和 OS 位将为 "1" 并且 ENO 为逻辑 "0"，这样便不执行此数学框后由 ENO 连接的其他函数（层叠排列）。

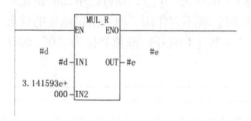

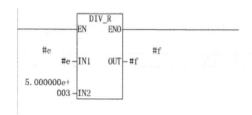

图 9-43　分步计算实际米数

把得到的记米数值由整形数变为实数，程序如图 9-44 所示。DI_REAL（长整型转换为浮点型）将参数 IN 的内容以长整型读取，并将其转换为浮点数。结果由参数 OUT 输出。ENO 始终与 EN 的信号状态相同。

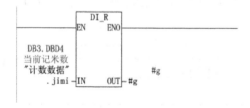

图 9-44　长整型换为浮点型

采用 FLOOR（下取整）指令将参数 IN 的内容以浮点数读取，并将其转换为长整型（32位），程序如图 9-45 所示。结果为小于该浮点数的最大整数部分（取整为 - ∞）。如果产生溢出，则 ENO 的状态为 "0"。

把实际记米数变回实数送到触摸屏显示，同时设定值与实际值进行比较，根据比较结果决定是否停机，程序如图 9-46 所示。

CMP＞R（实数比较）的使用方法类似标准触点，它可位于任何可放置标准触点的位置，可根据用户选择的比较类型比较 IN1 和 IN2。如果比较结果为 true，则此函数的 RLO 为 "1"。如果以串联方式使用该框，则使用 "与" 运算将其链接至整个梯级程序段的 RLO；如果以并联方式使用该框，则使用 "或" 运算将其链接至整个梯级程序段的 RLO。

程序段:　10　　最后得出"记米值转换"为实际记米数

(绳径触摸屏+牵引轮直径)×3.14/牵引轮转一圈的脉冲数量×"当前记米数"=实际生产米数

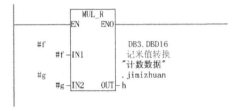

程序段:　11　　把实际记米数取整数部分

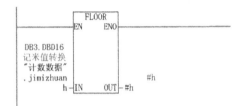

图 9-45　实际米数取整

程序段:　12　　把实际记米数变回实数送到触摸屏显示

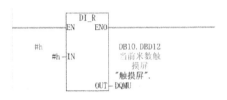

程序段:　13　　把由触摸屏输入的生产米数设定值传递给"记米"

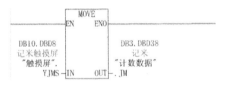

程序段:　14　　设定米数与实际米数比较,结果为"记米结束位",用于停机信号

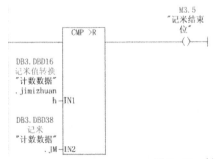

图 9-46　触摸屏设定值与实际值比较

2. 主机控制程序

该段程序主要实现如下功能。

☺ 通过功能与变频器进行 Profibus - DP 通信。

☺ 通过输入/输出标定对电动机转数进行换算。

☺ 控制电动机启/停与方向。

读取变频器数据程序如图 9-47 所示，利用 SFC 14 "DPRD_DAT"（读取 DP 标准从站的连续数据），能读取 DP 标准从站/PROFINET I/O 设备的连续数据。如果从具有模块化设计或具有多个 DP 标识符的 DP 标准从站读取数据，则通过指定组态的起始地址，每个 SFC 14 调用只能访问一个模块/DP 标识符的数据。

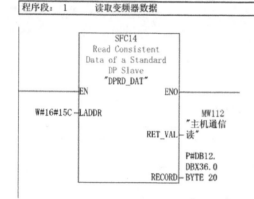

图 9-47　读变频器数据

写入变频器数据程序如图 9-48 所示，利用 SFC 15 "DPWR_DAT" 可将 RECORD 中的数据连续地传送至已寻址的 DP 标准从站/PROFINET I/O 设备，如必要，还可以传送至过程映像（即如果已将 DP 标准从站的各个地址区域组态为过程映像中的连续地址范围）。数据是同步传送的，即完成 SFC 时也完成了写作业。

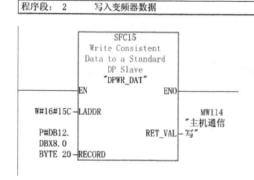

图 9-48　写入变频器数据

FC10 内部实现功能 $Ov = [(Osh - Osl)(Iv - Isl)/(Ish - Isl)] + Osl$，输出标定程序如图 9-49 所示。

正反转给定程序如图 9-50 所示，通过捻向旋钮选择主机转向。NEG_R（取反浮点）读取参数 IN 的内容并改变符号。指令等同于乘以（−1）后改变符号（如从正值变为负值）。

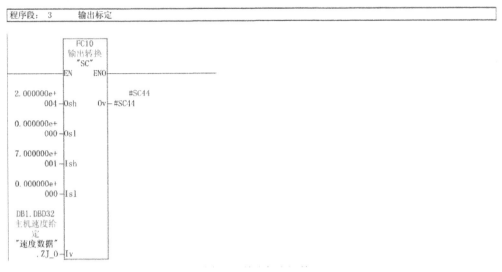

图 9-49 输出标定运算

图 9-50 正反转给定

给定速度送入存储器，再通过通信发送给变频器，给定速度送入待发送区，程序如图 9-51 所示。

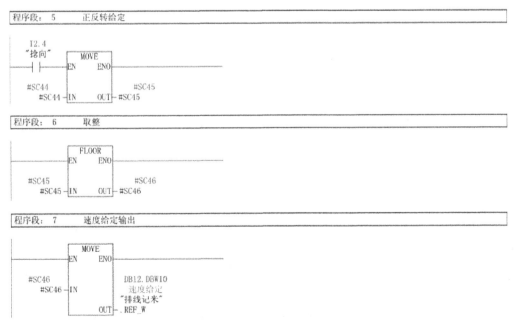

图 9-51 给定速度送入待发送区

正/反转速度读取程序如图 9–52 所示，DB12. DBX38. 7 为电动机实际转向标志位，其中程序段 8 为正转时读取速度，程序段 9 为反转时读取速度。

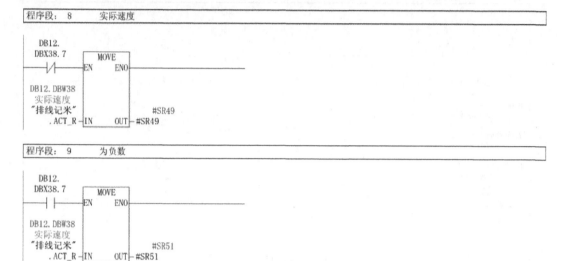

图 9–52 转速读取

反转时求补码，程序如图 9–53 所示。NEG_I（对整数求补码）读取 IN 参数的内容并执行求二进制补码指令。二进制补码指令等同于乘以（–1）后改变符号（如从正值变为负值）。ENO 始终与 EN 的信号状态相同，以下情况例外：如果 EN 的信号状态 =1 并产生溢出，则 ENO 的信号状态 =0。

图 9–53 求补码

将整型数转换为实数以便于输入标定，因为 FC11 标定输入需要浮点型，程序如图 9–54 所示。

调用输入标定块，FC10 内部实现功能（Ov – Osl）/（Osh – Osl）（Ish – Isl）+ Isl = IV，输入计算程序如图 9–55 所示。

延时启动程序如图 9–56 所示，对启动信号延时 5s，延时结束后输出电动机启动位。

启动指令送入待发送区，改变控制字后再把控制字通过 Profibus – DP 送入变频器内，实现对变频器的启/停控制，程序如图 9–57 所示。

停机指令送入待发送区，其中包括控制停机、故障停机与紧急停机。停机程序如图 9–58 所示。

程序段：11

程序段：12

图 9-54　整型转换浮点型

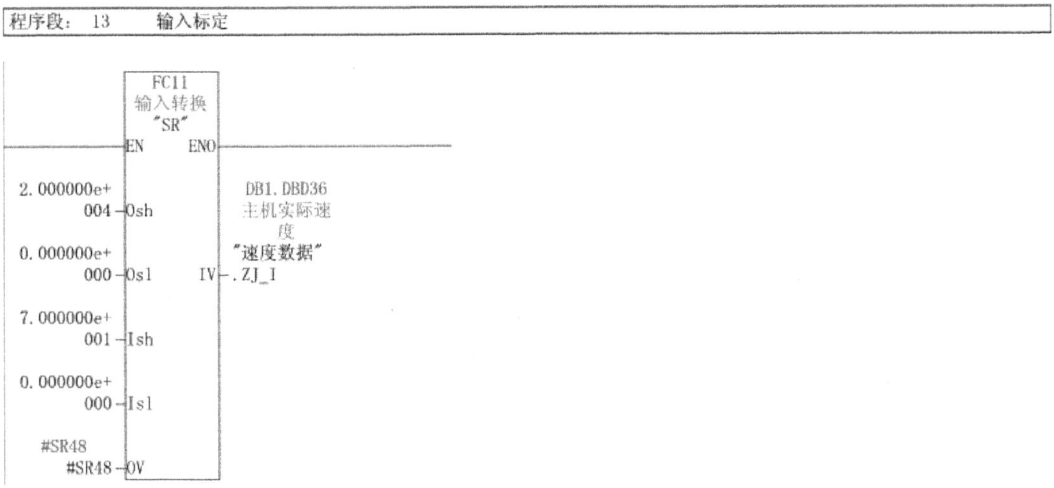

程序段：13　　输入标定

图 9-55　输入计算

程序段：14　　联动启动延时

程序段：15　　延时时间到后输出主机启动位

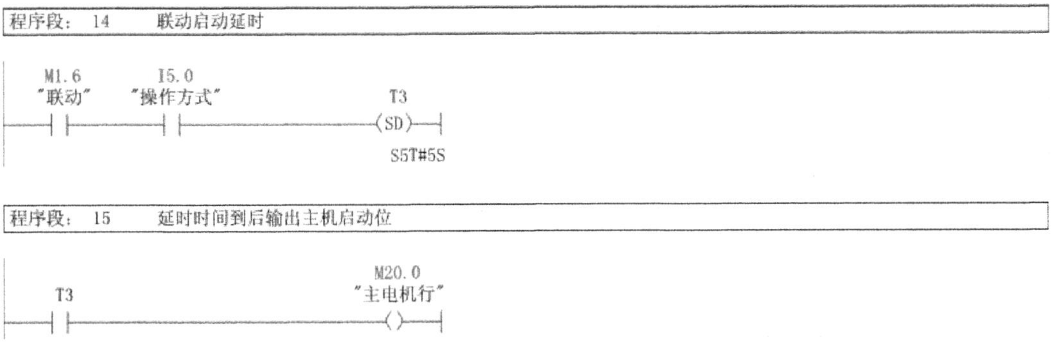

图 9-56　延时启动主电动机

3. 油温检测控制

该段程序主要实现如下功能。

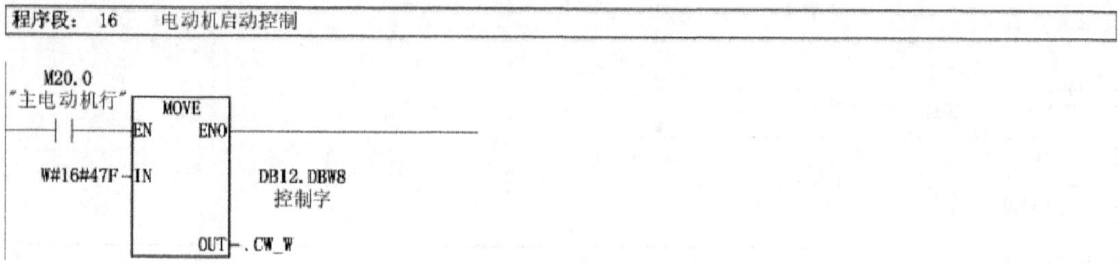

程序段：16　　电动机启动控制
M20.0
"主电动机行"
MOVE
EN
ENO
W#16#47F
IN
DB12.DBW8
控制字
OUT
.CW_W

图 9-57　与变频器通信控制变频器启/停

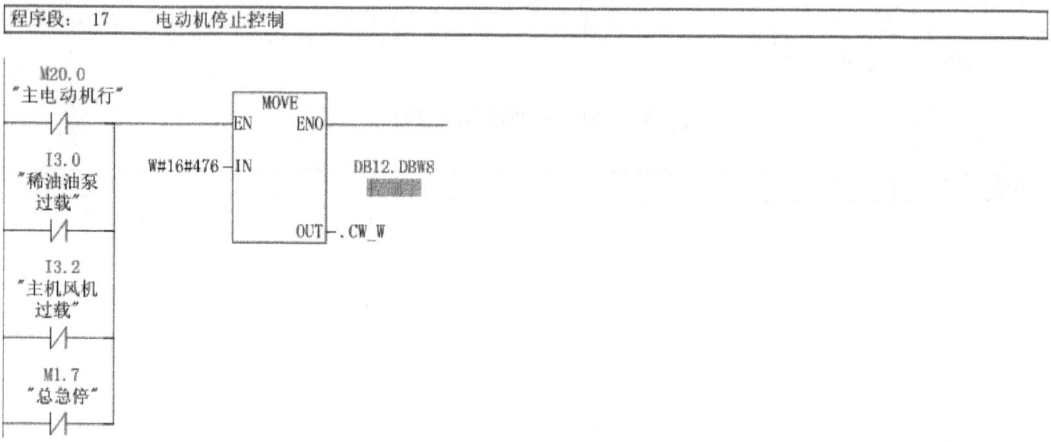

程序段：17　　电动机停止控制
M20.0
"主电动机行"
MOVE
EN
ENO
I3.0
"稀油油泵过载"
W#16#476
IN
DB12.DBW8
OUT
.CW_W
I3.2
"主机风机过载"
M1.7
"总急停"

图 9-58　停机控制

☺ 对温度通道标定。

☺ 比较油温与设定温度，控制加热器是否工作。

油温检测输入标定程序如图 9-59 所示，SCALE 功能接受一个整型值（IN），并将其转换为以工程单位表示的介于下限和上限（LO_ LIM 和 HI_ LIM）之间的实型值。将结果写入 OUT。SCALE 功能使用以下等式：

$$OUT = ((FLOAT(IN) - K1)/(K2 - K1)) * (HI_LIM - LO_LIM) + LO_LIM$$

程序段：1　　输入标定
FC105
Scaling Values
"SCALE"
EN
ENO
PIW288
"油温通道"
IN
RET_VAL
MW270
1.000000e+003
HI_LIM
MD290
OUT
"油温"
0.000000e+000
LO_LIM
M0.0
BIPOLAR

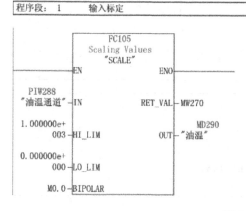

图 9-59　油温检测

常数 K1 和 K2 根据输入值是 BIPOLAR 还是 UNIPOLAR 设置。

BIPOLAR：假定输入整型值介于 −27648 ~ 27648 之间，因此 K1 = −27648.0,K2 = +27648.0。

UNIPOLAR：假定输入整型值介于 0 ~ 27648 之间，因此 K1 = 0.0，K2 = +27648.0。如果输入整型值大于 K2，则输出（OUT）将钳位于 HI_LIM，并返回一个错误；如果输入整型值小于 K1，则输出将钳位于 LO_LIM，并返回一个错误。通过设置 LO_LIM > HI_LIM 可获得反向标定。使用反向转换时，输出值将随输入值的增加而减小。

与设定的油温低限比较，如果小于等于油温低限则启动加热器，程序如图 9-60 所示。

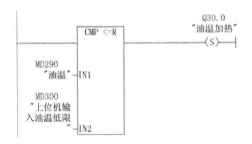

图 9-60　油温下限比较

与设定的油温高限比较，如果大于等于油温高限则停止加热器，程序如图 9-61 所示。

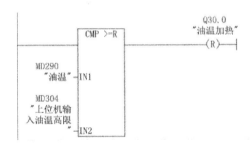

图 9-61　油温上限比较

思考与练习

9-1　PLC 系统硬件设计包括哪些内容？

9-2　PLC 控制系统与继电器控制系统的设计过程相比，有何特点？

9-3　PLC 调试的软件模拟法和硬件模拟法之间有什么不同？

9-4　PLC 的选择有哪几方面要求?

9-5　PLC 系统干扰的主要来源及途径有哪些?

9-6　PLC 控制系统安装布线时应注意哪些问题?

9-7　PLC 系统抗干扰的主要措施有哪些?

9-8　试采用结构化编程方式设计工业搅拌机控制系统。

9-9　设计一个用 PLC 对锅炉鼓风机和引风机控制的程序。要求:(1) 开机时首先启动引风机,引风机指示灯亮,10s 后自动启动鼓风机,鼓风机指示灯亮;(2) 停止时,立即关断鼓风机,经 20s 后自动关断引风机。设开机输入信号由 I0.0 实现,关机由 I0.1 实现。鼓风机启动控制和指示控制由 Q0.1 和 Q0.2 实现,引风机启动控制与指示灯控制由 Q0.3 和 Q0.4 实现。

9-10　观察距离你所在地最近的一处路口交通灯,记录控制过程,分析控制原理,分配 PLC 控制端口,设计 PLC 控制程序。

附录 A 语句表指令

S7 - 300/400 语句表指令

助 记 符	分 类	说 明
+	整数算术运算指令	加上一个整数常数（16 位，32 位）
=	位逻辑指令	赋值
)	位逻辑指令	嵌套闭合
+ AR1	累加器指令 AR1	加累加器 1 至地址寄存器 1
+ AR2	累加器指令 AR2	加累加器 1 至地址寄存器 2
+ D	整数算术运算指令	作为双整数（32 位），将累加器 1 和累加器 2 中的内容相加
– D	整数算术运算指令	作为双整数（32 位），将累加器 2 中的内容减去累加器 1 中的内容
* D	整数算术运算指令	作为双整数（32 位），将累加器 1 和累加器 2 中的内容相乘
/D	整数算术运算指令	作为双整数（32 位），将累加器 2 中的内容除以累加器 1 中的内容
? D	比较指令	双整数（32 位）比较 == ，<> ，> ，< ，>= ，<=
+ I	整数算术运算指令	作为整数（16 位），将累加器 1 和累加器 2 中的内容相加
– I	整数算术运算指令	作为整数（16 位），将累加器 2 中的内容减去累加器 1 中的内容
* I	整数算术运算指令	作为整数（16 位），将累加器 1 和累加器 2 中的内容相乘
/I	整数算术运算指令	作为整数（16 位），将累加器 2 中的内容除以累加器 1 中的内容
? I	比较指令	整数（16 位）比较 == ，<> ，> ，< ，>= ，<=
+ R	浮点算术运算指令	作为浮点数（32 位，IEEE – FP），将累加器 1 和累加器 2 中的内容相加
– R	浮点算术运算指令	作为浮点数（32 位，IEEE – FP），将累加器 2 中内容减去累加器 1 中内容
* R	浮点算术运算指令	作为浮点数（32 位，IEEE – FP），将累加器 1 和累加器 2 中的内容相乘
/R	浮点算术运算指令	作为浮点数（32 位，IEEE – FP），将累加器 2 中内容除以累加器 1 中内容
? R	比较指令	比较两个浮点数（32 位） == ，<> ，> ，< ，>= ，<=
A	位逻辑指令	"与"
A (	位逻辑指令	"与" 操作嵌套开始
ABS	浮点算术运算指令	浮点数取绝对值（32 位，IEEE – FP）
ACOS	浮点算术运算指令	浮点数反余弦运算（32 位）
AD	字逻辑指令	双字 "与"（32 位）
AN	位逻辑指令	"与非"
AN(	位逻辑指令	"与非" 操作嵌套开始
ASIN	浮点算术运算指令	浮点数反正弦运算（32 位）

助 记 符	分 类	说 明
ATAN	浮点算术运算指令	浮点数反正切运算（32 位）
AW	字逻辑指令字	"与"（16 位）
BE	程序控制指令	块结束
BEC	程序控制指令	条件块结束
BEU	程序控制指令	无条件块结束
BLD	程序控制指令	程序显示指令（空）
BTD	转换指令	BCD 转成整数（32 位）
BTI	转换指令	BCD 转成整数（16 位）
CAD	转换指令	Change Byte Sequence in ACCU 1（32 位）
CALL	程序控制指令	块调用
CALL	程序控制指令	调用多背景块
CALL	程序控制指令	从库中调用块
CAR	装入/传送指令	交换地址寄存器 1 和地址寄存器 2 的内容
CAW	转换指令	Change Byte Sequence in ACCU 1 – L（16 位）
CC	程序控制指令	条件调用
CD	计数器指令	减计数器
CDB	转换指令	交换共享数据块和背景数据块
CLR	位逻辑指令	RLO 清零（=0）
COS	浮点算术运算指令	浮点数余弦运算（32 位）
CU	计数器指令	加计数器
DEC	累加器指令	减少累加器 1 低字的低字节
DTB	转换指令	双整数（32 位）转成 BCD
DTR	转换指令	双整数（32 位）转成浮点数（32 位，IEEE – FP）
ENT	累加器指令	进入累加器栈
EXP	浮点算术运算指令	浮点数指数运算（32 位）
FN	位逻辑指令	脉冲下降沿
FP	位逻辑指令	脉冲上升沿
FR	计数器指令	使能计数器（任意）（任意，FR C 0 ~ C 255）
FR	定时器指令	使能定时器（任意）
INC	累加器指令	增加累加器 1 低字的低字节
INVD	转换指令	对双整数求反码（32 位）
INVI	转换指令	对整数求反码（16 位）
ITB	转换指令	整数（16 位）转成 BCD
ITD	转换指令	整数（16 位）转成双整数（32 位）
JBI	跳转指令	若 BR = 1，则跳转
JC	跳转指令	若 RLO = 1，则跳转
JCB	跳转指令	若 RLO = 1 且 BR = 1，则跳转
JCN	跳转指令	若 RLO = 0，则跳转
JL	跳转指令	跳转到标号
JM	跳转指令	若负，则跳转

助 记 符	分 类	说 明
JMZ	跳转指令	若负或零，则跳转
JN	跳转指令	若非零，则跳转
JNB	跳转指令	若 RLO = 0 且 BR = 1，则跳转
JNBI	跳转指令	若 BR = 0，则跳转
JO	跳转指令	若 OV = 1，则跳转
JOS	跳转指令	若 OS = 1，则跳转
JP	跳转指令	若正，则跳转
JPZ	跳转指令	若正或零，则跳转
JU	跳转指令	无条件跳转
JUO	跳转指令	若无效数，则跳转
JZ	跳转指令	若零，则跳转
L	装入/传送指令	装入
L DBLG	装入/传送指令	将共享数据块的长度装入累加器 1 中
L DBNO	装入/传送指令	将共享数据块的块号装入累加器 1 中
L DILG	装入/传送指令	将背景数据块的长度装入累加器 1 中
L DINO	装入/传送指令	将背景数据块的块号装入累加器 1 中
L STW	装入/传送指令	将状态字装入累加器 1
L	定时器指令	将当前定时值作为整数装入累加器 1（当前定时值可以是 0 ~ 255 之间的一个数字，如 L T 32）
L	计数器指令	将当前计数值装入累加器 1（当前计数值可以是 0 ~ 255 之间的一个数字，如 L C15）
LAR1	装入/传送指令	将累加器 1 中的内容装入地址寄存器 1
LAR1 < D >	装入/传送指令	将两个双整数（32 位指针）装入地址寄存器 1
LAR2	装入/传送指令	将累加器 2 中的内容装入地址寄存器 2
LAR2 < D >	装入/传送指令	将两个双整数（32 位指针）装入地址寄存器 2
LC	计数器指令	将当前计数值作为 BCD 码入累加器 1（当前计数值可以是 0 ~ 255 之间的一个数字，如 LC C 15）
LC	定时器指令	将当前定时值作为 BCD 码装入累加器 1（当前定时值可以是 0 ~ 255 之间的一个数字，如 LC T 32）
LEAVE	累加器指令	离开累加器栈
LN	浮点算术运算指令	浮点数自然对数运算（32 位）
LOOP	跳转指令	循环
MCR（	程序控制指令	将 RLO 存入 MCR 堆栈，开始 MCR
）MCR	程序控制指令	结束 MCR
MCRA	程序控制指令	激活 MCR 区域
MCRD	程序控制指令	去活 MCR 区域
MOD	整数算术运算指令	双整数形式的除法，其结果为余数（32 位）
NEGD	转换指令	对双整数求补码（32 位）
NEGI	转换指令	对整数求补码（16 位）
NEGR	转换指令	对浮点数求反（32 位，IEEE – FP）
NOP 0	累加器指令	空指令

助 记 符	分　　类	说　　　明
NOP 1	累加器指令	空指令
NOT	位逻辑指令	RLO 取反
O	位逻辑指令	"或"
O（	位逻辑指令	"或"操作嵌套开始
OD	位逻辑指令	双字"或"（32 位）
ON	位逻辑指令	"或非"
ON（	位逻辑指令	"或非"操作嵌套开始
OPN	数据块调用指令	打开数据块
OW	字逻辑指令	字"或"（16 位）
POP	累加器指令	POP
POP	累加器指令	带有两个累加器的 CPU
POP	累加器指令	带有四个累加器的 CPU
PUSH	累加器指令	带有两个累加器的 CPU
PUSH	累加器指令	带有四个累加器的 CPU
R	位逻辑指令	复位
R	计数器指令	复位计数器（当前计数值可以是 0～255 之间的一个数字，如 R C 15）
R	定时器指令	复位定时器（当前定时值可以是 0～255 之间的一个数字，如 R T 32）
RLD	移位和循环移位指令	双字循环左移（32 位）
RLDA	移位和循环移位指令	通过 CC1 累加器 1 循环左移（32 位）
RND	转换指令	取整
RND －	转换指令	向下舍入为双整数
RND ＋	转换指令	向上舍入为双整数
RRD	移位和循环移位指令	双字循环右移（32 位）
RRDA	移位和循环移位指令	通过 CC 1 累加器 1 循环右移（32 位）
S	位逻辑指令	置位
S	计数器指令	置位计数器（当前计数值可以是 0～255 之间的一个数字，如 S C 15）
SAVE	位逻辑指令	把 RLO 存入 BR 寄存器
SD	定时器指令	延时接通定时器
SE	定时器指令	延时脉冲定时器
SET	位逻辑指令	置位
SF	定时器指令	延时断开定时器
SIN	浮点算术运算指令	浮点数正弦运算（32 位）
SLD	移位和循环移位指令	双字左移（32 位）
SLW	移位和循环移位指令	字左移（16 位）
SP	定时器指令	脉冲定时器
SQR	浮点算术运算指令	浮点数平方运算（32 位）
SQRT	浮点算术运算指令	浮点数平方根运算（32 位）
SRD	移位和循环移位指令	双字右移（32 位）
SRW	移位和循环移位指令	字右移（16 位）
SS	定时器指令	保持型延时接通定时器

续表

助 记 符	分 类	说 明
SSD	移位和循环移位指令	移位有符号双整数（32 位）
SSI	移位和循环移位指令	移位有符号整数（16 位）
T	装入/传送指令	传送
T STW	装入/传送指令	将累加器 1 中的内容传送到状态字
TAK	累加器指令	累加器 1 与累加器 2 进行互换
TAN	浮点算术运算指令	浮点数正切运算（32 位）
TAR1	装入/传送指令	将地址寄存器 1 中的内容传送到累加器 1
TAR1	装入/传送指令	将地址寄存器 1 的内容传送到目的地（32 位指针）
TAR1	装入/传送指令	将地址寄存器 1 的内容传送到地址寄存器 2
TAR2	装入/传送指令	将地址寄存器 2 中的内容传送到累加器 1
TAR2	装入/传送指令	将地址寄存器 2 的内容传送到目的地（32 位指针）
TRUNC	转换指令	截尾取整
UC	程序控制指令	无条件调用
X	位逻辑指令	"异或"
X (	位逻辑指令	"异或"操作嵌套开始
XN	位逻辑指令	"异或非"
XN (	位逻辑指令	"异或非"操作嵌套开始
XOD	字逻辑指令	双字"异或"（32 位）
XOW	字逻辑指令	字"异或"（16 位）

附录 B　常用缩写词

ACCU：累加器

AI/AO：模拟量输入/模拟量输出

AR1/AR2：地址寄存器 1/地址寄存器 2

AS-i：执行器传感器接口

BOOL：布尔变量

C：计数器

CiR：RUN 模式时修改系统的设置

CP：通信处理器

CPU：中央处理器

C 总线：通信总线

DB：数据块

DI：背景数据块

DI/DO：数字量输入/数字量输出

DINT：双字整数

DP：PROFIBUS-DP 的简称

DPM1：PROFIBUS 中的 1 类 DP 主站

DPM2：PROFIBUS 中的 2 类 DP 主站

DW：双字

E^2PROM：可电擦除的 EPROM

EPROM：可擦除可编程的只读存储器

EU：扩展单元/机架

FB：功能块（带存储器的子程序）

FBD：功能块图

FC：功能（不带存储器的子程序）

FDL：PROFIBUS 的数据链路层

FEPROM：快闪存储器

FM：功能模块

GD：用于 MPI 通信的全局数据

GSD 文件：电子设备数据库文件

HMI：人机接口

HW Config：集成在 STEP 7 中的硬件组态工具

I/O：输入/输出

IDB：背景数据块

IEC：国际电工委员会

IM：接口模块

INT：16 位有符号整数

K 总线：通信总线

LAD：梯形图

LAN：局域网

LED：发光二极管

MAC：介质存取控制

MMC：微存储器卡

MPI：多点接口

OB：组织块，操作系统与用户程序的接口

OB1：用于循环处理的组织块，用户程序中的主程序

OP：操作员面板

PC：个人计算机

PDU：协议数据单位

PG：编程器

PI：外设输入存储区

PLC：可编程序控制器

PQ：外设输出存储区

PRODAVE：用于 PC 与 SIMATIC PLC 通信的软件

PROFIBUS：一种现场总线

PtP：点对点通信

P 总线：I/O 总线

RAM：随机读/写存储器

ROM：只读存储器

S5：西门子公司早期 PLC 的型号

SCC：扫描循环检查点

SDB：系统数据块

SFC：系统功能（没有存储区）

SFB：系统功能块（有存储区）

SM：信号模块

STL：语句表

T：定时器

TP：触摸屏

UDT：用户定义的数据类型

VAT：变量表

参 考 文 献

[1] 冯洪玉，黄河．S7-300/400 系列 PLC 应用设计指南[M]．北京：机械工业出版社，2014.12.

[2] 王占富，谢丽萍，岂兴明．西门子 S7-300/400 系列 PLC 快速入门与实践[M]．北京：人民邮电出版社，2010.

[3] 訾鸿，赵岩，周宝国．S7-300/400 系列 PLC 入门及应用实例[M]．北京：电子工业出版社，2012.

[4] 王时军．零基础轻松学会西门子 S7-300/400[M]．北京：机械工业出版社，2014.

[5] 张冉．S7-300/400 系列 PLC 应用设计指南[M]．北京：化学工业出版社，2014.

[6] 弭洪涛，孙铁军，PLC 技术实用教程——基于西门子 S7-300[M]．北京：电子工业出版社，2011.

[7] 阳胜峰 视频学工控西门子 S7-300/400 PLC[M]．北京：中国电力出版社，2015.

[8] 刘华波，何文雪，王雪．西门子 S7-300/400 PLC 编程与应用[M]．北京：机械工业出版社，2015.

《实例讲解　西门子 S7 - 300/400 PLC 编程与应用》

读者调查表

尊敬的读者：

　　欢迎您参加读者调查活动，对我们的图书提出真诚的意见，您的建议将是我们创造精品的动力源泉。为方便大家，我们提供了两种填写调查表的方式：

1. 您可以登录 http：//yydz. phei. com. cn，进入"读者调查表"栏目，下载并填好本调查表后反馈给我们。
2. 您可以填写下表后寄给我们（北京海淀区万寿路 173 信箱电子信息出版分社　邮编：100036）。

姓名：＿＿＿＿＿＿＿　　性别：□　男　□　女　　年龄：＿＿＿＿＿　　职业：＿＿＿＿＿＿

电话：＿＿＿＿＿＿＿＿＿＿＿＿　　移动电话：＿＿＿＿＿＿＿＿＿＿＿＿＿＿＿

传真：＿＿＿＿＿＿＿＿＿＿＿＿　　E-mail：＿＿＿＿＿＿＿＿＿＿＿＿＿＿＿

邮编：＿＿＿＿＿＿＿＿＿＿　　通信地址：＿＿＿＿＿＿＿＿＿＿＿＿＿＿＿

1. 影响您购买本书的因素（可多选）：

□封面、封底　　　□价格　　　　□内容简介　　　□前言和目录　　　□正文内容

□出版物名声　　　□作者名声　　□书评广告　　　□其他＿＿＿＿＿＿＿＿＿＿＿＿＿＿

2. 您对本书的满意度：

从技术角度	□很满意	□比较满意	□一般	□较不满意	□不满意
从文字角度	□很满意	□比较满意	□一般	□较不满意	□不满意
从版式角度	□很满意	□比较满意	□一般	□较不满意	□不满意
从封面角度	□很满意	□比较满意	□一般	□较不满意	□不满意

3. 您最喜欢书中的哪篇（或章、节）？请说明理由。

＿＿

＿＿

4. 您最不喜欢书中的哪篇（或章、节）？请说明理由。

＿＿

＿＿

5. 您希望本书在哪些方面进行改进？

＿＿

＿＿

6. 您感兴趣或希望增加的图书选题有：

＿＿

＿＿

邮寄地址：北京市海淀区万寿路 173 信箱电子信息出版分社　张剑　收　　邮编：100036

电　话：(010) 88254450　　E-mail：zhang@ phei. com. cn